中国地质调查"新疆东部主要含煤区煤炭资源综合评价"
（1212010020110，1212011085499）项目资助

新疆东部主要含煤盆地
侏罗系聚煤规律

李玉宏　赵峰华 等 编著

科 学 出 版 社

北 京

内 容 简 介

本书基于野外地质调查、样品测试、遥感、重磁、钻测井和地震等多种资料，从含煤盆地构造演化、含煤地层分布、含煤地层层序地层学和沉积学、煤层空间分布、含煤岩系的后期改造和赋煤构造、煤岩学和煤质学等方面系统论述新疆东部吐哈盆地、三塘湖盆地以及巴里坤盆地侏罗系的聚煤规律。在测井和钻孔资料约束下的煤层埋深和厚度分布的大范围地震反演是本书的显著特色，提高了对煤层空间赋存形态的整体认识。

本书兼具理论性、资料性和实践性，可供煤地质学、煤田地质勘探、煤质学、煤化学等领域的科技人员和研究生参考。

图书在版编目（CIP）数据

新疆东部主要含煤盆地侏罗系聚煤规律 /李玉宏等编著 . —北京：科学出版社，2015.4
　ISBN 978-7-03-043969-7

　Ⅰ. ①新… Ⅱ. ①李… Ⅲ. ①侏罗纪–煤盆地–聚煤规律–研究–新疆
Ⅳ. ①P618. 110. 1

中国版本图书馆 CIP 数据核字（2015）第 057811 号

责任编辑：胡晓春 韩 鹏 李 娟 /责任校对：韩 杨
责任印制：肖 兴 /封面设计：耕者设计工作室

科学出版社 出版
北京东黄城根北街 16 号
邮政编码：100717
http://www.sciencep.com

中国科学院印刷厂 印刷
科学出版社发行　各地新华书店经销

*

2015 年 4 月第 一 版　开本：787×1092　1/16
2015 年 4 月第一次印刷　印张：14 3/4
字数：350 000

定价：138.00 元
（如有印装质量问题，我社负责调换）

作者名单

李玉宏　赵峰华　聂浩刚　董福辰

陈高潮　魏仙祥　袁炳强　李金超

张慧元　许海红　李　渭　程　晨

前　言

我国是世界上煤炭产量和消耗量最大的国家，长期以来，煤炭在我国能源消耗结构中占60%以上，预计这种状况在今后相当长时期内不会有根本性改变。随着我国经济的持续增长以及东部煤炭资源的逐渐枯竭，煤炭资源丰富的新疆东部地区将逐渐成为我国未来重要的煤炭接续基地之一。近年来，虽然加强了对新疆东部主要含煤盆地侏罗系煤炭资源勘查和资源潜力的评价工作，但对聚煤规律的研究还比较薄弱，因此，加强对新疆东部地区侏罗系聚煤规律研究具有重要意义。

在中国地质调查局项目"新疆东部主要含煤区煤炭资源综合评价"（编号：1212010020110，1212011085499）的资助下和新疆维吾尔自治区政府的支持下，中国地质调查局西安地质调查中心联合中国矿业大学（北京）、新疆煤田地质局等多家单位于2010年至2013年对新疆东部的吐哈盆地、三塘湖盆地和巴里坤盆地等含煤盆地的演化和聚煤规律进行了研究。参加本项目的人员有李玉宏、赵峰华、聂浩刚、董福辰、陈高潮、魏仙祥、袁炳强、李金超、张慧元、许海红、李渭、胡社荣、马施民、程晨等。研究内容包括东疆地区区域地质背景、东疆主要含煤盆地构造特征及演化、含煤岩系分布与古气候、含煤岩系沉积学、煤层分布特征与聚集规律、含煤岩系后期改造与赋煤构造、煤岩煤质、煤资源量、水文地质、环境地质和工程地质条件等。采用的研究方法包括野外地质调查与测量、岩矿测试、微量元素地球化学分析、孢粉分析、煤质煤岩分析、遥感解译、重磁资料处理与解释、地震资料处理与解释等。

本书是在上述项目部分研究成果基础上编写而成。全书分为七章，第一章论述东疆地区区域地质背景，包括东疆地区大地构造背景、地球物理场特征、区域地层和岩浆岩分布等；第二章论述东疆主要含煤盆地构造特征及演化，包括东疆主要含煤盆地构造单元划分、构造特征与构造演化；第三章论述东疆主要含煤盆地含煤地层和古气候，包括侏罗系岩石地层和生物地层、含煤地层分布以及古气候等；第四章论述东疆主要含煤盆地含煤地层沉积学，包括含煤岩系岩矿特征、微量元素地球化学特征、层序地层特征、含煤岩系沉积相等；第五章论述东疆主要含煤盆地煤层分布与聚集规律，包括八道湾组煤层（A煤组）和西山窑组煤层（C煤组）的厚度分布与埋深、煤层聚集的控制因素、厚煤层的成因等；第六章论述东疆主要含煤盆地后期改造与赋煤构造，包括区域构造运动与含煤岩系后期改造、现今煤层的形态和赋煤构造样式等；第七章论述东疆主要含煤盆地侏罗系煤的煤岩煤质，包括煤岩学特征、煤变质程度、煤化学组成、煤工艺性质、煤类和煤相等。

本书由李玉宏、赵峰华等编著。在本书即将出版之际，特别感谢中国地质调查局西安地质调查中心和中国矿业大学（北京）领导和同事的支持！感谢新疆维吾尔自治区煤田地质局总工王俊民教授级高级工程师、新疆维吾尔自治区地质矿产局姜云辉高级工程师、中国地质调查局能源处张大权处长和尹成明处长、西安地质调查中心能源处处长卢进才教授级高级工程师的指导！本书引用了众多前人的资料，特别是《新疆维吾尔自治区东疆地区煤炭资源调查总报告》以及石油系统的资料，有些资料无法查明原始作者，因此无法逐一标明，在此对他们表示衷心感谢。

　　由于研究范围大、资料收集难度大、研究内容多、研究时间短、作者水平有限，本书在某些方面的研究还不够深入，认识也不尽全面，书中的疏漏和不足在所难免，恳请同行专家和读者批评指正，以期更深入认识东疆主要含煤盆地侏罗系的聚煤规律。

作　者

2013 年 12 月

目　　录

Contents

第一章 东疆地区区域地质背景

第一节 东疆地区大地构造背景

一、东疆地区地理位置与地形

东疆主要含煤盆地包括吐哈盆地、三塘湖盆地和巴里坤盆地，隶属于吐鲁番和哈密两个行政区，地理坐标为：东经 87°00′00″ ~ 96°00′00″，北纬 42°00′00″ ~ 45°00′00″，东西长约 725 km，南北宽约 325 km。拐点地理坐标分别为：91°31′E，45°00′N；93°00′E，45°00′N；96°00′E，43°00′N；96°00′E，42°00′N；87°00′E，42°00′N；87°00′E，43°30′N；91°31′E，43°30′N。总面积约 $18×10^4$ km² （图 1.1）。

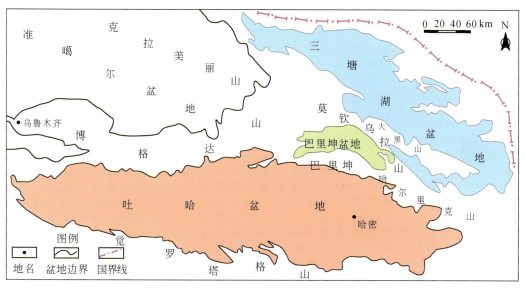

图 1.1　东疆主要含煤盆地位置

吐哈盆地地理坐标为东经 87°37′ ~ 94°30′、北纬 42°12′ ~ 43°27′，盆地东西长约 660 km，南北宽介于 60 ~ 130 km，面积近 52800 km²。吐哈盆地是位于东天山造山带内的一个山间含煤盆地，为群山环绕，北连博格达山、巴里坤山和哈尔里克山，南邻觉罗塔格山，西起喀拉乌成山，东抵梧桐窝子泉附近。吐哈盆地地势总体呈南北高中间低、东西高中间低，呈长条状近东西向展布。博格达峰高达 5445 m，而盆地中心的艾丁湖低于海平面 154 m，从天山脚下到艾丁湖畔，水平距离仅 60 km，高差竟有 1400 多米；盆地海拔−150 ~ 1600 m，其中地势最低地区位于火焰山南侧的艾丁湖，海拔为−154.43 m（黄海海平面），是我国最低的洼地。

三塘湖盆地位于新疆的东北部，北与蒙古接壤，南隔巴里坤盆地与吐哈盆地相望（图 3.1），盆地呈北西–南东向条带状展布于莫钦乌拉山与大哈甫提克山–苏海图山–额仁山–克孜勒塔格山之间，东西长约 500 km，南北宽 40 ~ 70 km，面积约 23104 km^2。

二、东疆地区大地构造特征

新疆地区归属于哈萨克斯坦板块、西伯利亚板块和塔里木板块三大板块（图 1.2）；《新疆通志·地质矿产志》（《新疆通志·地质矿产志》编纂委员会，2002）将新疆地区划分为塔尔巴哈台–阿尔曼泰岛弧、巴塔玛依山火山沉积岛弧、准噶尔中央地块、博格达裂陷槽、依连哈比尔尕残余洋盆、吐哈地块、哈尔里克岩浆弧、婆罗科努岛弧、木扎尔特–红柳河板块缝合带、觉罗塔格裂陷槽 10 个构造单元。本研究根据新疆地区重磁场特征、区域构造背景、断裂构造体系、局部构造及基底界面特征等资料，将新疆地区划分为以下 6 个构造单元：三塘湖拗陷、准噶尔盆地、北天山褶皱带、吐哈盆地、觉罗塔格复背斜、塔里木北缘活动带（图 1.3）。

吐哈盆地与准噶尔盆地属于哈萨克斯坦板块的一部分，处于西伯利亚板块、哈萨克斯坦板块与塔里木板块之间（图 1.2）。在这三大板块之间于志留纪拉张逐渐形成古亚洲洋以及准噶尔微陆块与吐哈微陆块。准噶尔微大陆、吐哈微大陆和伊犁微大陆就是塔里木板块与西伯利亚板块之间的北天山洋中的岛屿。早古生代俯冲沿着中天山北

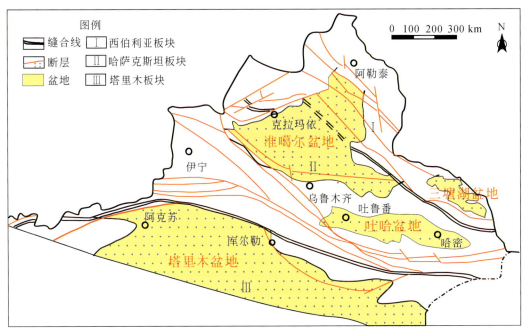

图 1.2　东疆盆地大地构造位置图

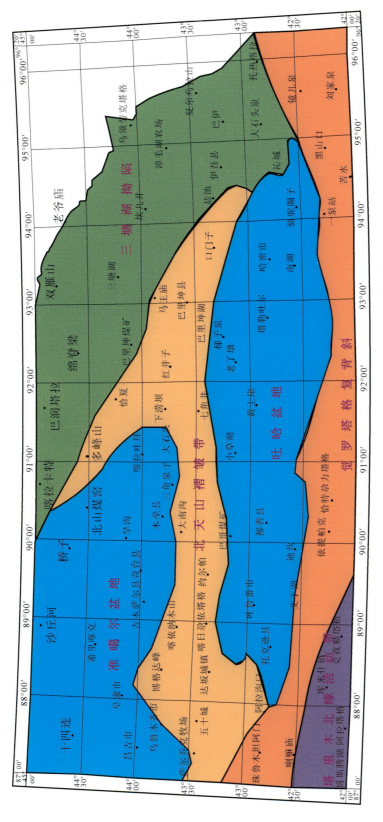

图 1.3 新疆地区大地构造单元划分图

缘的阿齐克库都克进行，随着洋壳消减，吐哈地块与中天山碰撞，使俯冲带跃迁到克拉美丽–莫钦乌拉一线（朱文斌等，2002），形成晚古生代俯冲碰撞带，这也是塔里木板块与西伯利亚板块的缝合线所在。吐哈盆地属于海西期的优地槽区，是在天山海槽闭合后从晚二叠世开始发育的一个以中、新生界沉积建造为主体的陆相盆地（陶明信，2010），或将其归为前陆盆地（吴涛等，1996a，1996b；张明山等，2002）。

三塘湖盆地在大地构造上属于西伯利亚板块的一部分，处于西伯利亚板块与哈萨克斯坦板块碰撞接合部位（图1.2）。盆地位于西伯利亚板块南缘、准噶尔晚古生代早期活动大陆边缘东南部；北邻西伯利亚板块的阿尔泰陆壳，南邻哈萨克斯坦板块的北天山古生代活动大陆边缘。南侧以克拉美丽–莫钦乌拉缝合带为界，北侧则以阿尔曼泰蛇绿岩带为界，属叠置在古生代造山带之上以发育古生代二叠纪—中新生代陆相沉积为特点的复合叠置盆地。三塘湖盆地在晚古生代早期以发育钙碱性火山岩和少量碱性深成岩的岛弧系列（弧间盆地）为特征。北缘的小哈甫提克山、苏海图山至额仁山一带是晚古生代早期西伯利亚板块活动大陆边缘的弧后洋盆残片（或陆缘碎块），西延可接阿尔曼泰，东入蒙古；盆地西南克拉美丽、巴里坤塔格至喀尔里克山一带是残留的北准噶尔洋片，主缝合带是克拉美丽至莫钦乌拉四道白杨沟，而三塘湖盆地当时为岛弧系列。晚古生代晚期受南部北天山初始洋盆的拉开与消亡影响，三塘湖北部的晚古生代早期弧后体系与南缘的残留洋片形成了向三塘湖岛弧的对冲局面并共同造就了三塘湖多期复合盆地的原始基底。同时结束了三塘湖主体残留海盆阶段，海水由南及东南方向经吐哈盆地退出，进入陆内演化阶段。

巴里坤盆地位于新疆巴里坤县境内，是夹持于哈尔里克山和莫钦乌拉山之间的小型弧间盆地；该盆地也属于北天山东段巴里坤山与莫钦乌拉山间的地堑式断陷封闭型高位盆地。盆地东西长为120 km，南北宽为20～30 km，面积为3440 km²，周缘发育石炭系（厚2500～7000 m），其上覆古近系和新近系。巴里坤中新生代山间拗陷盆地基底属准噶尔弧盆系（Ⅱ级）唐古巴勒–克拉美丽古生代复合沟弧带（Ⅲ级）谢米斯台–库兰卡兹干古生代复合岛弧带（Ⅳ级）。该盆地属于北天山地槽褶皱带之东准噶尔构造带内的北塔山构造带，该褶皱带由一系列复式褶皱组成。褶皱带的主体为晚古生代厚度巨大的地槽型沉积，褶皱形态以线状为特征，构造线主要为东西向。

第二节　东疆地区地球物理场特征

一、重力场特征

东疆地区的重力场有三方面特征。①等值线走向宏观呈近东西向及北西向展布：大体在研究区中北部喀依纳木山–大南沟–巴里坤湖–夏尔乌拉山一线以南，布格重力异常等值线的走向为北西西–南东东（近东西）向，而在该线北侧则为北西–南东向。②布格异常值由南向北呈东西成排、南北成块高低分带相间分布：南部克孜勒塔格—一泵站一线为一近东西向的重力高值带，最大值位于东经91°～92°，北纬42°12′～42°30′。该高值带基本和觉罗塔格复背斜对应，其北侧吐鲁番–哈密地区为一近东西向重力低值带，大体对应吐哈盆地的范围。继续向北喀依纳木山–大南沟–巴里坤湖–夏尔乌拉山一线亦为一近东西向的重力高值带，该高值带为北天山褶皱带的反映。该高值带之北巴里坤煤矿–伊吾县一线为一北西向的重力低值带，可能对应巴里坤凹陷的范围。再向北西，依次为巴润塔拉–绵脊梁–马王庙一线的北西向重力高值带及三塘湖–坎儿井一线的北西向重力低值带，该高值带可能是克拉美丽对接带的反映，而该低值带则可能是三塘湖盆地的反映。另外，东疆地区西北部木垒县–奇台县–沙丘河地区为一宏观呈南倾的重力高异常区，其中该区域亦为高磁异常。张朝文（1994）研究表明，此区域为一个"高重、高磁、高阻、高速"综合异常，表明深部有较大的地幔岩或古洋壳残块。③重力高–重力低之间密集梯级带发育：东疆地区由南向北重力高与重力低过渡带之间发育密集重力梯级带。大的梯级带主要有研究区南部重力高与北部吐鲁番–哈密重力低之间的近东西向重力梯级带；吐鲁番–哈密重力低与其北部喀依纳木山–大南沟–巴里坤湖–夏尔乌拉山重力高之间的近东西向重力梯级带；巴里坤煤矿–伊吾县重力低与其西部重力高之间的北西向重力梯级带；三塘湖–坎儿井重力低与其西部巴润塔拉–绵脊梁–马王庙重力高之间的北西向重力梯级带。

一般而言，布格重力异常场值的走向反映区域地质体的宏观展布方向，东疆地区内中北部喀依纳木山–大南沟–巴里坤湖–夏尔乌拉山一线以南发育地层的走向为北西西–南东东（近东西）向，而在该线之北则为北西–南东向。布格重力异常场值的大小反映了基底的起伏特征，大重力场值反映高密度的基底埋深相对较浅；小重力场值反映基底埋深相对较深，上覆盖层较厚。布格重力异常等值线密集的重力梯级带反映断裂构造。根据重力场值由南向北呈高、低分带的特征分析认为研究区基底亦由南向北呈隆、凹相间分布；由重力高与重力低之间发育密集梯级带推断研究区构造复杂，断裂发育，大断裂控制研究区地层发育、基底隆凹格局。

东疆地区的剩余重力异常显示由南向北重力异常也呈东西成排、南北成块相间分布。阜康–木垒–巴里坤一线及其之南局部重力异常宏观展布方向为近东西向；阜康–木垒–巴里坤一线为一局部重力低值带，其南部博格达峰–七角井–口门子一线为一局部重力高值带；吐鲁番–哈密一线为一局部重力低值带，艾丁湖–南湖一线为一局部重力高值带；靠近研究区南部边界为一局部重力低值带。阜康–木垒–巴里坤一线以北东，局部重力异常宏观呈北西向展布；喀拉卡特–多峰山–红井子一线为局部重力高值带；巴里坤煤矿–马王庙一线为局部重力低值带；巴润塔拉–绵脊梁一线为局部重力高值带，其北东三塘湖–坎儿井一线为局部重力低值带。

东疆地区这些局部重力高、重力低值带呈串珠状、团块状，由多个重力高、重力低圈闭组成。局部重力异常等值线圈闭的重力高、重力低反映局部凸（隆）起与凹陷构造。由东疆地区局部重力异常发育的众多重力高、重力低带推测，东疆地区局部构造隆起与凹陷由南向北成带分布，且隆起带上有多个高点，凹陷带上有多个沉积沉降中心。

二、磁力场特征

东疆地区磁力 ΔT 化极异常等值线走向和布格重力异常类似，宏观也呈近东西向及北西向展布，其中在东疆地区中北部喀依纳木山–大南沟–巴里坤湖–夏尔乌拉山一线以南，异常等值线的走向为北西西–南东东（近东西）向，而在该线以北则为北西–南东向。东疆地区磁力 ΔT 化极异常值由南向北宏观呈现 2 个高值带，3 个低值带。沿达坂城–吐鲁番–骆驼圈子地区总体为一近东西—北西西向的磁异常高值带，该高值带南北向范围较宽，其间发育众多磁力高、磁力低异常。另一高值带位于东疆地区西北部希里喀克–旱沟–木垒一带，该高值带呈北西西向，也发育众多磁力高、磁力低异常。3 个低值带分别为靠近东疆地区南部边界克孜勒塔格–恰特尕力塔格–苦水一线的磁力低异常带、大南沟–七角井–口门子一线的磁力低异常带以及喀拉卡特–巴里坤煤矿–伊吾县一线的磁力低异常带。东疆地区磁力梯级带同样发育，2 个磁力异常高值带与 3 个低值带之间均发育磁力梯级带。

东疆地区剩余磁力异常具有如下特征：①剩余磁力异常在宏观走向上基本和重力异常一致，即在喀依纳木山–大南沟–巴里坤湖–夏尔乌拉山一线以南走向为北西西–南东东（近东西）向，在该线之北为北西–南东向。但单个局部磁力异常的走向一致性较差，以北西向、近东西向居多，亦有近南北向、北东向局部磁力高、磁力低发育。可见，磁性体赋存状态复杂。②剩余磁力异常在东疆地区内东西成排、南北分带性不明显。东疆地区内局部磁力高、磁力低发育，但异常的范围、幅度差异大，平面分布比较零乱。推测东疆地区磁性体发育，岩性复杂，分布广泛。③在吐哈盆地和三塘湖盆地内，局部磁力高、磁力低和局部重力高、重力低对应性较差，吐哈盆地和三塘湖盆地重力场反映为条带状重力低，重力低的范围基本圈定出盆地的范围。由于东疆地区东北部磁力数据的限制，三塘湖盆地磁力场特征反映不明显，但吐哈盆地内磁力异常基本上为高磁异常特征。邓振球（2002）对这种现象进行了解释，他认为出现多个强度较大、条带状延伸及等轴状局部异常，剖面上形成多个峰值较强的正磁异常区和局部异常是由以下部分引起的：一是中泥盆统头苏泉组地层，二是下石炭统梧桐窝子地层，三是在上述两种地层中的辉长辉绿岩、闪长岩和部分玄武岩、安山岩等。张德润和郑广如（1987）认为吐哈盆地深部存在前寒武纪的强磁性结晶基底，其确切时代可能为古元古代或更早，而不可能是新元古代，因为野外岩石物性测定结果表明，新元古界是无磁性或弱磁性岩石。王宜昌（1997）则认为石炭系中发育的火山岩层是形成准噶尔、吐哈、伊犁三大盆地内强磁异常的根源。而汪振文（1986）则对本区重力、磁力异常成因持有另外的观点。本研究认为，吐哈盆地的强磁异常可能是由于盆地内发育具有较强磁性的结晶基底古元古界及更老地层，它们引起吐哈盆地的强磁区域背景异常，并且在该强磁区域背景上，叠加了中泥盆统及下石炭统强磁性岩体引起的局部磁力高。

三、重磁异常相关分析

为了更好地解释重力、磁力异常，分别对布格重力异常与磁力 ΔT 化极异常等值线、区域（滤波 30、50、70、90、110、130 km）重力异常与磁力异常等值线、剩余（滤波 30、50、70、90、110、130 km）重力异常与剩余磁力异常等值线进行了相关分析，并将等值线相关系数绝对值≥0.8 对应的重力异常及磁力异常等值线图相叠加，见图 1.4 和图 1.5。

分析结果显示，布格重力异常与磁力 ΔT 化极异常之间相关性并不好，重力、磁力异常的同源性并不明显。随着滤波尺度的增大，区域重力异常与区域磁力异常相关系数绝对值≥0.8 的范围逐渐增大，但是多位于重力高（重力低）或者磁力高（磁力低）某一侧的梯度带上，故推测本区除了三塘湖东北侧一带区域重力异常与区域磁力异常的正相关性主要受浅部地质因素的影响、沙丘河–旱沟一带区域重力异常与区域磁力异常的高度相关性主要受深部地质因素的影响之外，其他区域的区域重力异常与区域磁力异常的同源性则较差。对剩余重力异常与剩余磁力异常相关分析发现，黄土崖南、喇嘛庙北、迪坎北、三塘湖、镜儿泉以及七角井西一带的高度相关性主要受浅部地质因素的影响，其他区域的剩余重力异常与剩余磁力异常的同源性亦较差。

三塘湖东北侧区域异常显示为重力低带、磁力高带，剩余异常显示为重力低、磁力低，地表主要出露新生界及侏罗系，推测局部重力、磁力异常为同源异常，为密度相对较低、磁性较弱的中、新生界所引起；区域重力、磁力异常为异源异常，区域重力异常为三塘湖盆地中、新生界沉积盖层厚度增大、密度相对较低所引起，区域磁力异常则主要为磁性较强的前寒武纪变质结晶基底所引起。

沙丘河一带区域异常显示为重力高带、磁力低带，剩余异常显示为重力高、磁力高，地表主要出露第四系、侏罗系及白垩系，推测局部重力、磁力异常为同源异常，为密度相对较高、磁性相对较强的火成岩所引起；区域重力、磁力异常为异源异常，区域重力异常为残留洋壳（张朝文，1994），即地壳厚度相对较薄，密度相对较高的地幔物质上隆所引起，区域磁力异常则主要为准噶尔地块向北俯冲，磁性较弱的中、新生界及古生界增厚所引起。

旱沟一带区域异常显示为重力高带、磁力高带，剩余异常显示为重力高与重力低相间分布、磁力异常分布散乱、无明显走向、宏观呈环状，地表主要出露第四系。推测局部重力、磁力异常为异源异常，局部重力高为小幅度褶皱、前侏罗系基底局部抬升所引起，局部磁力异常则主要为磁性较强的前寒武纪变质结晶基底所引起，其上叠加了沉积盖层中磁性较强物质产生的磁异常；区域重力、磁力异常为同源异常，主要为地壳厚度相对较薄，密度相对较高地幔物质上隆所引起。

黄土崖南侧区域异常显示为重力高带、磁力高带，剩余异常显示为高、低相间分布，地表主要出露第四系、泥盆系以及二叠系，推测局部重力、磁力异常为同源异常，异常高主要由密度相对较高、磁性相对较强的前侏罗系所引起，异常低主要由密度相对较低、磁性相对较弱的中、新生界所引起；区域重力、磁力异常为异源异常，区域重力异常主要由密度相对较高的前侏罗系基底抬升所引起，区域磁力异常则主要由磁性相对较强的前寒武纪变质结晶基底所引起。

迪坎北侧区域异常显示为重力低带、磁力高带，剩余异常显示为重力高、磁力低，地表主要出露新生界、白垩系以及侏罗系，推测局部重力、磁力异常为同源异常，主要为老地层由于逆冲推覆作用向上抬升引起；区域重力异常主要由密度相对较低的、厚度相对较大的中、新生界所引起，区域磁力异常则主要由磁性相对较强的前寒武纪

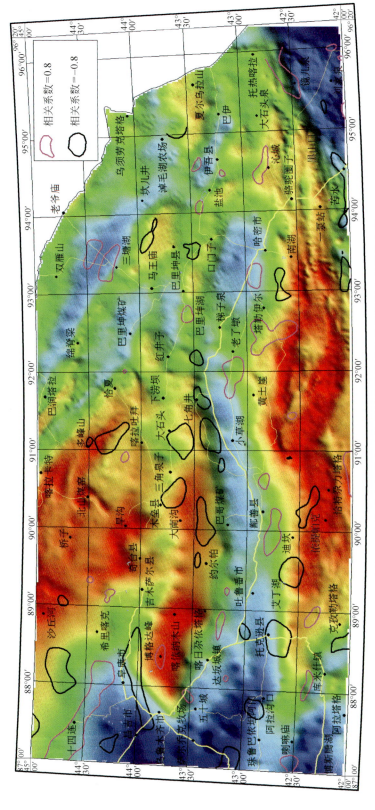

图 1.4　布格重力与磁力 ΔT 化极异常相关系数及布格重力异常叠合图

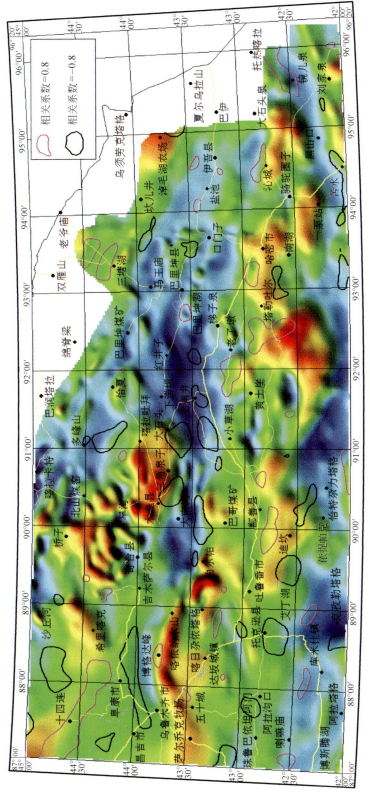

图 1.5　布格重力与磁力 △T 化极异常相关系数及磁力 △T 化极异常叠合图

变质结晶基底所引起。

喇嘛庙北侧区域异常显示为重力低带、磁力低带，剩余异常显示为重力高、磁力高，地表主要出露泥盆纪斜长花岗岩、二叠纪花岗岩、石炭纪花岗岩以及志留系、泥盆系、石炭系，推测局部重力、磁力异常为异源异常，局部重力异常主要由密度相对较高的古生界抬升所引起，局部磁力异常则主要为晚古生代弱磁性花岗岩所引起；区域重力、磁力异常为同源异常，主要由密度相对较低、磁性相对较弱、厚度大的晚古生代花岗岩所引起。

镜儿泉一带区域异常显示为重力低带、磁力低带，剩余异常显示为重力低、磁力低，地表主要出露新生界及石炭系，其南、北两侧出露大面积石炭纪钾长花岗岩、长城系及泥盆系，推测局部重力、磁力异常为同源异常，为密度相对较低、磁性相对较弱的新生界、石炭系所引起；区域重力、磁力异常亦为同源异常，主要为沉积巨厚的上古生界以及密度相对较低、磁性相对较弱的石炭纪中-酸性火成岩所引起。

七角井以西一带区域异常显示为重力高带、磁力低带，剩余异常显示为重力高、磁力低，地表主要出露石炭系，亦有小面积呈串珠状分布的石炭纪辉绿玢岩，推测局部及区域重力、磁力异常皆为同源异常，为相对南、北两侧密度较高、磁性较低的石炭系所引起。

第三节　东疆地区区域地层特征

一、东疆地区地层区划

东疆盆地地层区划经历了以下阶段：① 1981 年的《西北地区区域地层表》中的《新疆维吾尔自治区分册》（《新疆维吾尔自治区区域地层表》编写组，1981）将吐哈盆地地层区划为：天山-兴安岭地层区→北天山地层分区→吐鲁番地层小区；将三塘湖盆地归为：天山-兴安岭地层区→东准噶尔地层分区→北塔山地层小区。② 1999 年在全国地层多重划分对比研究中将新疆维吾尔自治区吐哈盆地岩石地层区划为（蔡土赐，1999）：北疆-兴安地层大区→北疆地层区→南准噶尔-北天山地层分区→吐鲁番地层小区；将三塘湖盆地归为：北疆-兴安地层大区→北疆地层区→北准噶尔地层分区→北塔山地层小区。③ 2000 年的《中国地层典》（《中国地层典》编委会，2000）将吐哈盆地地层区划为：西北地层区天山地层分区→吐鲁番地层小区；将三塘湖盆地划入西北地层区→东西准噶尔地层分区。④ 2005 年的《中国各地质时代地层划分与对比》（中国地质调查局地层古生物研究中心，2005）将吐哈盆地区划为：西北地层区→准噶尔地层分区→吐哈盆地小区；将三塘湖盆地划入归为：西北地层区→北山-阿拉善地层分区。

本研究对吐哈盆地采用如下地层区划：西北地层区→南准噶尔-北天山地层分区→吐哈盆地地层小区。三塘湖盆地采用如下地层区划：西北地层区→东准噶尔-北天山地层分区→北塔山-三塘湖地层小区。巴里坤盆地地层区划与三塘湖盆地相同，都属于北塔山小区。

二、东疆地区区域地层

东疆地区的吐哈盆地、三塘湖盆地和巴里坤盆地古生界、中生界、新生界均有分布，其中上古生界构成盆地的主要基底，出露于盆地的周边；中、新生界构成盆地的盖层，分布于盆地之中。盆地内广泛分布的侏罗纪含煤岩系绝大部分被新生界地层所掩盖，成为含煤岩系的隐伏区，仅在盆地边缘及中部的隆起区有小范围出露。三大盆地盖层的岩石组合特征、生物群总体面貌、地层之间接触关系、地层层序及沉积旋回等均有相近之处，可进行区域对比。吐哈盆地、三塘湖盆地和巴里坤盆地后石炭纪的岩石地层单位见表1.1，东疆东部南北向地质剖面如图1.6所示。

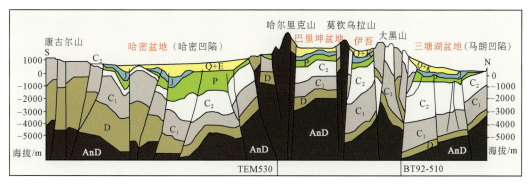

图 1.6　东疆东部南北向地质剖面图

（一）东疆主要含煤盆地基底地层

东疆主要含煤盆地基底主要由石炭系、二叠系和三叠系构成，但在沙尔湖北-大南湖北及三道岭西等长期隆起区有奥陶系、志留系及泥盆系地层出露。其中，中奥陶统大柳沟组（O_2d）分布于沙尔湖以北的阿拉塔格及沙尔湖南部边缘，为一套以喷溢相为主的海相中酸性火山岩建造，岩石组合为玄武岩、安山岩、英安岩、霏细岩；与上覆下泥盆统大南湖组及下二叠统阿尔巴萨依组呈不整合接触，厚度7495 m。中志留统白山包组（S_2b）小面积分布于三道岭一带，为一套浅海相深灰绿色安山玢岩、淡红色石斑岩、流纹岩及灰白-浅红色火山角砾岩夹薄层大理岩、变质砂岩组合。下泥盆统大南湖组（D_1d）主要分布于沙尔湖、大南湖、梧桐窝子以北，为一套浅海相中基性火山岩及正常碎屑岩沉积，区域厚2276 m，大南湖西部预查区钻孔揭露地层厚248.53 m。中泥盆统康古尔塔格组（D_2kg）分布于沙尔湖南部边缘，为一套陆相火山碎屑岩沉积，局部夹熔岩，主要岩性为灰绿色、暗灰绿色英安质角砾凝灰岩、安山质角砾凝灰岩、火山角砾岩夹英安岩、安山岩，区域可见厚度1063 m。

石炭系、二叠系和三叠系地层发育情况如下。

表 1.1　东疆主要含煤盆地地层表

界	系	统	吐哈盆地(群、组)		三塘湖盆地(群、组)	巴里坤盆地(群、组)
新生界	第四系	全新统	Qh		Qh	
		更新统 上	新疆群(Qp₃x)		新疆群(Qp₃x)	新疆群(Qp₃x)
		更新统 中	乌苏群(Qp₂w)		乌苏群(Qp₂w)	
		更新统 下	西域组(Qp₁x)		西域组(Qp₁x)	
	新近系	上新统	葡萄沟组(N₂p)		独山子组(N₂d)	独山子组(N₂d)
		中新统	桃树园组(E₃–N₁t)		塔西河组(N₂t)	
					沙湾组(E₃–N₁sh)	
	古近系	渐新统				昌吉河群下亚组(E₃ch)
		始新统	巴坎组(E₂b)		安集海组(E₂-₃a)	
		古新统	台子村组(E₁t)		紫泥泉子组(E₁-₂z)	
中生界	白垩系	上统	苏巴什组(K₂s)		缺失	
			库木塔格组(K₂k)			
		下统	吐谷鲁群(K₁t)	连木沁组(K₁l)	吐谷鲁组(K₁t)	清水沟组(缺失)(K₁q)
				胜金口组(K₁sh)		
				三十里大墩组(K₁s)		
	侏罗系	上统	艾尔维沟群(J₂-₃a)	喀拉扎组(J₃k)	齐古组(J₃q)	缺失
				齐古组(J₃q)		
		中统		七克台组(J₂qk)	?	
				三间房组(J₂s)/头屯河组(J₂t)	头屯河组(J₂t)	
			水溪沟群(J₁-₂sh)	西山窑组(J₂x)	西山窑组(J₂x)	西山窑组(J₂x)
		下统		三工河组(J₁s)	三工河组(J₁s)	三工河组(J₁s)
				八道湾组(J₁b)	八道湾组(J₁b)	八道湾组(J₁b)
	三叠系	上统	小泉沟群(T₂-₃xq)	郝家沟组(T₃hj)	郝家沟组(T₃hj)	小泉沟群(T₂₊₃xq)
				黄山街组(T₃hs)	黄山街组(T₃hs)	
		中统		克拉玛依组(T₂-₃h)	克拉玛依组(T₂-₃h)	
		下统	上仓房沟群(T₁cᵇ)	烧房沟组(T₁sh)	上仓房沟群(缺失)(T₁chᵇ)	上仓房沟群(缺失)(T₁cᵇ)
				韭菜园组(T₁j)		
古生界	二叠系	上统	下仓房沟群(P₃cᵃ)	锅底坑组(P₃-T₁g)	下仓房沟群(P₃cᵃ)/黄梁沟组(P₃hl)部分缺失	
				梧桐沟组(P₃w)		
				库莱组(P₂kl)		

续表

界	系	统	吐哈盆地(群、组)			三塘湖盆地(群、组)		巴里坤盆地(群、组)
古生界	二叠系	中统	桃东沟群 (P_2td)	塔尔郎组 (P_2ter)	泉子街组 (P_3q)	条湖组 红雁池组 芦草沟组 井井子沟组 乌拉泊组	平地泉组 (P_2p)	芦草沟组(P_2l)
				大河沿组 (P_2dh)			将军庙组 (P_2jj)	井井子沟组(P_2j) 乌拉泊组(P_2w)
		下统	阿其克布拉克组(P_1a)	阿尔巴萨依组 (P_1aer)		卡拉岗组(P_1k)		卡拉岗组(P_1k)
	石炭系	上统				弧形梁组(C_2h) (哈尔加乌群，C_2h)		巴塔玛依内山组(C_2bt)
								奥尔吐组(C_2ao)
						巴塔玛依内山组(C_2bt)		祁家沟组(C_2q)
								柳树沟组(C_2l)
		下统				姜巴斯套组(C_1j)		口门子组(C_1k)
						黑山头组(C_1h)		

1. 石炭系

（1）吐哈盆地石炭系

1）吐哈盆地西南边缘

下石炭统小热泉子组（C_1x）：分布于沙尔湖西南部边缘。为一套海相火山熔岩–火山碎屑岩，主要岩性为玄武岩、安山岩、火山碎屑岩及少量凝灰质砂岩、岩屑砂岩，局部夹灰岩透镜体。与下石炭统干墩岩组呈断层接触，与上石炭统底坎尔组角度不整合接触。区域最大厚度大于 4000 m。

上石炭统底坎尔组（C_2d）：分布于艾丁湖南部边缘，为一套海相中性、中酸性火山岩熔岩、火山碎屑岩、凝灰质碎屑岩及少量正常碎屑岩，与下伏小热泉子组为不整合接触，与上覆西山窑组角度不整合接触。视厚度 1966 m。

2）吐哈盆地东南边缘

下石炭统干墩组（C_1g）：分布于野马泉凹陷周边。为一套深海相陆源碎屑岩夹灰岩、酸性火山岩沉积。与上石炭统梧桐窝子组整合接触。视厚度 1360 ~ 6405 m。

上石炭统梧桐窝子岩组（C_2w）：分布于大南湖–梧桐窝子南部边缘。为一套浅变质的次深海–海底喷发基性火山岩沉积。视厚度 1061 ~ 8812 m。

3）吐哈盆地西北边缘

上石炭统柳树沟组（C_2l）：分布于吐哈北部的桃树园–克尔碱一带。为一套浅海相中酸性–中基性火山碎屑岩夹火山熔岩沉积，含腕足类化石。视厚度 1181 ~ 2219 m。

上石炭统奇尔古斯套组（C_2q）：西端伊拉湖–克尔碱一带，为一套半深–深海相的硅质火山复理石沉积，主要由粉砂岩、硅质粉砂岩、硅质岩、碳质泥质岩、凝灰岩、凝灰质粉砂岩、放射虫硅质岩组成。不整合于柳树沟组之上。视厚度1914~6492 m。

4）吐哈东北边缘

上石炭统居里得能组（C_2j）：为一套浅海相火山碎屑岩-碎屑岩沉积。超覆于下泥盆统大南湖组之上。厚5307 m。

上石炭统扬布拉克组（C_2y）：为一套海相中基性火山岩、火山碎屑岩、碳酸盐岩沉积。与下伏居里得能组断层接触。厚2979 m。

（2）三塘湖盆地石炭系

下石炭统黑山头组（C_1h）：分布于三塘湖盆地北部边缘，为一套浅海相暗色细碎屑岩-火山碎屑岩-中基、中酸性火山岩沉积。区域上与下伏泥盆系不整合接触。厚度731~4064 m。

下石炭统姜巴斯套组（C_1j）：分布于三塘湖西南边缘，为一套浅-滨海相灰绿色陆源碎屑岩沉积。区域上与下伏黑山头组不整合接触。厚769~1503 m。

上石炭统巴塔玛依内山组（C_2bt）：分布于三塘湖西南边缘及淖毛湖北部，为一套陆相中-酸性火山岩、火山碎屑岩。与下伏姜巴斯套组不整合接触。区域厚1000~4318 m。在淖毛湖有七个钻孔揭露到该地层，揭露岩性以灰绿色蚀变凝灰岩为主。

上石炭统弧形梁组（C_2h）：分布于三塘湖盆地淖毛湖东端，为一套陆相碎屑岩，主要由粉砂质泥岩、粉砂岩、砂岩及少量砾岩组成。与下伏巴塔玛依内山组平行不整合接触。厚69~220 m。

（3）巴里坤盆地石炭系

下石炭统口门子组（C_1k）：残余厚度1000~4000 m，主要为滨浅海相沉积，分布在盆地的中北部及东南部，具北厚南薄的特征，主要为层状泥质灰岩，间夹灰色细砂岩、杂色细砂岩、泥岩，含有多层双壳类、腕足类化石。与下伏泥盆系地层不整合接触。

上石炭统厚度为1500~3000 m，具南厚北薄的特征，从上至下可分为奥尔吐组（C_2ao）、祁家沟组（C_2q）和柳树沟组（C_2l）。奥尔吐组和祁家沟组顶部剥蚀严重，主要岩性为灰色、深灰色细砾岩与棕黄色泥岩互层，底部为灰绿色细砾岩，厚510~1300 m。柳树沟组岩性变化较大，顶部为灰色凝灰岩、灰黑色碳质泥岩；中上部为凝灰岩、凝灰质砂岩、玄武岩；中部为灰黑色碳质泥岩，灰色、灰绿色凝灰砂岩、凝灰砾岩、凝灰质砂岩、凝灰岩与玄武岩、安山岩互层；下部为凝灰岩、灰黑色泥岩，灰色砂岩、粉砂岩、细砂岩及砾岩与玄武岩、安山岩互层。柳树沟组厚度为1000~1700 m。巴里坤盆地南部花园乡地区为晚石炭世沉降中心，烃源岩发育。与下伏地层不整合接触。

2. 二叠系

（1）吐哈盆地二叠系

吐哈盆地二叠系分布较为局限，主要零星出露于盆地北部边缘及沙尔湖-大南湖北部隆起部位。石炭系与二叠系间为明显的不整合接触，本研究在桃树园见到二叠系红色砾岩、含砾砂岩、砂岩与灰色的石炭系集块岩等火山岩不整合接触。上二叠统桃东沟群、下仓房沟群相伴分布于大河沿、桃树园、柯柯亚一带，两群之间及其所属各组之间均为整合接触，桃东沟群不整合于下二叠统阿尔巴萨依组或石炭系之上。

下二叠统阿其克布拉克组（P_1a）：小面积分布于盆地西部伊拉湖边缘，为一套海相杂色碎屑岩夹少量硅质岩和生物碎屑灰岩沉积。与下伏石炭系呈角度不整合。视厚度 303 ~ 2210 m。

下二叠统阿尔巴萨依组（P_1aer）：分布于吐哈北部的克尔碱、柯柯亚、七角井及南部的沙尔湖、大南湖、梧桐窝子一带，是地表二叠系中分布最广的一个地层单位。为一套陆相火山岩夹火山碎屑岩建造，底部为陆相磨拉石建造。不整合于石炭系、泥盆系之上，与上覆上二叠统库莱组、桃东沟群不整合接触。厚 3329 m。

中二叠统大河沿组（P_2dh）：为山麓冲击相紫红色、棕红色厚层块状砾岩、含砾粗砂岩夹火山岩。厚 128 m。

中二叠统塔尔郎组（P_2ter）：为河流相、湖相黄绿色、灰绿色泥岩、泥灰岩夹砂岩、砾岩，厚 411 m。

上二叠统库莱组（P_2kl）：分布于七角井、沙尔湖及大南湖一带。为一套湖相碎屑岩沉积，岩性主要为灰绿色钙质岩屑砂岩，次为红褐色钙质泥质粉砂岩、粉砂质泥岩、砂砾岩不均匀互层，夹黑色页岩、叠锥灰岩、泥灰岩、菱铁矿透镜体。在沙尔湖，与下伏下二叠统阿尔巴萨依组呈不整合接触，与上覆侏罗系呈不整合接触。厚 716.6 m。

上二叠统泉子街组（P_3q）：为紫红、黄绿色砂砾岩夹泥岩的河湖相沉积，厚 122 ~ 291 m。

上二叠统梧桐沟组（P_3wt）：为一套灰绿色泥岩、砂质泥岩、泥灰岩、砾岩薄层及少量煤线的河流、湖沼相沉积。厚 220 ~ 291 m。

锅底坑组（P_3-T_1g）：该组为上二叠统至下三叠统地层，由紫红色、黄绿色泥岩及砂岩互层组成，局部夹砾状砂岩，厚 67 ~ 163 m。

（2）三塘湖盆地二叠系

下二叠统卡拉岗组（P_1k）：据钻井资料，下二叠统卡拉岗组（P_1k）分布范围是广泛的，除淖毛湖地区、岔哈泉地区以及盆地北缘一带缺失外，盆内大部地区均有沉积，厚度不均，岩性略有差异。此外，卡拉岗组还分布于三塘湖盆地南部边缘、中北部边缘及西北端。由于早二叠世三塘湖地区已转为陆内裂谷环境，主要沉积一套以紫红色为主的玄武岩、安山岩以及流纹岩夹少量正常碎屑岩，厚度巨大，分布于马朗凹陷以西的广大地区。在三塘湖盆地中，塘参 1 井、塘参 2 井、塘浅 2 井、条 1 井、条 2 井、条 3 井、条 4 井、条 5 井、马 1 井、马 3 井、马 5 井、马 8 井、塘参 3 井以及牛101 井钻遇该层位；其中在牛 101 井 2499 m 的玄武岩测得 Ar-Ar 同位素年龄为 273.8 Ma；在塘参 2 井、条 3 井的火山岩中测得的 K-Ar 同位素年龄分别为 262.7 Ma（1902 m）、270.6 Ma（2208.32 m）和 261.9 Ma（1860 m）。塘参 1 井的两组 K-Ar 同位素年龄值分别为 272.79 Ma（2940 m）和 286 Ma（3781.20 m）。塘参 3 井在 2076 ~ 3167 m 之间前人获得多组 K-Ar 同位素年龄,其值大致相近,为 280.7±3.9 Ma、284.9±1.7 Ma、286.4 Ma、260.08 Ma 等,归入早二叠世。

中二叠统将军庙组(P_2jj):为一套红色或杂色河流相碎屑岩沉积,厚 70~528 m。与下伏地层不整合接触。

中二叠统平地泉组(P_2p):小面积分布于石头梅南部,为一套湖相为主间夹河流相的碎屑岩沉积,部分地段为泥质岩夹灰岩沉积,含双壳类和植物化石,与上覆黄梁沟组为整合接触。厚 161~1511 m。

上二叠统黄梁沟组(P_2hl):上统黄梁沟组分布局限,为一套湖相间夹河流相碎屑岩沉积,上部为红色或杂色河流相碎屑岩沉积。

（3）巴里坤盆地二叠系

下二叠统卡拉岗组(P_1k)分布广泛,在盆内大部分地区均有沉积,厚度不均,岩性略有差异。与下伏地层不整合接触。中二叠统(P_2)包括芦草沟组(P_2l)、井井子沟组(P_2j)和乌拉泊组(P_2w),为一套湖相沉积建造,上部岩性以黄绿色泥岩、凝灰质硅质岩及凝灰质砂岩为主,局部为灰岩;中部以凝灰砂岩、钙质砂岩、泥质粉砂岩夹凝灰岩为主;下部以深灰色、灰黑色砂岩、凝灰岩、凝灰砂岩夹碧玉为主。与上覆地层整合接触。

3. 三叠系

（1）吐哈盆地三叠系

吐哈盆地三叠系主要和二叠系相伴零星分布于西、北部边缘,三叠系可划分为下三叠统上仓房沟群和中上三叠统小泉沟群。上仓房沟群包括韭菜园组和烧房沟组,分布于柯柯亚及大南湖北部一带。小泉沟群包括中上三叠统克拉玛依组、上三叠统黄山街组和上三叠统郝家沟组,三组同分布于柯柯亚一带,小泉沟群在伊拉湖、克尔碱和桃树园未进一步划分。三叠系的厚度在西部最大,布尔加地区可达 1500 m 以上,托克逊县以南减薄以至尖灭;北部凹陷带地层最厚处约 2000 m;东部哈密地区以四堡以东最厚,达 1800 m 以上,并以此为中心,向东西减薄。三叠系含丰富的动物化石。三叠系在博格达山前、觉罗塔格山前及盆地中皆有分布。本研究在桃树园北博格达山前见到红色、土黄色三叠系与灰色侏罗系不整合接触,在觉罗塔格山前见到三叠系砂岩与侏罗系八道湾组呈角度不整合接触。

下三叠统韭菜园组(T_1j):为一套湖相紫红色泥岩、灰绿色岩屑砂岩、粉砂岩不均匀互层。与下伏锅底坑组整合接触。厚 118 m。

下三叠统烧房沟组(T_1sh):为一套灰绿色砂砾岩与紫红色砂岩互层。厚 83 m。

中上三叠统小泉沟群(T_{2-3}xq):为一套以砂质泥岩、碳质泥岩为主夹薄煤层湖沼相碎屑岩沉积。

中上三叠统克拉玛依组(T_{2-3}k):为一套河湖相黄绿色砂岩与褐红色泥岩互层,底部为一层砾岩。与下伏烧房沟组、上覆黄山街组为整合接触。厚 265 m。

上三叠统黄山街组（T_3hs）：为灰黄色、黄绿色块状砂岩与灰绿色泥岩互层，含黄铁矿结核。厚 176 m。

上三叠统郝家沟组（T_3hj）：为深灰色泥岩、砂质泥岩夹煤线或薄煤层，底部见黄色砾岩或含砾砂岩。与下伏黄山街组、上覆下侏罗统八道湾组为整合接触。厚 107 m。

（2）三塘湖盆地三叠系

中上三叠统在吐哈盆地统称为小泉沟群，包括克拉玛依组、黄山街组和郝家沟组。三塘湖盆地的三叠系地层仅在盆地西北端地表小面积出露，前人将其定为中上三叠统克拉玛依组；而在盆地东段，钻孔揭露到隐伏的三叠系地层，孢粉成果确定其为中晚三叠世，与上覆下侏罗统八道湾组整合接触。限于研究程度，本研究暂将隐伏的中上三叠统地层称为小泉沟群，包括克拉玛依组、黄山街组和郝家沟组；而在地表出露的三叠系则定为克拉玛依组，二者因关系不明，暂列为并列关系。

中上三叠统小泉沟群（$T_{2-3}xq$）：地表未出露，仅在三塘湖盆地东段马朗凹陷、淖毛湖凹陷的 5 个钻孔揭露到该套地层。由于该套地层揭露不全，根据岩石组合、孢粉特征及与上覆地层的接触关系划定为小泉沟群。上部为深灰色、灰绿色、灰褐色泥岩、粉砂质泥岩、粉砂岩、泥质粉砂岩；下部以灰褐色砾岩为主，夹泥岩、细砂岩等。总体上为一套河湖相沉积。钻孔揭露最大厚度 324 m，由东向西厚度呈增大趋势。对该套地层中 3 组孢粉样品（NM-108ZK1 孔 1 组样品，NM-12ZK2 孔 2 组样品）鉴定出 33 属：*Leiotriletes*，*Punctatisporites*，*Calamospora*，*Retusotriletes*，*Granulatisporites*，*Cyclogranisporites*，*Osmundacidites*，*Verrucosisporites*，*Apiculatisporis*，*Baculatisporites*，*Convolutispora*，*Labrorugaspora*，*Neoraistrickia*，*Lycopodiacidites*，*Annulispora*，*Densoisporites*，*Asseretospora*，*Limatulasporites*，*Aratrisporites*，*Plicatipollenites*，*Colpectopollis*，*Taeniaesporites*，*Protohaploxypinus*，*Alisporites*，*Pseudopinus*，*Pinuspollenites*，*Piceaepollenites*，*Pseudopicea*，*Podocarpidites*，*Chasmatosporites*，*Quadraeculina*，*Perinopollenites*，*Junggaresporites*。孢粉组合分析显示了 *Aratrisporites-Punctatisporites* 组合特征，*Aratrisporites*（13.0% ~ 71.0%，平均33.3%）和 *Punctatisporites*（3.5% ~ 31.0%，平均 15.9%）含量较高，并具有一定数量的单沟类花粉和松柏类双气囊粉。据目前资料来看，*Punctatisporites* 属在我国已知中三叠世孢粉组合中普遍占主要地位。*Aratrisporites* 属是晚三叠世的特征分子。因此，该组合反映该套地层应为中、晚三叠世。

中上三叠统克拉玛依组（$T_{2-3}k$）：出露于三塘湖盆地西北段，为河流相浅红色砾岩、砂砾岩夹灰色、灰黑色泥岩，厚 885 m。与下伏二叠系地层不整合接触。

（3）巴里坤盆地三叠系

中上三叠统小泉沟群（$T_{2-3}xq$）地表无出露，钻孔控制厚度 9.5 ~ 19.5 m，未揭穿。中上三叠统小泉沟群为淡红、黄绿、灰绿色砾岩、砂岩、砂质泥岩互层，顶部为灰色泥岩夹有煤线。多不整合于中下二叠统—上石炭统巴塔玛依内山组之上，与上覆的八道湾组呈平行不整合接触。

（二）东疆主要含煤盆地含煤地层

东疆主要含煤盆地含煤地层为侏罗系，也是本研究的重点，将在第三章专门论述。

（三）东疆主要含煤盆地含煤地层的盖层

东疆地区含煤岩系盖层包括白垩系、古近系、新近系和第四系。

1. 吐哈盆地含煤地层的盖层

吐哈盆地含煤地层的直接盖层白垩系主要分布于盆地中部的火焰山、鄯善、七克台地区，东部的三间房、了墩及三道岭一线以南地区有零星出露。该系由粗—细—粗的完整旋回组成，下白垩统（包括三十里大墩组、胜金口组、连木沁组）与下伏侏罗系呈不整合接触，主要为河流相的棕红、灰紫色块状厚层砂岩、砾岩与棕红色砂层互层，夹紫红色泥岩，底部砾岩层分布稳定，向上过渡为湖相绿色、灰绿色砂泥岩与粉砂岩，以及杂色砂岩。上白垩统（包括库木塔格组、苏巴什组）则为河流相灰蓝、浅棕红、棕黄色厚层状细砂岩、砾状砂岩、中-细粒砂岩夹紫红色泥岩条带。

2. 三塘湖盆地含煤地层的盖层

三塘湖盆地含煤地层直接盖层白垩系仅发育下统吐谷鲁组（K_1t），主要出露于条湖凹陷、马朗凹陷、方方梁凸起一带，为一套河流相粗碎屑岩沉积。岩性为杂色砾岩、砂砾岩和泥岩、粉砂岩互层，与下伏中侏罗统头屯河组为不整合接触。三塘湖东段现有的钻孔揭示表明该组的厚度为 41.6 ~ 636.8 m，且厚度由北向南成增大趋势。

三塘湖盆地的古近系和新近系包括古新统紫泥泉子组、始新统安集海组、中新统沙湾组和塔西河组、上新统独山子组。古新统紫泥泉子组分布于三塘湖盆地东南部及中北部，为一套河湖相浅紫红色、橙黄色、棕色砂岩、砂砾岩夹泥质粉砂岩沉积，超覆不整合于石炭系火山岩之上，可见厚度 20 m。始-渐新统安集海组在地表分布于三塘湖盆地中北部，钻孔资料表明该组全区广泛分布，为一套浅湖相灰绿色泥岩，夹灰岩、砂岩沉积，厚 9.3 ~ 371 m。区域上该组与下伏紫泥泉子组整合接触，盆地内钻孔揭露其超覆于下白垩统吐谷鲁组或古生代地层之上。中新统沙湾组分布于三塘湖盆地东南部及东北部，为一套河湖相棕红色泥岩、砂质泥岩、砾岩沉积，超覆不整合于紫泥泉子组之上，区域上与下伏安集海组整合接触，可见厚度 350 ~ 500 m。上新统独山子组零星分布于三塘湖盆地东部，为一套红色内陆湖相砾岩、砂岩、粉砂岩、泥岩及钙质结核组合，超覆于古生界、中生界之上，上被第四系所覆，可见厚度 400 m。中新统塔西河组分布于三塘湖盆地中段及其北部，为一套湖相砖红色、土红色、紫红色泥岩、泥质砂岩、砾岩夹石膏薄层组合，在盆地东南部超覆于安集海组之上，区域上与下伏沙湾组整合接触，钻孔揭露最大厚度 204 m。

三塘湖盆地钻孔揭露第四系厚度在三塘湖西段（汉水泉-条湖）为 1.5 ~ 241.7 m，

在三塘湖东段（马朗–淖毛湖）为 1.6～208.5 m。其中下更新统西域组零星分布于三塘湖盆地东南部边缘，岩性为灰色、灰白色钙质砾岩夹淡黄色砂岩透镜体；中更新统乌苏群零星分布于三塘湖盆地中北部，主要岩性为胶结不好或未胶结的灰色、黄褐色砂砾岩层，最厚达 50 m；上更新统新疆群是盆地内分布广泛的堆积物，主要岩性为灰色松散砂砾石层，不同程度地混有风成砂，可见厚度 99.6 m。全新统零星分布于冲沟、干谷及湖泊边缘，按成因分类，包括洪积层、湖相沉积、风积层、化学沉积及冲积层，厚几厘米到数十米。

3. 巴里坤含煤地层的盖层

巴里坤盆地含煤地层的盖层主要是古近–新近纪地层。古近系渐新统昌吉河群下亚组分布于第四系覆盖层之下，局部构成了侏罗系的盖层。该组在地表剥蚀形成残丘状地层，产状近水平，为一套以褐色、褐红色、红黄色为基本色调的红色岩层；岩性为泥岩、粉砂岩为主夹薄层细砂岩；底部为紫红色的底砾岩；地层厚 0～43 m，不整合在下伏地层之上。新近系上新统独山子组在纸房北部小面积分布，以褐色、褐红色、红黄色泥岩、粉砂岩为主，夹薄层细砂岩，底部以紫红色底砾岩不整合于侏罗系之上，厚 0～43 m。

第四系的上更新统新疆群大面积分布于盆地中，为戈壁平原堆积，主要为冲洪积砾石、砂、泥土，松散无胶结，厚 1～15 m，与下伏地层不整合接触。

第四节　东疆地区岩浆岩分布

根据地质图、剩余磁力异常图并结合局部磁力异常成因分析结果等资料综合确定东疆地区火成岩的分布，其中包括出露地表的火成岩以及根据磁力异常推测圈定的火成岩。隐伏火成岩的圈定主要依据剩余磁力异常幅值较高、梯度较陡、呈条带状、宽度较窄以及与地表地质的相关性。

综合分析，东疆地区火成岩的分布具有如下特征：①东疆地区磁性火成岩主要出露于觉罗塔格复背斜，北天山褶皱带，三塘湖拗陷西缘、南缘及东缘。②沉积了巨厚沉积盖层的吐哈盆地以及三塘湖盆地的中部区域磁力异常呈高值带，盆地内一些区域也存在异常值高、梯度较陡的剩余磁力异常，推测这些异常可能是较深部变质基底抬升或者沉积岩中强磁性物质所引起。③觉罗塔格复背斜发育大面积中–酸性岩，自西向东岩浆活动时间有明显差异，西段发育有泥盆纪、石炭纪及二叠纪中–酸性岩，东段则发育石炭纪及二叠纪中–酸性岩；觉罗塔格复背斜亦发育有小面积的泥盆纪辉长岩、石炭纪辉长岩、石炭纪辉绿玢岩以及二叠纪辉长岩。觉罗塔格复背斜最西端见有蓟县纪花岗闪长岩出露地表，可能表明该区前寒武纪岩浆活动较强。④吐哈盆地火成岩主要发育在盆地中部南缘，可能为石炭纪中–酸性岩。⑤三塘湖盆地火成岩主要发育在盆地东北缘、南缘及西缘，南缘发育石炭纪中–酸性岩，西缘主要发育石炭纪中–酸性岩，东北缘主要发育石炭纪中–酸性岩；另外，西缘也发育有小面积的二叠纪中性岩，东缘发育有小面积志留纪中性岩，北缘发育有小面积石炭纪基性岩。⑥北天山褶皱带发育多期次火成岩，西段主要为石炭纪基性岩及中-酸性岩，东段则主要为泥盆纪、石炭纪以及二叠纪中-酸性岩；准噶尔盆地火成岩主要发育在盆地南缘及东北缘，南缘可能为石炭纪基性岩，东北缘可能为石炭纪中-酸性岩。⑦二叠纪岩浆岩主要集中在觉罗塔格复背斜，塔里木北缘活动带、北天山褶皱带以及三塘湖拗陷东缘和西缘亦有小面积发育，地表主要见有二叠纪花岗岩、二长花岗岩、花岗闪长岩、钾长花岗岩、斜长花岗岩以及石英闪长岩。⑧三叠纪岩浆岩仅在觉罗塔格复背斜中西段、北天山褶皱带东部红井子附近发育有小面积的三叠纪花岗岩。⑨研究区未见侏罗纪之后的岩浆岩出露地表，可能表明本区自侏罗纪之后各板块相对比较稳定，岩浆活动不发育。

第二章 东疆主要含煤盆地构造特征及演化

第一节 吐哈盆地构造

一、构造单元划分

石油系统通常将吐哈盆地的构造单元划分为吐鲁番拗陷、了敦隆起和哈密拗陷（图 2.1）。吐鲁番拗陷又划分为北部凹陷（包括胜北凹陷、丘东凹陷和小草湖凹陷）、西部凸起–高隆带（包括科牙依凹陷、布尔加凸起和伊拉湖–肯德克高台阶带、胜南–葡北低台阶地）、南部凹陷［托克逊凹陷、胜南凹陷、艾丁湖斜坡（鲁西凸起）和塔克泉斜坡（塔克泉凸起）］。哈密拗陷又划分为哈密凹陷和黄田凸起。

石油系统对了敦隆起没有进行二级构造单元划分，鉴于了敦隆起南部的沙尔湖和大南湖地区发育重要煤层，因此，本研究基于吐哈盆地重磁资料、侏罗系基底埋深、东疆煤炭资源预查工作发现的煤层分布等资料，对吐哈盆地构造单元进行了重新划分。

据重力资料，吐哈盆显示出台南凹陷、台北凹陷、科牙依凹陷、哈密凹陷、大南湖凹陷和沙尔湖凹陷六个凹陷。据盆地侏罗系基底埋深图（图 2.2），基底起伏特征总体表现出西北部为比较明显的凹陷（台北凹陷），中部隆起区为了敦隆起所在区域，图中也显示了沙尔湖浅凹陷。吐哈盆地八道湾组煤层主要赋存在台北凹陷、托克逊凹陷和哈密凹陷；西山窑组煤层除在上述凹陷广泛分布外，还赋存在盆地南部沙尔湖、大南湖地区，煤层总厚最大 301 m，单层煤厚达 217 m，因此，了敦隆起在西山窑期存在沙尔湖浅凹陷、大南湖浅凹陷等若干凹陷，应该进一步划分了敦隆起的构造单元。本研究将吐哈盆地一级构造单元划分吐鲁番拗陷、哈密拗陷、了敦隆起和南部隆起；吐鲁番拗陷又划分为台北凹陷、克尔碱凹陷、布尔加凸起、托克逊凹陷、艾丁湖斜坡五个次级构造单元；南部隆起又划分为沙尔湖隆起、沙尔湖浅凹陷、大南湖浅凹陷、骆驼圈子浅凹陷、梧桐窝子浅凹陷、野马泉浅凹陷六个次级构造单元；哈密拗陷又划为哈密凹陷和黄天凸起两个次级构造单元（图 2.3）。

二、吐哈盆地构造特征

（一）重磁异常与深部构造

重磁资料是反映深部构造的重要依据，吐哈盆地的航磁资料反映出盆地内存在两个

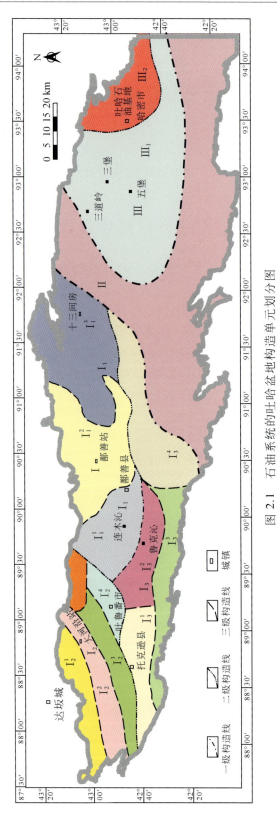

图 2.1　石油系统的吐哈盆地构造单元划分图

I. 吐鲁番坳陷：I_1. 北部凹陷，I_1^1. 胜北凹陷，I_1^2. 丘东凹陷，I_1^3. 小草湖凹陷；I_2. 西部凸起−高隆带：I_2^1. 科牙依凹陷，I_2^2. 布尔加凸起，I_2^3. 伊拉湖−肯德克高台阶带，I_2^4. 胜南−葡北低台阶带；I_3. 南部凹陷，I_3^1. 胜南凹陷，I_3^2. 托克逊凹陷，I_3^3. 艾丁湖斜坡，I_3^4. 塔克泉斜坡；II. 了敦隆起；III. 哈密坳陷：III_1. 哈密凹陷，III_2. 黄田凸起

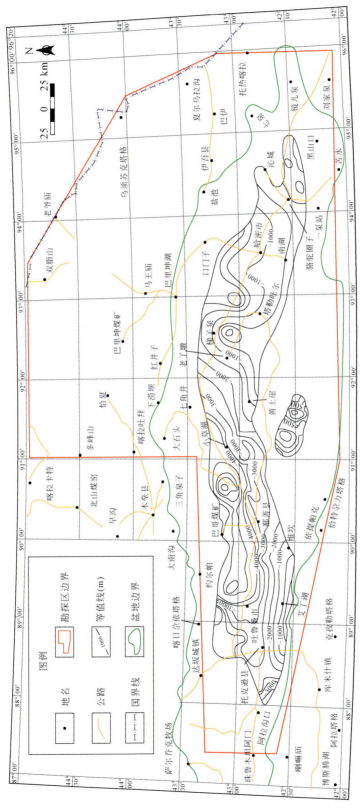

图 2.2　重磁资料解译的吐哈盆地前侏罗系基底埋深图

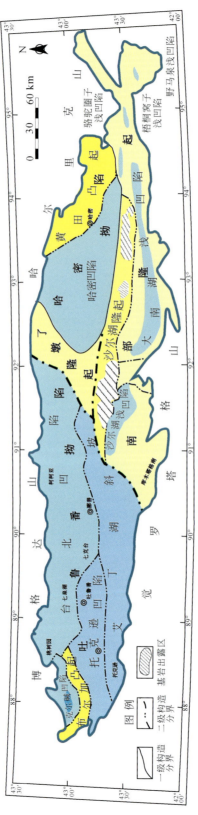

图 2.3　吐哈盆地二级构造单元划分图

磁性界面，上界面对应晚古生代（主要为石炭纪）中基性火山岩、火山碎屑岩及中酸性侵入岩等磁性体（层）的顶面（图 2.4），下界面是结晶岩系顶面。吐哈盆地及其周边下古生界和上元古界磁性较弱，难以形成磁性界面，因此，吐哈盆地深部强磁性体是古老结晶基底的反映。吐哈盆地周缘出露的古生界厚度大于 10000 m，中、新生界最大厚度也近万米，由此推测吐哈盆地的一些凹陷叠加区的结晶基底最大埋深应超过20000 m。磁力资料表明吐哈盆地拗陷区为正磁异常，盆地内存在分散的点状磁异常。

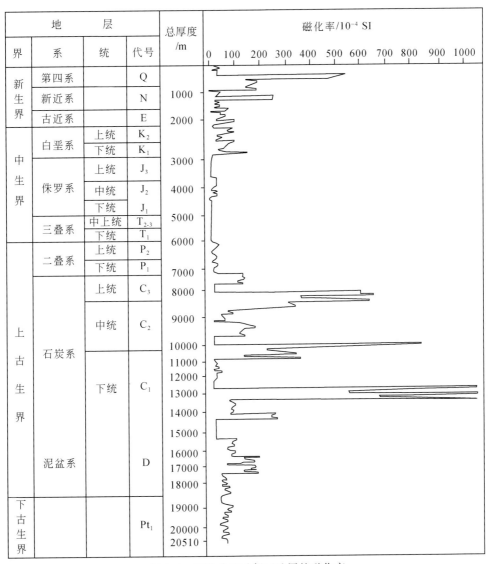

图 2.4　吐哈盆地及邻区地层的磁化率

　　吐哈盆地布格重力异常等值线的走向与盆地新生界、侏罗纪、三叠纪、二叠纪沉积厚度分布基本一致，在托克逊以西为北西西向；托克逊至迪坎为近东西向；迪坎至老了墩逐渐由近东向转为北东东向；老了墩向东，以哈密市北（约 203 cm/s²）为中心，负重力异常等值线呈圆形展布。由于吐哈盆地凹陷区古生界、中生界和新生界地层厚度大，结晶基底埋藏较深，而且二叠纪后沉积岩的密度较二叠纪前减小（表2.1），因此，吐哈盆地为负重力异常较小，博格达山、巴里坤山和哈尔里克山、东南缘的南湖–迪坎间的二叠系—泥盆系地层及岩体广泛出露导致吐哈盆地边缘为正重力异常。

表 2.1　吐哈盆地地层物性参数

界	系	密度/(10^3 kg/m^3)	磁化率/($4\pi \times 10^{-6}$ SI)
新生界	第四系 古近–新近系	1.8~2.2 2.37	61
中生界	白垩系 侏罗系 三叠系	2.45 2.49 2.54	66 50 78
古生界	二叠系 石炭系 泥盆系 志留系—泥盆系	2.70 2.71 2.74 2.73	194 248 635 147
元古界	前寒武系	2.70	219

大致以哈密北-小草湖-鄯善县北-吐鲁番为中心，布格重力异常等值线向两侧增大，反映出盆地基底总体为由南北向中间倾斜。据区域重力异常（滤波70 km）等值线平面展布可知，在了墩隆起之西，南部地区和北部地区分别受控于觉罗塔格山和博格达山的影响，重力异常等值线差异明显；在了墩隆起之东的地区，受博格达山和巴里坤山、哈尔里克山的影响，哈密拗陷区的重力异常曲线呈现近椭圆形分布，反映了深部地壳的差异。

（二）吐哈盆地的断裂构造

吐哈盆地逆冲或逆掩断层发育，可分为基底断裂（切割前二叠系）和盖层断裂（切入二叠系及以上地层）。据航磁和重力场资料推测吐哈盆地海西中晚期所形成的基底断裂有近50条左右（图2.5），包括近东西向断裂、北东向断裂和北西向断裂三组。这些基底断裂将盆地基底切割成大小不等的菱形块体，其中，以杏子口断裂、盐山口北断裂、高平台断裂和大南湖断裂为界限，将盆地分割出托克逊断块、布尔加断块、台北断块、哈密断块和塔克泉断块。吐哈盆地基底断裂和断块所组成的基底构造格架控制着盆地的形成演化和盖层构造格局。

盖层断裂也呈北东向、北西向和近东西向展布，前两组多见于盆地东西部基岩埋深相对较浅的部位，如布尔加凸起、艾丁湖斜坡、了墩隆起与黄田凸起等部位；后一组集中于盆地南北两侧。盖层断裂按性质可分为基底卷入型断裂、盖层滑脱断裂、撕裂断裂、反转断裂（图2.6，图2.7）。基底卷入型断裂就是切入基底并使之发生了相当规模位移的逆冲断层，断面较陡（60°~70°），断开层位多，垂直断距大、水平断距小、深层断距大、浅层断距小，平、剖面派生断层相对较少。往往发育在基底埋深不大，

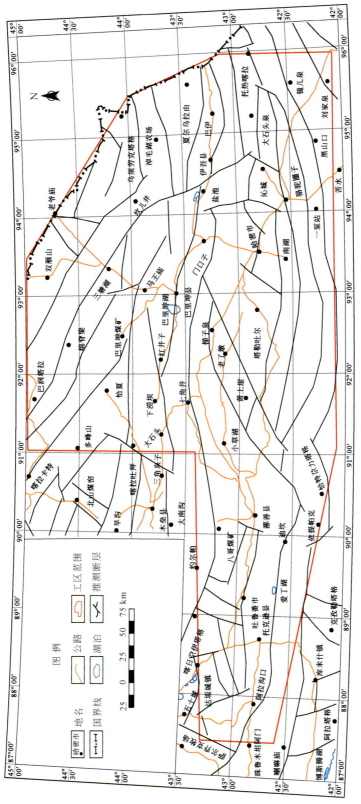

图 2.5　东疆地区重磁资料解释的基底断裂分布图

同时与主压应力有一定交角的区带，分布在隆（凸）起向拗（凹）陷过渡的接合部位。盖层滑脱断层是不切入基底而仅在盖层中滑移并冲掩的一类断层，断层的断面上陡下缓，向下并入滑脱面，断层只断开浅层层位，浅层断距大、深层断距小，主滑脱面规模大，派生断层多，多为反冲断层。盖层滑脱断层主要发育在中部的台北凹陷，有两个滑脱系统和两个滑脱前锋带。第一套滑脱系统为八道湾组，规模大，涉及范围广，前锋带切割了八道湾组以上的多套地层，形成一系列冲断背斜构造；第二套滑脱系统为西山窑组，规模小，只发育在台北凹陷带金水–小草湖地区。

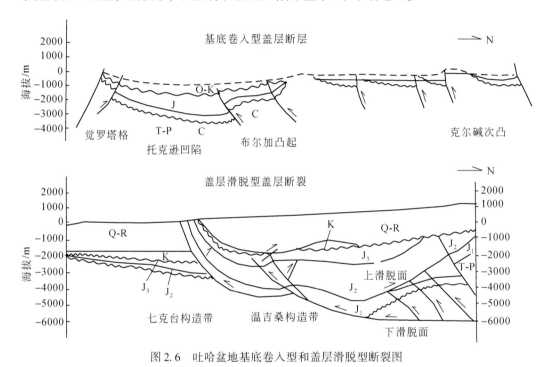

图 2.6　吐哈盆地基底卷入型和盖层滑脱型断裂图

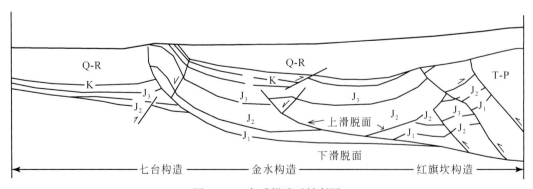

图 2.7　吐鲁番拗陷反转断层

　　第一前锋带为凹陷中部各构造带，形成早，规模小，保存好。第二前锋带为七克台、火焰山构造带，形成晚，规模大。撕裂断层是在逆掩推覆过程中，由于平面上推挤速度不一而产生的在平面上带有走滑性质的破裂线，断裂面可近直立，也可倾斜或弯曲，但一般为高角度，其下端终止于滑脱面。盆地的撕裂断层主要发育在台北凹陷。反转断层是早期的正断层或逆断层因后期构造应力场性质发生转换表现为逆断层或正断层，盆地中的反转断层主要分布在台北凹陷带，以七克台1号断裂和红山1号断裂表现最为典型。从地震剖面上看，断层上盘侏罗系厚度明显大于下盘，且下盘没有接受早侏罗世沉积，表明早、中侏罗世七克台断层为一同生正断层，侏罗纪末期的中燕山运动使七克台断层大规模反转和定型。

按照盖层断裂对沉积和构造带形成的控制作用，可将断裂分为三级。一级断裂控制沉积发育与拗陷分布，典型的有火焰山断裂、三道岭断裂、伊拉湖断裂等断裂；二级断裂控制了主要二级构造带的形成，如巴喀-丘陵断层、温吉桑断层等断裂；三级断裂是二级断裂的派生，对局部构造形成有一定作用。吐鲁番拗陷大部分盖层断裂分布在拗陷北部，与基底断裂南多北少形成鲜明对比，是自燕山中期运动以来南弱北强挤压作用的反映。

（三）吐哈盆地的褶曲构造

吐哈盆地背斜构造有挤压背斜、牵引背斜、压扭背斜、花状构造、上突构造、滑脱背斜、泥拱背斜、披覆背斜八种成因类型。挤压背斜在盆地内呈北东东向展布，如十三间房构造等，而且很少甚至没有受到断裂作用破坏。牵引背斜系指逆冲断裂沿断面滑动时，断层两盘间的摩擦力使地层拖曳形成的背斜构造。这类背斜与逆断层伴生，轴向与断裂方向一致，如火焰山断裂上盘发育的葡萄沟构造等。压扭背斜是由于挤压应力作用方向与断层斜交，地层在受挤压作用时又受剪切作用，经常与走滑断层伴生，背斜轴与断层走向斜交，如以伊拉湖断裂所形成的伊拉湖构造。花状构造是在压扭性构造应力作用下，主干断裂压扭走滑，断面上缓下陡直通基底，在主干断裂上部形成分支断裂，与主干断层组合成花状构造，分支断裂间所夹地层受断裂逆冲作用的影响形成背斜构造，如柯柯亚构造。上突构造是地层在顺层挤压力作用下，形成背冲断裂组合，夹持在断裂之间地层发生挠曲形成背斜构造，这类构造剖面形态与花状构造类似，但断裂向下变缓逐渐变为顺层滑脱，背斜轴向与断裂平行，主要发育在山前构造带前缘，如鄯勒构造。滑脱背斜是沿早、中侏罗世含煤岩系滑脱而形成，发育在凹陷内部，以胜北构造、红台构造为典型。泥拱背斜是在泥岩发育区，在挤压作用下，泥岩发生塑性流动，使上覆地层拱曲形成背斜，四十里大墩构造即是三间房组在逆断层作用下泥岩塑性流动而形成的背斜构造。披覆背斜系指基岩隆起区上覆地层因差异压实而形成的背斜，具有顶薄褶皱的特点，该构造在古近-新近系、白垩系中较发育，如葡北构造的古近-新近系披覆背斜。

三、吐哈盆地构造演化

就地理学而言，吐哈盆地是一个典型的山间盆地；按槽台理论，其划归为北天山优地槽褶皱带内部的一个拗陷；从板块构造观点，吐哈盆地是一个中、新生代的大陆板内盆地（陶明信，1994），是天山海槽闭合后从晚二叠世开始发育的一个以中、新生界沉积建造为主体的陆相盆地（陶明信，2010），属于哈萨克斯坦板块或准噶尔-吐鲁番古地块的一部分，或将其归为前陆盆地（吴涛等，1996a，1996b；张明山等，2002）。

　　吐哈盆地先后经历了海西、印支、燕山、喜马拉雅等多期构造运动，形成了多个不整合面和复杂的构造形态，最终形成了现今构造格局。自晚二叠世以来，盆地内共发育 10 个不整合面，分别为上二叠统与下伏地层（海西运动），三叠系与下伏地层（印支运动Ⅰ幕），下侏罗统与下伏地层（印支运动Ⅱ幕），中侏罗统三间房组与下伏地层（燕山运动Ⅰ幕），中侏罗统七克台组和上侏罗统齐古组与下伏地层，上侏罗统喀拉扎组与下伏地层，下白垩统吐谷鲁群和上白垩统库木塔克组与下伏地层（燕山运动Ⅱ幕），上白垩统、古近-新近系鄯善群和桃树园组与下伏地层（燕山运动Ⅲ幕），上新统葡萄沟组与下伏地层（喜马拉雅运动Ⅰ幕），第四系与下伏地层（喜马拉雅运动Ⅱ幕）。不同构造运动在盆地内的表现形式不同，同一期构造运动在盆地不同地区表现出不同的地层接触关系。下面重点论述对吐哈盆地聚煤作用具有重要影响的三叠纪以来的构造演化。

（一）印支期吐哈盆地构造演化

　　吐哈盆地的上基底构造层由石炭系与二叠系构成，其中石炭系与二叠系为不整合接触。吐哈盆地自三叠纪开始了盖层沉积，三叠系在博格达山前、觉罗塔格山前及盆地中皆有分布。印支运动导致盆地南北两侧的三叠系顶部表现为较大的沉积间断，侏罗系八道湾组不整合于三叠系之上。三叠系顶界面的同位素年龄为 200~203 Ma（秦长文等，2004）。

　　在三叠纪或印支构造运动期间，整个西北地区总体处于一种挤压构造环境。三叠纪末的晚印支运动主要表现为地层的褶皱隆升和剥蚀，基底断裂活化逆冲，但不同的构造单元表现形式不同。在塔克泉地区，上三叠统及下伏地层褶皱并遭受剥蚀形成秃顶构造；在托克逊地区，表现为由北向南的掀斜抬升；在伊拉湖断裂以北，二叠系和三叠系大幅剥蚀，而在断块倾没端较为完整；哈密坳陷为褶皱抬升，三叠系遭受剥蚀。相对而言，印支运动在台北凹陷表现较弱，上三叠统郝家沟组在桃树园、柯柯亚、照壁山一带仍有分布，与侏罗系为微角度不整合。

　　吐哈盆地北侧的博格达山和南侧的觉罗塔格山在印支运动中的表现不同。从吐哈盆地台北凹陷沉积物的粒度、分布、形态、成分变化等特征以及地层的不整合接触关系可知，在晚二叠—早三叠世，博格达山就开始了初次隆升（孙国智、柳益群，2009）；觉罗塔格山北缘的逆冲推覆构造则开始形成于三叠纪末期，由乌苏卡尔构造带、鲁克沁构造带、塔克泉构造带和杜光潮构造带东段等东西向构造带组成。来自觉罗塔格山的应力要弱于博格达山，其逆冲推覆的规模比盆地北缘要小得多，褶皱构造幅度和发育程度也弱，以断滑褶皱为主。觉罗塔格山逆冲褶皱系的形成历史较博格达山逆冲褶皱系要长，自印支期开始形成，后经燕山期、喜马拉雅期运动改造最后定型。三叠纪末期，随觉罗塔格山向北的逆冲推覆，其北缘逆冲断层活跃，在盆地内塔克泉、杜光湖等形成弯滑褶皱构造带；该构造带的形成呈现由东向西迁移的趋势，至侏罗纪末，鲁克沁构造带形成，杜光湖构造幅度加大，喜马拉雅期改造定型。

（二）燕山期吐哈盆地构造演化

在印支运动后的早、中侏罗世期间，西北地区总体处于伸展构造环境，没有受到区域强烈挤压构造作用的影响（葛肖虹等，1995）；早、中侏罗世吐哈盆地整体沉降，进入早期再生前陆盆地演化阶段，广泛发育中、下侏罗统。中侏罗世晚期、晚侏罗世和白垩纪，吐哈盆地表现为南北向的挤压构造作用，并叠加了东西向右旋剪切作用。

燕山运动Ⅰ幕（中侏罗世西山窑晚期）导致托克逊地区断裂复活逆冲、伊拉湖断裂上盘的西山窑组剥蚀、博格达山发生逆冲，改变了后续盆地的沉积特点。燕山运动Ⅱ幕（侏罗纪末）对吐哈盆地构造形成起关键性作用，主要表现为南北向的逆冲褶皱作用，火焰山、七克台、伊拉湖等基底断裂强烈活动，断块逆冲抬升，并产生新的褶皱和断裂，形成大量局部构造；该幕运动使盆内白垩系与侏罗系之间为明显的角度不整合接触关系，侏罗系普遍剥蚀，布尔加凸起侏罗系的剥蚀厚度达 800 m；盆内大部分先存断层在南北向挤压作用下活化，在台北凹陷形成大量褶皱，但在塔克泉地区变形较弱，呈北强南弱特点。

燕山运动Ⅰ幕和Ⅱ幕之间的小规模构造运动使盆地分异。中侏罗世三间房组末期，哈密坳陷整体抬升，缺失了中侏罗统上部七克台组和上侏罗统；晚侏罗世齐古组末期，吐哈盆地整体抬升，沉积范围缩小，上侏罗统上部喀拉扎组仅分布在台北凹陷中西部，并超覆在齐古组上。喀拉扎组底部发育的一套底砾岩（以陵南1井最为特征），反映了盆地范围缩小的过程。

燕山运动Ⅲ幕（晚白垩世库穆塔克末期）进一步强化了盆地的构造变形，并形成新的构造。布尔加凸起进一步隆升，使白垩系、侏罗系与古近-新近系之间呈角度不整合接触。在盆内褶皱部位，白垩系剥蚀成秃顶构造；哈密坳陷周边地区逆冲抬升剥蚀，但塔克泉地区的变形相对较弱。

（三）喜马拉雅期吐哈盆地构造演化

新生代喜马拉雅运动是吐哈盆地最强烈的构造运动，喜马拉雅运动Ⅰ幕使吐哈盆地再次进入再生前陆盆地演化阶段，盆地西北缘喀拉乌成山、北部博格达山强烈抬升并向盆内逆掩冲断，南部觉罗塔格山由南向北逆冲，形成对冲之势，在强大的南北挤压应力作用下，盆内断裂再次活跃，既改造老构造，又形成新的东西向构造。上新世末的喜马拉雅运动Ⅱ幕波及范围广泛、强度大、影响深远，该幕运动使盆地盖层褶皱并伴随断裂和断块位移，博格达山继续向南挤压推覆，构造变形波及台北凹陷，古近-新近系与第四系为角度不整合，前缘形成火焰山浮露型前锋。南北界山的逆冲活动使盆地周缘石炭系仰冲到中新生界之上，最终定型现代地貌和构造轮廓。

喜马拉雅期构造活动在盆地内形成了两大走滑断裂体系：博格达山前带的走滑断

层，火焰山-七克台走滑断层。北部博格达山前带的走滑断层切割至深部地层，大多也切穿至地表，为基底卷入型断裂，剖面上分支断层不发育，往往不构成花状构造，而呈近平行分布的"栅栏"状，为古近-新近纪末期喜马拉雅运动Ⅱ幕的产物；该走滑断裂带受南北向挤压应力场的作用发生强烈逆冲，形成东西向喜马拉雅期构造，大部分断裂活动利用了燕山期断裂薄弱面，因此构造形迹展布方向与燕山期基本一致，以逆断裂为主，主要是压性构造形迹。

火焰山-七克台走滑断裂带在南北向强烈挤压应力作用下，表现为强烈挤压走滑特征，该走滑断裂带为盖层滑脱型，侏罗系及以上层系沿中下侏罗统煤层向南逆冲滑脱；由于向南挤压应力横向上的差异，不同区域变形强度不同，使逆冲前锋带上形成系列北东向和北西向横向调节断层。火焰山-七克台走滑断层主要发育两期：第一期终止于白垩系底部，为侏罗纪末期燕山运动Ⅱ幕的产物；第二期与北部山前带一样，切穿浅层新近系及其以上地层而出露地表，为古近-新近纪末期喜马拉雅运动Ⅱ幕的产物（代瑜等，2009）。

此外，喜马拉雅运动也使吐哈盆地西南部托克逊凹陷南缘东西向断裂强烈向北逆冲。

（四）博格达山和觉罗塔格山的隆起

吐哈盆地北侧博格达山和南侧觉罗塔格山的隆升对侏罗系含煤岩系具有明显的控制作用，因此，这两个山系隆起的时序以及强度也引人注目。地层厚度、古流向资料是反映吐哈盆地北侧博格达山和南侧觉罗塔格山隆升的重要证据（图2.8）。

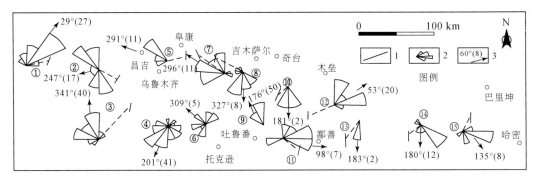

图2.8　准噶尔-吐哈地区早侏罗世晚期古流向图（薛良清等，2000）
1. 剖面位置；2. 交错层玫瑰花图；3. 平均流向及测量数

早侏罗世，吐哈盆地东部古流向为西北至东南，博格达山顶部以及博格达山两侧残存早侏罗世八道湾组砾岩，因此推测吐哈盆地、博格达、准噶尔盆地、三塘湖等在早侏罗世为连片分布的沉积大区。中侏罗世西山窑期，奇台古陆是盆地北部西山窑组沉积的重要物源区，沉积物搬运方向由北向南、鄯善为188°、艾维尔沟则为193°。中侏罗世三间房期组及七克台期，盆地中部的三间房组及七克台组沉积碎屑粒度由南向北逐渐变细，古流向参数也显示沉积物搬运方向主要由南向北。晚侏罗世早期，沉积物主要来自南部邻近地区；晚侏罗世晚期，喀拉扎组沉积地层厚度由北向南逐渐减薄，碎屑粒度逐渐变细，盆地北部边缘发育大量冲积扇相粗砾岩，沉积物应主要来自盆地北部源区（陶明信，1994；邵磊等，1999a，1999b）。白垩纪时期，沉积厚度由北向南逐渐减薄，粒度变细；古近-新近纪时期的地层则出露于整个盆地，最大地层厚度在盆地北部及中部。因此，白垩系及古近-新近系，物源应是由北向南（陶明信，1994；邵磊等，1999a，1999b）。

综上所述，二叠纪到侏罗纪时期觉罗塔格山是吐哈盆地的主要物源区，博格达山的局部隆起（如在桃树园地区）仅是次要的物源区，古流向由南向北；奇台古陆在侏罗纪对盆地北部是一重要物源区，其导致盆地北部地区沉积物由北向南的搬运。自晚侏罗世，博格达山发生强烈褶皱隆起，构成本区的另一物源区。白垩纪新隆起的博格达山是盆地物源的主要提供者，并且在古近-新近纪博格达山继续强烈隆升，成为盆地的主控物源区。对于盆地东部的哈密坳陷，尽管盆地南部的觉罗塔格山是盆地的物源区，哈尔里克山一直是持续剥蚀区和重要物源区，古流向在坳陷北侧总是由北向南。

据地层厚度、碎屑岩粒度、古流向资料，可大致推测博格达山和觉罗塔格山的隆起时序和强度。觉罗塔格山是吐哈盆地的主要物源区，该推覆构造始于三叠纪末，在晚三叠世至晚白垩世强烈活动，在古近-新近纪后该构造带活动微弱。吐哈盆地北侧的博格达山在晚二叠世—早三叠世就开始了初次隆升（孙国智、柳益群，2009），其大规模隆升应发生在中侏罗世西山窑组沉积后（薛良清等，2000），晚侏罗世强烈隆升，与觉罗塔格山一起成为盆地的另一个主要物源区，白垩纪及其以后则成为盆地的主要物源区。沈传波等（2006）认为博格达山自晚侏罗世末—早白垩世开始隆升，具有四个演化阶段，起始时间分别为150～106 Ma、75～65 Ma、44～24 Ma、13～7 Ma，其中44～24 Ma之前，博格达山南、北缘隆升速率近于一致，之后，博格达山南、北缘差异隆升。

第二节　三塘湖盆地构造

一、构造单元划分

三塘湖盆地是分布于阿尔泰山系和天山山系之间的叠合改造型盆地，由北而南可划分为东北逆冲推覆带、中央坳陷带、西南逆冲推覆带三个一级构造单元（图2.9），即"两隆一坳陷"。中央坳陷带即侏罗纪含煤盆地，总体呈西窄东宽（15～35 km）、北西向延伸的楔形，沉积了较厚和较完整的中新生代盖层（3500 m），面积约0.8万 km²，该坳陷是侏罗系煤层主要赋存区。受北西和北东向两组断裂的控制，中央坳陷内形成雁行排列的次一级凹凸相间构造格局，由西向东可进一步划分为库木苏凹陷、巴润塔拉凸起、汉水泉凹陷、石头梅凸起、条湖凹陷、岔哈泉凸起、马朗凹陷、方方梁凸起、淖毛湖凹陷、韦北凸起、苏鲁克凹陷11个二级构造单元（图2.9），表现为以侏罗系—新近系中新生代地层为主的系列隐伏线状、短轴状、箱状宽缓褶皱，局部为穿窿，地层倾角一般在20°以内。凹陷表现为复向斜构造，凸起表现为背斜构造，北边缘断裂多为正断层，南边缘断裂多为逆断层。

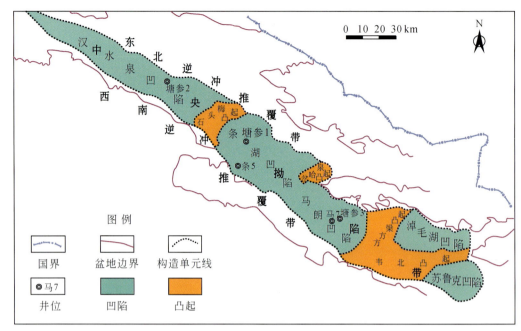

图 2.9　三塘湖盆地构造单元划分

二、三塘湖盆地构造特征

（一）重磁异常与构造

三塘湖盆地布格重力异常等值线总体呈北西向展布，南北分带明显，布格重力异常值呈现南北高、中部低的特点，即中部为重力低值带，南北为重力梯度带（图2.9）。南部重力梯度带重力异常值由南向北递减，北部重力梯度带重力异常值由北向南递减，即均由-180×10^{-5} m/s^{2}降至-210×10^{-5} m/s^2；中部重力低值带西部呈北西向长条状展布，东至淖毛湖一带转为近东西向展布，东西分区较明显，5个较明显重力低值圈闭以宽缓的相对重力高相隔，条湖重力低值圈闭异常中心值最低，为-230×10^{-5} m/s^2，次为汉水泉凹陷、淖毛湖凹陷、马朗凹陷。

区内磁场较为复杂，但成带性较好，中部为规则展布的负磁异常带；南、北边缘以正磁异常为主，局部正负磁异常相间，磁场变化剧烈。中部负磁异常带的西段呈北西带状展布，中心最低值-500 nT，东段淖毛湖一带异常变为东西走向，异常中心值为-200 nT 左右，最低达到-700 nT。南部正异常圈闭较多，异常变化强烈，最高值为600 nT。北部正磁异常相对较弱，变化较平稳。

纵观三塘湖盆地重磁异常，南北为重磁梯度带，中部重力低值圈闭形态、磁异常变化基本规整，具有明显的近东西向分块特征，反映出凹凸相间的构造格局。在上延5 km的布格重力异常图上，中部重力低值带西段（汉水泉-马朗）与东段（淖毛湖）基底连为一体，只是淖毛湖表现为较为孤立的一个沉积中心，且分布范围不大。结合重磁异常特征可大致划分为八个区（图 2.10），①汉水泉重低磁低区（II_1）：重力异常为北西走向的椭圆形低值圈闭，中心异常值-216×10^{-5} m/s^2，航磁为负异常，圈闭形态同重力异常，背景值-150 nT，中心为-200 nT 左右；②石头梅重高磁缓区（II_2）：重力异常表现为宽缓的八字形相对重力高，磁异常为近南北向的宽缓梯度带；③条湖重低磁低区（II_3）：重力为北西走向的近椭圆形低值圈闭，中心异常值-216×10^{-5} m/s^2。航磁为负异常，呈半圈闭形态，背景值-300 nT；④马朗重低磁低区（II_4）：重力为北西走向的低值圈闭，异常形态更为宽缓，中心异常值-200×10^{-5} m/s^2。航磁为负异常，但较为复杂，低值异常圈闭中心值为$-1000\sim-600$ nT；⑤方方梁重高磁低区（II_5）：重力呈宽缓的 V 字形相对重力高，南部相对低缓。航磁异常较为复杂，为花瓣状的三个低磁异常圈闭，最大异常中心值-700 nT；⑥淖毛湖重低磁低区（II_6）：重力为近东西走向的 2 个椭圆形低值圈闭，中心异常值$-208\times10^{-5}\sim-204\times10^{-5}$ m/s^2。航磁异常亦为低值圈闭，中心异常值为-200 nT，等值线表现出中间陡、四周宽缓的特征；⑦韦北重力梯度带（II_7）：重力异常为北东走向的重力梯度带，北部与淖毛湖重力低值圈闭相邻，航磁异常为近东西向串珠状的低正磁圈闭，具明显的斜坡或凸起特征。煤炭预查NM100ZK2 孔在 120 m 揭露石炭系地层，证实上述构造解释的可靠性；⑧库木苏重低磁低区（III_1）：位于南部重力梯度带西北端，呈一北西走向的相对重力低值半圈闭，异常值小于-184×10^{-5} m/s^2。航磁呈一宽缓梯度带，背景值为-300 nT。

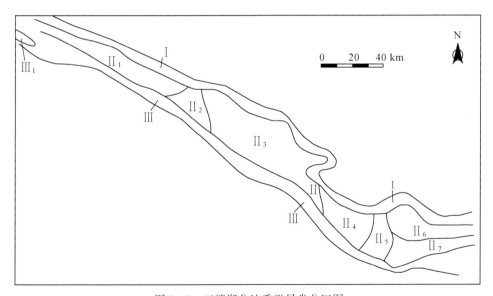

图 2.10　三塘湖盆地重磁异常分区图

I . 北部重力梯度带；II . 中部重低磁低带；II_1. 汉水泉重低磁低区；II_2. 石头梅重高磁缓区；II_3. 条湖重低磁低区；II_4. 马朗重低磁低区；II_5. 方方梁重高磁低区；II_6. 淖毛湖重低磁低区；II_7. 韦北重力梯度带；III . 南部重力梯度带；III_1. 库木苏重低磁低区

（二）构造单元的构造特征

根据垂直三塘湖盆地构造走向的南西–北东向剖面图（图 2.11）以及经过各个二级构造单元构造走向的北西–南东向剖面图（图 2.12），各构造单元的基本特征简述于下。

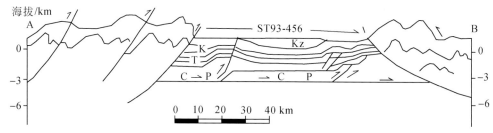

图 2.11　三塘湖盆地垂直构造走向的南西–北东向剖面图

1. 东北逆冲推覆带

东北逆冲推覆带位于盆地东北缘，北抵小哈甫提克山，向东延入蒙古，总体呈北西向。南以老爷庙大断裂与中央拗陷带为界，面积约为 1000 km²。该区带表现为重力和磁力强异常，主要由晚古生代地层组成。该隆起带形成于海西末期，以持续隆升为主；燕山晚期和喜马拉雅期强烈活动，以大规模的逆冲叠覆为主，属典型前展式逆冲叠瓦状冲断系。

2. 西南逆冲推覆带

西南逆冲推覆带位于三塘湖盆地西南缘，克拉美丽缝合线以北，总体延伸方向为北西向，面积约为 1200 km²，主要由晚古生代地层组成，中新生带地层仅残余出露，与下伏地层多呈角度不整合接触。本带为系列南倾北冲的逆冲断层组成的冲断带，西段乌通至石板墩一带呈北西向延伸，地震剖面上表现为冲断褶皱及系列断阶，石板墩以东，地震剖面表现为明显的多期（海西期末–喜马拉雅期）前展式逆冲推覆。

3. 中央拗陷带

中央拗陷带夹持于东北逆冲推覆带和西南逆冲推覆带之间，宽 15 ~ 40 km，面积约10000 km²，是三塘湖盆地煤层的赋存单元。该带发育可与东北和西南隆起露头区对比的前二叠纪基底岩系；盆地盖层发育较全，中新生界沉积较厚，为 2000 ~ 3600 m。中央拗陷带各次级构造单元构造特征如下。

（1）库木苏凹陷

该凹陷大部被第四系覆盖，边缘断续出露西山窑组地层，南接石炭系地层，构造形态为复向斜（库木苏复向斜）。凹陷内发育北西西向、近东西向断层。库木苏复向斜

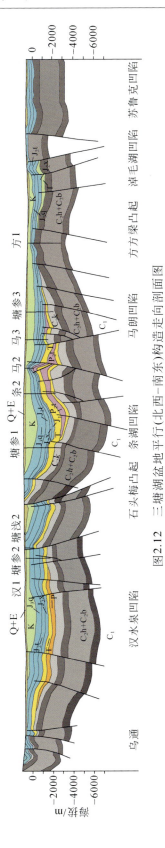

图 2.12　三塘湖盆地平行(北西-南东)构造走向剖面图

由 3 个向斜和 2 个背斜组成，褶皱轴向北西西向。该凹陷中部发育北西西向、近东西向逆断层，南部发育北东—东西向正断层。逆断层倾向南南东或南，倾角 66°，落差 0~160 m，长度 21 km；正断层倾向北北西或北，倾角 78°，落差 0~160 m，长度 12.8 km。

（2）巴润塔拉凸起

该凸起位于汉水泉凹陷和南部的库木苏凹陷之间，呈北西宽、东南窄的楔形，西端出露二叠系地层，构造形态为背斜（巴润塔拉背斜），轴向北西西，延展长约 35 km，幅值 300 m，两翼基本对称，倾角 10°~15°，东南部可见西山窑组出露。

（3）汉水泉凹陷

汉水泉凹陷位于中央拗陷带的西北部，面积约 1640 km²，以断层与石头梅凸起相接，是三塘湖盆地规模最大的二级构造单元，基本被第四系覆盖，中北部边缘零星出露头屯河组，构造形态为复向斜（汉水泉复向斜），南北边缘为北西西向断裂所限，中东部发育北西向、北东向断裂。据塘参 2 井资料以及汉水泉凹陷北东向地震地质剖面可知（图 2.12，图 2.13），凹陷内发育石炭系、二叠系、三叠系、侏罗系和白垩系。汉水泉凹陷内发育两类次级构造带，一类是受凹陷边缘主断裂冲断作用控制的次级构造带，主要表现为逆冲叠瓦状构造，如凹陷北侧的红西构造带和红沙山构造带，凹陷南西侧的黑山构造带；另一类为轴迹近东西向延伸、枢纽起伏的背斜构造，如凹陷东南端靠北部的红沙河构造带，沿构造带走向发育多个短轴背斜高点，呈串珠状分布，同时平行轴迹发育伴生逆冲断层。汉水泉复向斜由 4 个向斜和 2 个背斜构成；北部边缘发育 2 条正断层，南部边缘发育 2 条逆断层，中东部发育 3 条北东向、北西向正断层和 2 条逆断层。

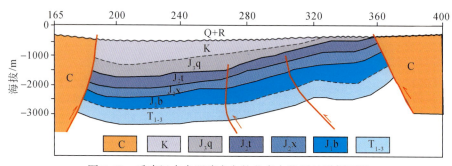

图 2.13　垂直汉水泉凹陷走向的北东向地震地质剖面图

（4）石头梅凸起

石头梅凸起呈北东向展布于汉水泉凹陷与条湖凹陷之间，为受两条北东向冲断层控制的北东向断隆（石头梅背斜），面积约 370 km²。石头梅凸起主要发育三叠系—白垩系地层（图 2.12）。该凸起发育的石头梅、条西 1 号、条西 2 号三个较大的断裂将凸起分割为下湖、条西、石头梅三个次级构造带，次级构造由北东向相间的褶皱、断裂构造组成。

（5）条湖凹陷

条湖凹陷位于石头梅凸起与岔哈泉凸起之间，南起白衣山断裂，北至兔北断层，面积约 3000 km²。发育二叠系、三叠系、侏罗系、白垩系及以上地层（图 2.12），地层沉积厚度大，地层发育全。垂直条湖凹陷走向的北东向地震地质剖面图（图 2.14）显示该凹陷总体为轴向北西向的复式向斜（条湖复向斜），由 2 个向斜和 1 个背斜构成，向斜轴迹北西，枢纽起伏，同时发育一系列与轴迹平行或斜交的次级逆冲断层，还发育规模较大的 2 条北西西向正断层。

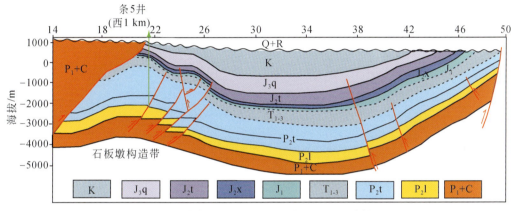

图 2.14 垂直条湖凹陷走向的北东向地震地质剖面图

（6）岔哈泉凸起

岔哈泉凸起呈卵圆形夹于条湖凹陷和马朗凹陷之间，是北缘冲断隆起带伸入中央拗陷带的一个鼻状凸起，边界为北东向逆断层与近东西向逆冲断层，面积约 300 km²。该凸起是条湖凹陷和马朗凹陷侏罗纪沉积的物源区，东南部出露侏罗系。岔哈泉凸起为轴向北北西向的穹窿状背斜，轴向长约 10 km，幅值 250 m；背斜两翼基本对称，西南翼倾角为 5°～9°，北东翼倾角为 3°～9°。

（7）马朗凹陷

马朗凹陷为北西向展布较大的次级凹陷（马朗向斜），面积约 2300 km²，地表大部被第四系覆盖，北部零星出露侏罗系及白垩系。该凹陷沉积厚度较大，沉积地层较全，包括二叠系、三叠系、侏罗系和白垩系。马朗凹陷主要发育北东、北西及近东西向三组断裂，并将凹陷由西向东进一步细分为黑墩构造带、西峡沟构造带、牛圈湖构造带以及马中和马东构造带（图 2.15，图 2.16）。

（8）方方梁凸起

方方梁凸起西与马朗凹陷相接，东北与淖毛湖凹陷相接，东南与韦北凸起相接，面积约 880 km²，为北北东向展布的背斜（方方梁背斜）。该凸起主要发育二叠系、侏

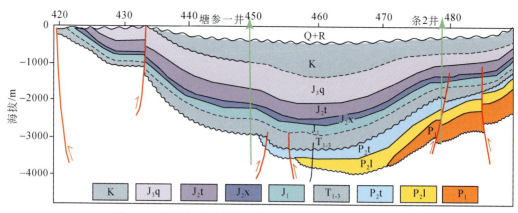

图 2.15　马朗凹陷过塘参 1 井和条 2 井的地震地质剖面图

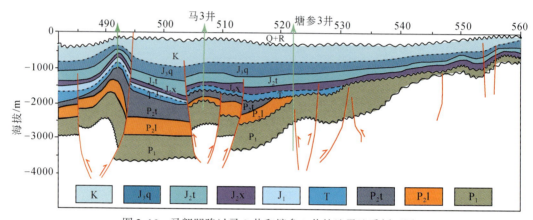

图 2.16　马朗凹陷过马 3 井和塘参 3 井的地震地质剖面图

罗系和白垩系，北部有小面积侏罗纪地层出露，中南部全部为新生代地层覆盖；缺失中、上二叠统至下侏罗统；区内地层总体构成一弯状构造，中心在盐池构造带。侏罗系与二叠系不整合接触，构造变形明显。发育 1 条东西向逆断层、1 条北东向逆断层和 1 条北西向正断层。

（9）淖毛湖凹陷

淖毛湖凹陷西为方方梁凸起，南以韦北凸起与苏鲁克凹陷分隔，面积约 760 km²。淖毛湖凹陷北部边缘出露侏罗系地层，南部被第四系覆盖，凹陷主要发育三叠系—白垩系地层。淖毛湖凹陷整体构造形态为轴向北北西—北西西的西深东浅的向斜（图 2.17），两翼基本对称，北东翼倾角 2°~3°，西南翼倾角 3°~5°。发育 1 条北西西向逆断层，长 16.0 km，倾向 16°~44°，倾角 40°~50°，落差 0~120 m。

（10）韦北凸起

韦北凸起西与方方梁凸起相接，北与淖毛湖凹陷相接，南与苏鲁克凹陷相接，呈近东西向展布，主要受两侧相向倾斜的东西向断裂控制，为一反向冲断带，构成断隆

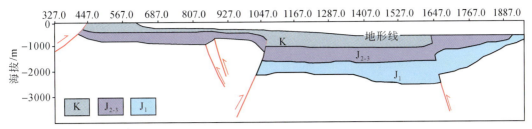

图 2.17　淖毛湖凹陷 ST93-552 侧线地震地质剖面图

块，全部被新生代地层覆盖，面积约 620 km²。韦北凸起缺失二叠系和三叠系，中新生界盖层厚约 450 m。凸起内发育系列受断裂控制的断背斜和断鼻构造（图 2.18）。

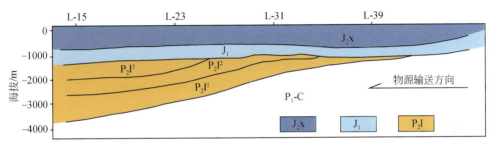

图 2.18　韦北凸起 ST93-544 侧线地震剖面图

（11）苏鲁克凹陷

苏鲁克凹陷位于中央拗陷带的东南端，以韦北凸起与马朗凹陷、淖毛湖凹陷相隔，南以伊吾断裂（东段）与西南逆冲推覆带为界，呈近东西向分布，北低南高，面积约770 km²，凹陷全部被新生代地层覆盖。该凹陷总体为一向斜格局，同时发育近东西向和北东向两组逆冲断层。

综上所述，三塘湖盆地构造具有如下特征：①中央拗陷带内的各个二级构造单元中普遍发育与褶皱共生的断裂构造，断裂一般以逆冲为主，兼有走滑性质，断裂走向为北西向、北东向和东西向，并以北西为主。②局部构造单元受控于北西向的大断裂，总体上呈现为北西向复式向斜格局，同时还发育系列北东向的断褶、断鼻构造。北西向的复式向斜先期形成，北东向的断褶、断鼻构造后期形成。③构造类型较多，以背斜、断背斜、断鼻为主；盆地西部主要以断背斜、断鼻为主，而东部则以背斜、断背斜为主；三叠系—白垩系主要发育断背斜、背斜和断鼻，前三叠系地层则以断块、断阶为主。

三、三塘湖盆地构造演化

三塘湖盆地经历了前二叠纪褶皱基底形成和二叠纪后盆地盖层发展两大阶段，具体可分为晚古生代基底形成、二叠纪前陆盆地、中生代拗陷盆地和新生代再生前陆盆地发育共四个演化阶段（表 2.2）。控制三塘湖盆地形成与演化的构造运动包括石炭纪末的中海西运动、中二叠世末的晚海西运动、晚三叠世末的晚印支运动、早白垩世末的晚燕山运动及新生代的喜马拉雅运动，先后形成了多个不整合面。

表 2.2　三塘湖盆地构造事件及演化阶段

地 层 系 统					构造事件及演化阶段		
界	系	统	群	组			
新生界	第四系				新生界再生前陆盆地阶段（冲断拗陷）		盆地形成演化阶段
	古近-新近系						
中生界	白垩系	上统			中生界拗陷盆地阶段（拗陷）	早喜马拉雅期（挤压）晚喜马拉雅期（挤压）	
		下统		吐谷鲁群（K₁tg）			
	侏罗系	上统	石树沟群	齐古组（J₃q）			
		中统		头屯河组（J₂t）			
				西山窑组（J₂x）			
		下统	水溪沟群	三工河组（J₁s）			
				八道湾组（J₁b）			
	三叠系	上统	小泉沟群	郝家沟组（T₃hj）		晚海西期（挤压）中海西期（伸展）	
				黄山街组（T₃hs）			
		中统		克拉玛依组（T₂k）			
		下统		上仓房沟群（T₁cᵇ）			
古生界	二叠系	上统		下仓房沟群（P₃cᵃ）	二叠纪前陆盆地阶段（拗陷-伸展）	早海西期（挤压）	
		中统	上发发槽群	条湖组（P₂t）			
				芦草沟组（P₂l）			
				井井子沟组（P₂j）			
				乌拉泊组（P₂w）			
		下统	下发发槽群	卡拉岗组（P₁k）			
	石炭系	上统		哈尔加乌群（C₂h）	洋盆俯冲陆-陆碰撞造山		基底形成演化阶段
				巴塔玛依内山组（C₂b）			
		下统		姜巴斯套组（C₁j）			
				东古鲁巴斯套组（C₁d）			
	泥盆系	上统		老爷庙组（D₃l）			

　　三塘湖盆地自早二叠世开启了陆内盆地发展阶段，在造山期后伸展作用的构造背景下，盆内火山活动剧烈，断陷发育，二叠系为盆地的第一套盖层。二叠系上超于下伏变形石炭系基底之上，下二叠统拉岗组与上石炭统为区域角度不整合。中二叠世末的晚海西挤压构造运动使三塘湖盆地地层变形和剥蚀，区域上缺失下三叠统，中上三叠统小泉沟群（克拉玛依组）与二叠系为角度不整合。晚燕山运动使三塘湖盆地整体抬升，盆地构造变形强烈，地层不同程度的缩短；南北缘的逆冲活动剧烈，其中北部强烈抬升，表现为挤压兼走滑作用，形成逆冲叠瓦构造样式；缺失上白垩统，古近系

与白垩系吐谷鲁群为区域性角度不整合接触。

据上述不整合面，可将三塘湖盆地地层自下而上划分为基底构造层、二叠系构造层、三叠系-白垩系构造层和新生代构造层四个构造层。基底构造层为三塘湖盆地的基底，包括奥陶系中上统荒草坡群（O_{1-3}）、志留系上统考克赛尔盖组、泥盆系、石炭系。基底岩石组合主要为一套火山岩、火山碎屑岩以及正常碎屑岩。二叠系构造层包括下二叠统卡拉岗组（P_2k）、中二叠统将军庙组（芦草沟组）和平地泉组（条湖组）。三叠系—白垩系构造层包括中上三叠统、侏罗系（八道湾组、三工河组、西山窑组、头屯河组和齐古组）和白垩系吐谷鲁群；该构造层内地层基本连续稳定发育，各地层的地震反射较强，反射基本平行，全盆地内可追踪对比。新生代构造层包括古近-新近系和第四系，该构造层在盆地内分布广泛，厚度不大。下面重点论述对三塘湖盆地聚煤作用具有重要影响的二叠纪以来的构造演化。

（一）二叠纪陆内断陷盆地阶段

早二叠世时期，在北疆造山后地壳拉张作用的区域背景下，三塘湖地区形成了断陷盆地，沉积了一套以粗碎屑和火山喷发为特征的磨拉石建造，湖盆范围主要位于条湖和马朗凹陷。中二叠世时期，三塘湖盆地湖盆范围扩大，沉积中心主要位于马朗凹陷西南部，发育深湖、半深湖以及两套规模较大的偏基性火山岩沉积。中二叠统将军庙组（芦草沟组）以暗色泥岩、页岩、油页岩及粉砂质泥岩夹泥灰岩、泥质白云岩，具有粒度向上变细的水进序列特征；中二叠统平地泉组（条湖组）沉积时期，湖盆已开始萎缩，堆积了大量火山岩、粉砂岩、泥岩和薄煤层。中二叠世末期，晚海西运动使盆地二叠系地层发生了强烈褶皱，盆地南北缘大幅隆升，晚二叠世沉积在盆地大部分地区缺失，中二叠世地层也大量剥蚀，仅残留在条湖凹陷和马朗凹陷。

（二）三叠纪-白垩纪拗陷盆地发育阶段

在经历了中二叠世末-早三叠世区域冲断隆升和削高填低作用之后，三塘湖盆地进入中晚三叠世至白垩纪拗陷盆地发育阶段。中上三叠统—白垩系地层基本平行连续分布，无明显角度不整合；该构造层主要受晚印支运动和晚燕山运动影响，且构造变形主要源于晚燕山运动。

中晚三叠世，盆地以升降运动为主，变形较弱，早期的断弯背斜被普遍削蚀，盆地内地形渐趋一致，整体为相对稳定的拗陷状态，普遍发育的小泉沟群与下伏二叠系角度不整合接触。小泉沟群主要分布于汉水泉凹陷至条湖凹陷，马朗-方方梁-苏鲁克一带为隆起区；汉水泉凹陷和条湖凹陷为浅湖相沉积，条湖凹陷南部塘参1井一带为深湖相-半深湖相沉积；淖毛湖和侏罗沟为一套粗碎屑辫状河沉积；盆地西南部为隆起区，隆起区边缘发育近源粗碎屑沉积。

晚三叠世末期，晚印支运动使三塘湖盆地整体短暂抬升，地层遭受剥蚀夷平，上三叠统与上覆侏罗系为削截平行不整合接触。盆地东部抬升幅度较大，三叠系大部分被剥蚀；盆地西部的条湖凹陷和马朗凹陷三叠系地层保存较好。

早侏罗世，三塘湖盆地古地貌准平原化为开阔湖盆，沉积了一套广泛分布的河流–湖泊–沼泽相含煤地层，但在马朗–方方梁–苏鲁克一线仍为隆起区，没有接受沉积。中晚侏罗世时期，条湖凹陷抬升，马朗凹陷沉降，沉积主要集中在马朗凹陷中北部，以辫状河相和湖泊相为主。

白垩纪是三塘湖盆地的重要变革期。早白垩世，三塘湖盆地延续了中晚三叠世以来缓慢沉降拗陷的特征，北东–南西向的挤压冲断开始发育，并控制着盆地的沉降作用。早白垩世末期的晚燕山运动在三塘湖盆地表现为盆地抬升和近南北向走滑逆冲挤压作用，缺失了上白垩统沉积，下白垩统地层也遭受剥蚀，标志盆地拗陷阶段的结束。以南部为主导的南北双向逆冲挤压走滑作用造成了盆地沉降控制因素的南北转换，并在盆地内形成了分布不均的强变形带和弱变形带。盆地南北缘在南北向挤压作用下分别形成了控制盆地边界的北西–南东向大断裂（老爷庙断裂带和伊吾断裂带），并将盆地分割为东北逆冲推覆带、西南逆冲推覆带和中央拗陷带等一级构造单元，两个逆冲断裂带为强变形带，拗陷带为微弱变形带。盆地西南逆冲推覆带和东北逆冲推覆带发育逆冲叠瓦构造样式，在盆地边缘一级断裂附近形成北西向、北西西向和北东向的断裂系。受盆地两侧大断层逆冲走滑作用的影响，在中央拗陷带中形成了近东西向多条次级断裂和凹凸相间的二级构造单元，二级构造单元内部地层发生了不同程度的缩短和变形，各凹陷为系列复式向斜。

（三）新生代强烈逆冲造山和盆地改造阶段

古近纪以来的喜马拉雅运动是晚燕山运动的继续，仍表现为南北向挤压作用，这种持续的挤压作用明显控制着三塘湖盆地的构造变形，一方面导致三塘湖盆地两侧的克拉美丽–莫钦乌拉山和阿尔泰山大幅隆起，另一方面使盆地南北缘的逆冲推覆断裂继续向盆地中央相向对冲推覆，且以南缘向北逆冲为主，盆内发育了一套典型的山麓近源河流、冲积扇沉积，形成现今盆地北高南低、西高东低、南北分带、东西分段地貌格局。

双向逆冲挤压作用使盆内海西晚期的构造变形带复活、晚古生代和中新生代地层显著褶皱变形以及盆内拗陷区进一步缩短，同时南北断裂带附近伴生系列次级断裂。刘学锋等（1996）运用平衡剖面技术研究表明，燕山期–喜马拉雅期盆内地层缩短量最大约为 5 km，缩短率 14%。因此，晚燕山运动–喜马拉雅运动致使三塘湖盆地强烈构造变形。

喜马拉雅运动导致的地层变形仍受石炭系内部滑脱面的控制，一方面海西晚期形成的断裂再次活动，控制了盖层的变形；另一方面新生分支断层使盖层进一步变形。北西向构造带中除部分分支断层北倾外，主要断裂均南倾，受断裂控制的褶皱均位于相应断裂的南侧，表明北西向变形带主要受向北逆冲作用的控制，动力来源于南部，变形扩展方式仍为自南向北的前展式，变形机制仍为断弯褶皱作用。二叠系地层变形以断裂及与其相关的断弯褶皱为主，并叠加在早期的构造形迹之上；中新生代地层以宽缓背斜和向斜为主要变形样式，并发育少量断裂。

第三节 巴里坤盆地构造

一、构造单元划分

巴里坤盆地受北西向和北北西向两组断裂的控制，凹陷内形成次一级雁状排列的凹隆相间构造格局，由西北向南东依次为纸房凹陷、玉勒肯库仍隆起、卡腊克孜巴斯陶凹陷、段家地凹陷、石炭窑凹陷（图 2.19，图 2.20）。侏罗纪含煤地层分布在上述北西–南东向凹陷中。高精度磁力资料显示巴里坤盆地存在萨尔克乔和石人子两个火山岩异常带，其中北部的石人子火山岩异常面积大、展布范围广。

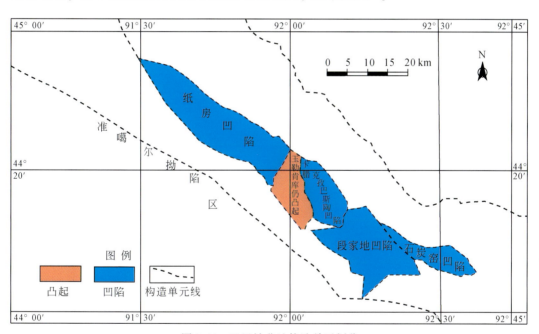

图 2.19 巴里坤盆地构造单元划分

二、巴里坤盆地构造单元特征

（一）纸房凹陷

纸房凹陷位于巴里坤盆地的西部，北以喀什尔巴斯套断层（F1）和巴里坤煤矿断层（F3）为界，西南以纸房断裂为界（F4），东南至玉勒肯库仍隆起。据地震资料，三叠系、侏罗系之下基底为石炭系；三叠系、侏罗系呈宽缓的褶皱构造；受挪依什卡

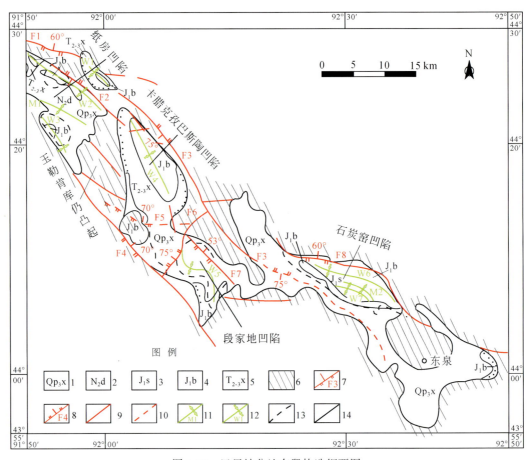

图 2.20　巴里坤盆地东段构造纲要图

1. 上更新统新疆群；2. 上新统独山子组；3. 下侏罗统三工河组；4. 下侏罗统八道湾组；5. 中上三叠统小泉沟群；6. 古生代基地；7. 逆断层及编号；8. 正断层及编号；9. 性质不明断层；10. 推断断层；11. 背斜轴及编号；12. 向斜轴及编号；13. 推测煤层露头；14. 盆地边界

拉–沙尔布拉克断裂和纸房大断裂的控制，该凹陷呈北西–南东向展布，由北东至南西依次为纳依扎喀向斜、别斯库都克向斜、纸房背斜、吉朗德向斜；次级凹陷的褶皱轴呈北西向平行排列。主要褶皱和断裂构造如下。

纳依扎喀向斜（W1）：位于西区喀什尔巴斯套断层（F11）和挪依什卡拉–沙尔布拉克断层（F12）间，核部为下侏罗统八道湾组，两翼为中上三叠统小泉沟群（$T_{2+3}xq$）。向斜轴轴向 310°~130°，为不对称向斜，南西翼地层倾角 50°~70°，北东翼地层相对较平缓，30°~50°。

别斯库都克向斜（W2）：核部为下侏罗统八道湾组，两翼为中上三叠统小泉沟群。向斜轴轴向 312°~132°，呈不对称贝壳状，北西、南东两端窄陡翘起，中段宽缓，受北部挪依什卡拉–沙尔布拉克断层（F12）的影响，北东翼倾角 45°~70°，南西翼相对较平缓，倾角 10°~50°。

吉朗德向斜（W3）：核部为下侏罗统八道湾组，地表被新近系覆盖，该向斜地表形态呈梨形，受纸房大断裂（F4）影响，经二维地震勘查和钻孔揭露，向斜轴轴向

310°~130°，西翼陡，倾角 60°~85°，并伴有断层，东翼略缓倾角 12°~20°。

纸房背斜（M1）：核部为石炭系基底，两翼为中上三叠统小泉沟群、下侏罗统八道湾组，地表被第四系和古近-新近系覆盖。轴向北西-南东向，平缓倾伏，北东翼倾角 12°~20°，南西翼倾角 20°~35°。

纸房大断裂（F4）：F4 断裂控制了纸房凹陷和段家地凹陷的南边界，F4 走向 320°~345°，长达 400 km，断层面东倾，倾角 70°。F4 形成于海西早中期，中期活动强烈，燕山期仍继续活动。航磁资料显示断裂东侧以正磁场为主，西侧为平缓负磁场或近于零，表明该断裂分割和控制了两侧的地质构造。在纸房一带，该断裂明显地切割上更新世—现代疏松堆积，现代冲积层沿断裂东盘突然抬高 3~5 m，形成与断裂一致的阶地，横切现代河床。

挪依什卡拉-沙尔布拉克断层（F2）：位于挪依什卡拉-沙尔布拉克南侧，走向 305°，长达 54 km，西段在地貌上形成与断裂走向一致的直线状断层阶梯，伴有系列小泉水涌出；东段为基岩和第四系界线。航磁资料显示断裂两侧磁场不同，为一界线截然的隐伏断裂。

喀什尔巴斯套断层（F1）：位于北部喀什尔巴斯套北侧附近，向西延至蒙络克山南坡被纸房大断裂所切。断层两盘岩性不同，沿断裂发育 10~20 m 宽的挤破碎带，呈北西-南东向展布，走向 290°，倾向北东，倾角 50°~60°，长 16 km。

（二）玉勒肯库仍隆起

玉勒肯库仍隆起位于纸房凹陷与卡腊克孜巴斯陶凹陷之间，呈北北东向展布，地表出露石炭系、海西中期石英钠长斑岩及斜长花岗岩。

（三）卡腊克孜巴斯陶凹陷

卡腊克孜巴斯陶凹陷北界为挪依什卡拉-沙尔布拉克断层（F2）和卡腊克孜巴斯陶断层（F5），南界为纸房大断裂（F4），东至北塔山复背斜西翼出露的石炭系。该凹陷呈北北西向展布，出露基岩为石炭系、海西中期石英钠长斑岩及斜长花岗岩。南部受纸房大断裂影响，出露地层南倾，局部具倒转现象。凹陷内主要构造单元为卡腊克孜巴斯陶不对称向斜（W4），轴向北北西，西翼倾角 10°~20°，东翼 20°~32°，西翼宽，东翼窄；核部为下侏罗统八道湾组，翼部为中上三叠统小泉沟群。

（四）段家地凹陷

段家地凹陷位于巴里坤盆地的中部，西南界为纸房大断裂（F4），东至石炭窑凹陷，北以卡腊克孜巴斯陶断层（F5）和段家地断层（F7）为界，南到隆起的石炭系基底，构造形态为向斜（段家地向斜，W5）。

段家地向斜（W5）：向斜轴波状起伏，呈 S 状，中部近东西，两端转为北北西或近南北向；南翼倾角 5°~10°、北翼倾角 40°~45°，为不对称向斜。地表被第四系大面积覆盖，核部为下侏罗统三工河组，两翼为下侏罗统八道湾组。

卡腊克孜巴斯陶断层（F5）：位于卡腊克孜巴斯陶凹陷南缘，呈近东西向展布，走向长 26 km，西被纸房大断裂（F4）所截，东被黑眼泉逆断层（F6）切割错动。北盘为三叠系小泉沟群，南盘为下侏罗统八道湾组。F5 为倾向 0°~20°、倾角 70° 的高角度逆断层，断距大于 300 m，该断层中断了煤层的连续性。

黑眼泉逆断层（F6）：位于黑眼泉井田和段家地井田之间，走向北东-南西，向南与纸房大断裂（F4）相交，向北延伸到石炭系中。据见煤钻孔资料推断 F6 为北倾的高角度逆断层，倾角 75°，断距大于 500 m，长约 5 km。

段家地逆断层（F7）：位于段家地井田北，走向北西-南东，走向长约 11 km，倾向北东，倾角 53°，断距约 300 m，造成煤层重复。

（五）石炭窑凹陷

石炭窑凹陷位于巴里坤盆地的东部，北以石炭窑逆断层（F8）为界，南至巴里坤煤矿断层（F3），西邻段家地凹陷，东至隆起的东泉石炭系基底，东西长约 20 km，南北宽 6~8 km，地表被第四系盖层大面积覆盖。石炭窑凹陷为复向斜构造（石炭窑复向斜），复向斜由下侏罗统三工河组和八道湾组组成，轴向北西-南东，北东翼地层倾角大于 80° 乃至倒转，南西翼 60°~70°。该复式向斜由三个次级共轭褶曲组成，由北向南依次为石炭窑向斜（W6）、巴里坤煤矿背斜（M2）、巴里坤煤矿向斜（W7）。

巴里坤煤矿断层（F3）是位于巴里坤煤矿南缘的高角度压扭性隐伏逆断层，走向北西-南东，倾向南西，倾角 75°，长 63 km；南西盘为石炭系，北西盘为八道湾组，未切割煤层。石炭窑逆断层（F8）位于石炭窑凹陷北部，沿石炭系地层延伸，走向 110°~130°，倾向 20°~40°，倾角 75°，断距大于 100 m，长 50 km；南盘为第四系和侏罗系，北盘为石炭系。

第三章　东疆主要含煤盆地含煤地层和古气候

第一节　东疆主要含煤盆地含煤地层

侏罗系是东疆东部主要含煤盆地的含煤地层。吐哈盆地侏罗系与下伏地层和上覆地层均为不整合接触，侏罗系分为中下统水西沟群 [$J_{1-2}sh$，包括八道湾组（J_1b）、三工河组（J_1s）和西山窑组（J_2x）]、中上统艾尔维沟群 [$J_{2-3}a$，包括三间房组（J_2s）/头屯河组（J_2t）、七克台组（J_2qk）、齐古组（J_3q）和喀拉扎组（J_3k）]。三塘湖盆地侏罗系与下伏地层为平行不整合接触，与上覆地层为整合接触；侏罗系分为水西沟群 [$J_{1-2}sh$，包括八道湾组（J_1b）、三工河组（J_1s）和西山窑组（J_2x）]、艾尔维沟群 [又称石树沟群（$J_{2-3}a$），包括头屯河组（J_2t）和齐古组（J_3t）]。巴里坤盆地侏罗系只发育下统八道湾组（J_1b）和三工河组（J_1s）、中统西山窑组（J_2x），其中八道湾组与下伏地层呈平行不整合接触，西山窑组与上覆白垩系为不整合接触。东疆主要含煤盆地侏罗系煤层主要分布在八道湾组和西山窑组，其次为三工河组。

本研究对新疆吐哈盆地的侏罗系进行了野外剖面实测和路线踏勘，实测剖面目的层为侏罗系地层，踏勘路线目的层组除侏罗系外，还兼顾侏罗系上下地层。分别在克尔碱、七泉湖和七克台等地实测了 4 条剖面，实测剖面总长度 6275 m。踏勘路线 6 条，总长度 41920 m，分别是大河沿路线、连木沁路线、柯柯亚路线、红山口路线、大南湖路线及三道岭路线。采集样品总数 155 件，其中微量元素 30 件、孢粉 28 件、薄片 37 件、X 衍射 31 件、水样 10 件、煤样 18 件。

本研究基于钻孔、测井和地震资料反演了吐哈盆地和三塘湖盆地八道湾组、西山窑组的地层厚度，绘制了吐哈盆地和三塘湖盆地主要构造单元侏罗系地层柱状图；采用重磁资料反演和绘制了侏罗系的厚度分布图；最后，结合 2009 年的东疆预查报告等资料讨论了八道湾组和西山窑组厚度的分布特征。图 3.1 为吐哈盆地台北凹陷和三堡凹陷侏罗纪含煤地层综合柱状图；图 3.2 和图 3.3 分别为吐哈盆地八道湾组和西山窑组残余厚度分布图。图 3.4 和图 3.5 分别为三塘湖盆地条湖凹陷和马朗凹陷侏罗纪含煤地层综合柱状图；图 3.6 和图 3.7 分别为三塘湖盆地八道湾组和西山窑组残余厚度分布图。

一、吐哈盆地侏罗系岩石地层

（一）实测侏罗系剖面

本研究野外实测了吐哈盆地克尔碱、七泉湖、七克台侏罗系剖面，具体如下。

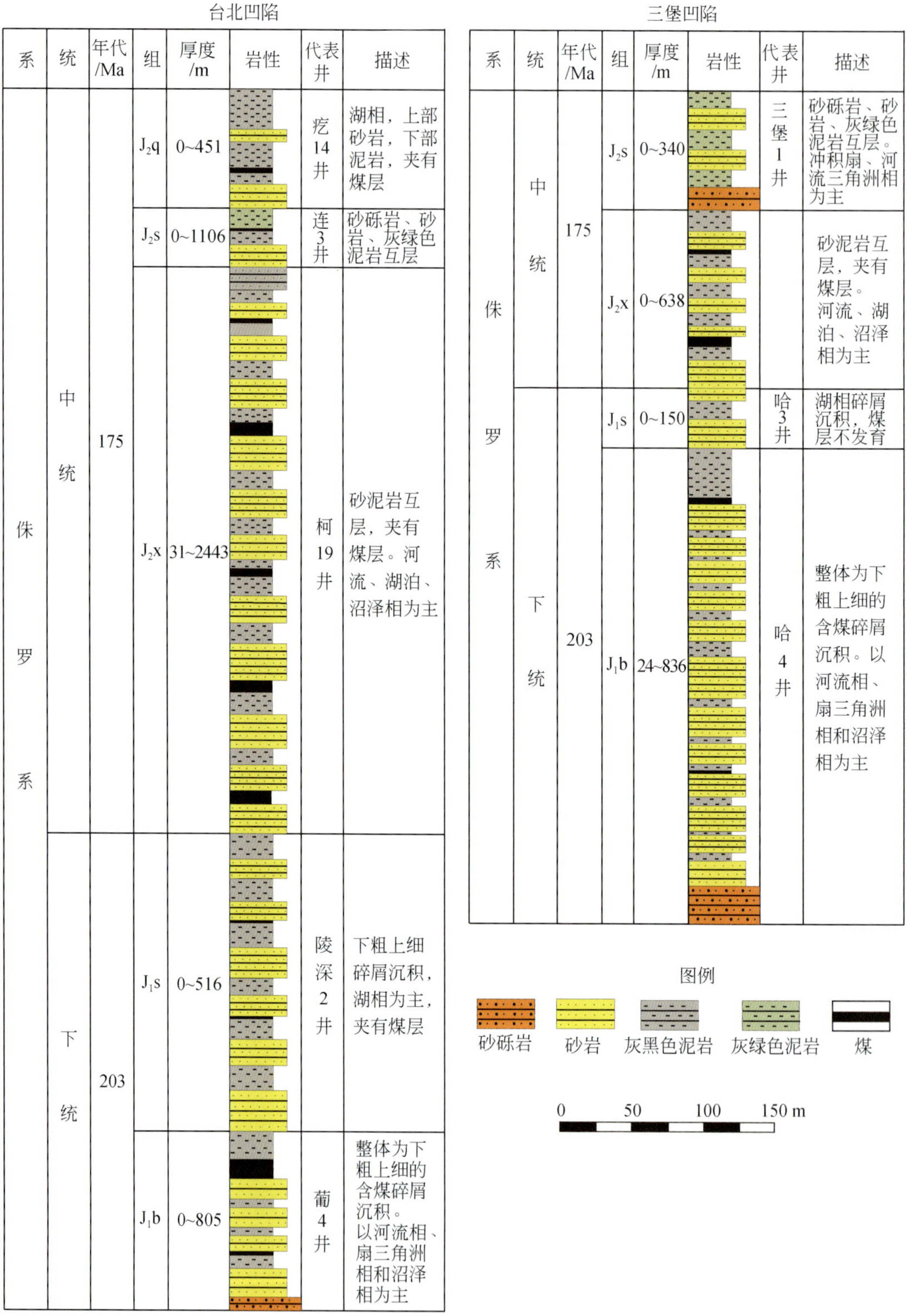

台北凹陷

系	统	年代/Ma	组	厚度/m	岩性	代表井	描述
侏罗系	中统	175	J₂q	0~451		疙14井	湖相，上部砂岩，下部泥岩，夹有煤层
			J₂s	0~1106		连3井	砂砾岩、砂岩、灰绿色泥岩互层
			J₂x	31~2443		柯19井	砂泥岩互层，夹有煤层。河流、湖泊、沼泽相为主
	下统	203	J₁s	0~516		陵深2井	下粗上细碎屑沉积，湖相为主，夹有煤层
			J₁b	0~805		葡4井	整体为下粗上细的含煤碎屑沉积。以河流相、扇三角洲相和沼泽相为主

三堡凹陷

系	统	年代/Ma	组	厚度/m	岩性	代表井	描述
侏罗系	中统	175	J₂s	0~340		三堡1井	砂砾岩、砂岩、灰绿色泥岩互层。冲积扇、河流三角洲相为主
			J₂x	0~638			砂泥岩互层，夹有煤层。河流、湖泊、沼泽相为主
	下统	203	J₁s	0~150		哈3井	湖相碎屑沉积，煤层不发育
			J₁b	24~836		哈4井	整体为下粗上细的含煤碎屑沉积。以河流相、扇三角洲相和沼泽相为主

图例

砂砾岩	砂岩	灰黑色泥岩	灰绿色泥岩	煤

0　　50　　100　　150 m

图3.1　吐哈盆地台北凹陷和三堡凹陷侏罗纪含煤地层综合柱状图

克尔碱侏罗系实测剖面位于吐鲁番市托克逊县城西北方向约 50 km 处的克尔碱镇，总长度为 3298 m。剖面露头良好，处在向斜的南翼，所测地层从老到新为八道湾组、三工河组及西山窑组，共划分 131 个小层。西山窑组构成向斜核部，厚度也最大，八道湾组也较厚，三工河组最薄。岩性总体上为细砂岩、粉砂岩、泥岩，局部发育砾岩、含砾砂岩及粗砂岩。八道湾组和西山窑组中均发育煤线及煤层，其中西山窑组中较多，在三工河组中未发现煤线。沉积相主要类型为三角洲相和滨浅湖相，局部发育河流相。

剖面选例 1：托克逊凹陷克尔碱早、中侏罗世地层剖面描述（从上而下）

中侏罗统西山窑组（J_2x）

102	灰绿色中厚层状粉砂岩夹中层状砂岩条带或透镜体，透镜体大小不一，不等粒，向顶部砂体增多。	25.09 m
101	浅绿色厚层状长石砂岩及长石粗砂岩。	5.46 m
100	灰绿色粉砂岩夹泥岩，局部夹砂岩。	21.2 m
99	灰绿色含砾粗砂岩夹长石杂砂岩。	4.82 m
98	灰绿色粉砂岩、粉砂质泥岩。	18.48 m
97	灰色厚层状长石杂砂岩夹灰绿色粉砂岩。	10.96 m
96	灰绿色、黄绿色粉砂岩夹中厚层状长石杂砂岩；砂岩厚约 0.5 m，粉砂岩中夹厚约 10 cm 煤线。	11.10 m
95	浅灰色不等厚长石杂砂岩夹灰绿色粉砂岩。	19.03 m
94	厚层状砂岩夹灰绿色粉砂岩，向上为黑色泥质，粉砂岩多。粉砂岩中含炭屑，含炭屑粉砂岩厚 10~15 cm，砂岩底部见冲刷面。	10.53 m
93	黄绿色长石杂砂岩夹灰绿色粉砂岩，砂岩粒度不匀，呈透镜体状，底部有冲刷面。粉砂岩有冲刷面，粉砂岩中夹有煤线。	25.20 m
92	浅灰色含砾砂岩夹长石砂岩。	9.00 m
91	灰绿色中厚层状长石砂岩夹泥岩。	17.09 m
90	浅灰色中厚层状砂岩夹灰绿色泥岩，29.5 m 处夹约 3 cm 煤线。	18.29 m
89	浅灰色砂岩。	8.58 m
88	黄绿色、灰绿色泥岩、粉砂岩夹薄层细砂岩。	3.87 m
87	浅灰色厚层状长石粗砂岩；顶部为长石杂砂岩逐渐过渡到粉砂岩及泥岩，砾：砂：粉砂：泥的比例为 1:2:1:0.5，以杂砂岩为主。	22.04 m
86	浅灰色块状砾岩及含砾砂岩，发育槽状交错层理，顶部为黄绿色粉砂岩。	4.29 m
85	黄绿色、灰黄色泥岩。	6.11 m
84	浅灰色长石杂砂岩夹泥质粉砂岩，含硅化木。	18.32 m
83	黄绿色粉砂岩夹长石砂岩。	16.28 m

82	浅灰色粗粒长石杂砂岩夹薄层泥岩、厚层块状中砂岩。中砂岩厚 1.6 m，泥岩厚 16 cm，砂岩底不含砾。	6.54 m
81	含砾长石杂砂岩夹煤线，砾石以钾长花岗岩为主，含 3~5 cm 煤线。	20.67 m
80	灰色砾岩、含砾砂岩及砂岩，以砂岩为主。	30.31 m
79	黄绿色泥质粉砂岩夹泥岩。	7.34 m
78	灰色中粗粒长石杂砂岩夹黄绿色粉砂岩，砂岩中夹泥砾及泥质条带。	13.87 m
77	黄绿色、灰绿色泥岩。	3.26 m
76	浅肉红色砾岩、浅灰色含砾粗砂岩、砂岩。砾石主要为花岗岩。	44.01 m
75	黄绿色细粒长石砂岩夹灰绿色泥岩。	13.65 m
74	浅肉红色、灰白色砾岩，含砾砂岩夹长石杂砂岩。	20.48 m
73	黄绿色、灰绿色中层状粉砂岩夹粉砂质泥岩。	3.56 m
72	浅肉红色中厚层细砾粗砂岩，夹黄绿色粉砂岩。	23.15 m
71	灰色，黄绿色中层状粉砂岩、泥岩。	16.03 m
70	灰绿色粉砂岩、粉砂质泥岩夹长石杂砂岩。	6.53 m
69	黄绿色细粒长石杂砂岩，中层状含白云母砂岩，杂基含量多，约15%。	13.45 m
68	灰绿色、黄绿色粉砂岩与泥质粉砂岩。	37.98 m
67	黄灰色砂岩与粉砂岩，砂岩与粉砂岩的比为 1∶1。	44.67 m
66	灰色含砾砂岩、长石杂砂岩夹薄层状粉砂岩。	24.89 m
65	灰绿色、黄绿色粉砂质泥岩，夹长石细砂岩。	29.70 m
64	灰色砂岩。	4.44 m
63	灰绿色、黄绿色粉砂岩、粉砂质泥岩，夹厚 10~15 cm 的长石细砂岩。	16.52 m
62	灰色厚层块状长石杂砂岩。	1.93 m
61	灰绿色粉砂岩与灰色薄层细粒岩互层。	14.55 m
60	浅灰色含砾粗砂岩，砾石很小。	2.65 m
59	灰绿色、浅灰色粉砂岩夹细粒长石砂岩。	7.28 m
58	浅灰色含砾粗砂岩，砾石粒径 2~4 mm。	4.46 m
57	黄绿色粉砂岩与细粒长石砂岩韵律层，夹长石砂岩透镜体。	25.16 m
56	浅灰色含砾砂岩，顶部为长石砂岩，砂岩向上粒度变细。	2.74 m
55	灰绿色含云母粉砂岩、粉砂质泥岩，夹厚 15~20 cm 细砂岩。	27.37 m
54	浅紫红色砾岩、砂岩，下部为砾岩，上部为灰色砂岩。	6.39 m
53	灰绿色粉砂岩。	17.94 m
52	灰色砾岩、砂砾岩，多个砂体叠置。	19.18 m
51	灰绿色、灰黄色粉砂岩和泥岩，泥岩中夹砂岩透镜体和薄层细砂岩。	19.47 m

50	灰色砾岩、砂砾岩夹长石砂岩。	5.15 m
49	灰绿色含白云母粉砂岩。	7.95 m
48	灰色砾岩、砂砾岩，砾石成分为钾长花岗岩。	10.22 m
47	灰绿色、黄绿色粉砂岩、泥岩夹砂砾岩及砂岩透镜体。	23.3 m
46	浅灰色厚层状砾岩、砂砾岩、长石砂岩。	7.90 m
45	整体为浅灰色长石砂岩与灰绿色粉砂岩、粉砂质泥岩互层。底部为钾长石质砾岩，中部含30 cm厚的砂砾岩，上部含90 cm厚的砾砂岩。	36.85 m
44	浅灰色砂砾岩。	27.99 m
43	灰绿色、黄绿色粉砂岩。	4.52 m
42	浅灰色砂砾岩与砂岩。	9.04 m
41	灰绿色、黄绿色粉砂岩。	6.33 m
40	黄绿色长石杂砂岩透镜体，顶部为含砾粗砂岩。	8.14 m
39	灰绿色、黄绿色粉砂质泥岩夹粉砂岩，含厚20 cm煤线。	5.43 m
38	灰绿色、黄绿色中粗粒长石杂砂岩、长石砂岩、粉砂岩与灰色泥岩互层，共三个韵律，砂∶粉砂∶泥=1∶2∶6.5。	32.66 m
37	浅紫色砾岩、砂砾岩，砾石成分主要为钾长花岗岩与基性火山岩，砾石大小不一，最大粒径约7 cm，砾石含量50%~80%，杂基胶结。	1.91 m
36	浅灰色厚层块状含砾粗砂岩，呈透镜状。	45.9 m
35	浅灰色长石砂岩夹薄层粉砂岩、粉砂质泥岩，砂岩呈透镜状，局部含砾。	46.97 m
34	黄绿色粉砂岩夹不连续砂岩，分别含13 cm、10 cm厚两条煤线及黑色泥岩。	16.36 m
33	灰绿色、黄绿色含砾长石、砂岩，砾石含量少，主要为石英。	7.70 m
32	灰绿色、黄绿色长石细砂岩夹粉砂岩。	25.28 m
31	深灰色粉砂质泥岩夹三条3~5 cm厚的煤线。	2.88 m
30	含80~86 cm厚煤层的泥岩。	5.76 m
29	浅灰色中厚层长石杂砂岩。	19.20 m
28	底部为粉砂岩，向上为黄绿色长石砂岩夹粉砂岩。	57.6 m
27	中厚层状砂岩，发育交错层理。	11.74 m
26	浅灰色粉砂岩与泥岩互层。	10.83 m
25	浅灰色杂基含量较高的粉砂岩，具有交错层理、显粒序层理。	9.03 m
24	灰绿色、浅灰色薄层粉砂岩及泥岩互层。	25.28 m
23	底部为薄层砾岩，上部为浅灰色砂岩，砂岩向西变薄。	11.49 m
22	浅灰色中层状细粒长石砂岩，向上逐渐过渡为粉砂岩和泥岩，砂岩中发育交错层理。	5.31 m

21　浅灰色、灰绿色薄层粉砂岩，风化后表面呈土黄色。　　　　　　　　3.54 m

20　浅灰色中层状细粒长石砂岩，发育平行层理。　　　　　　　　　　5.31 m

中侏罗统三工河组（J_2s）

19　灰色薄层状粉砂质泥岩夹薄层粉砂岩。　　　　　　　　　　　　15.56 m

18　灰色细砂岩。　　　　　　　　　　　　　　　　　　　　　　　3.28 m

17　灰色粉砂质泥岩夹砂岩。　　　　　　　　　　　　　　　　　　5.73 m

16　浅灰色长石杂砂岩。　　　　　　　　　　　　　　　　　　　　2.46 m

15　灰色、浅灰色薄层粉砂岩夹细砂岩。　　　　　　　　　　　　　9.83 m

14　灰色、灰绿色细粒长石砂岩。　　　　　　　　　　　　　　　　1.64 m

13　灰色、浅灰色泥岩夹薄层粉砂岩。　　　　　　　　　　　　　39.11 m

12　灰色、深灰色泥页岩。　　　　　　　　　　　　　　　　　　37.98 m

11　浅灰色、灰黄色粉砂岩夹薄层泥岩，构成两个韵律层。　　　　　6.53 m

10　浅灰绿色泥岩。　　　　　　　　　　　　　　　　　　　　　　9.33 m

9　浅灰色细砂岩。　　　　　　　　　　　　　　　　　　　　　　3.73 m

8　浅灰色中层状长石砂岩。　　　　　　　　　　　　　　　　　　2.80 m

7　灰绿色中薄层粉砂岩夹深灰色菱铁矿粉砂岩，底部夹浅灰色薄层灰岩，灰岩
　　位于粉砂岩之上。　　　　　　　　　　　　　　　　　　　　　7.84 m

6　深灰色、灰色泥岩夹薄层粉砂岩，粉砂岩风化后呈褐色。　　　10.05 m

5　灰色、浅灰色中层状长石砂岩夹含铁质薄层粉砂岩，砂岩中有菱铁矿结核。　3.54 m

4　灰黄色细粒长石杂砂岩，夹含褐红色菱铁矿的粉砂岩。　　　　　7.56 m

3　灰色、浅灰色泥岩夹薄层粉砂岩。　　　　　　　　　　　　　11.34 m

2　浅灰色薄层粉砂岩夹细砂岩。　　　　　　　　　　　　　　　　1.89 m

1　灰黄色长石砂岩，风化面上呈浅褐色，发育交错层理。　　　　　2.84 m

下侏罗统八道湾组（J_1b）

29　浅灰色粉砂岩。　　　　　　　　　　　　　　　　　　　　　　2.50 m

28　棕红色长石砂岩。　　　　　　　　　　　　　　　　　　　　　1.67 m

27　下部为浅灰色粉砂岩，上部为深灰色泥岩。　　　　　　　　　　2.50 m

26　浅灰色砾岩与砂岩的韵律层。　　　　　　　　　　　　　　　　8.34 m

25　浅灰色细砾岩，砾石粒径 2～10 mm。呈次棱角状，分选磨圆差，砾石成分
　　为大理岩、基性火山岩与岩屑。　　　　　　　　　　　　　　14.11 m

24　灰绿色砾岩夹含砾粗砂岩，在冲刷面上砂岩呈透镜状。　　　　　3.96 m

23　浅灰色长石杂砂岩。　　　　　　　　　　　　　　　　　　　　6.34 m

22　灰绿色、浅绿色泥质粉砂岩，夹红褐色含铁质粉砂岩。　　　　104.97 m

21　灰绿色、浅灰色长石杂砂岩。　　　　　　　　　　　　　　　　　3.78 m

20　下部为浅灰色粉砂岩，上部为灰色泥岩。　　　　　　　　　　　5.29 m

19　浅灰色长石杂砂岩，底部为 20 cm 厚的细砾岩，砾石呈棱角状，砾石粒径
　　0.5 ~ 1 cm。　　　　　　　　　　　　　　　　　　　　　　　17.37 m

18　灰绿色细砾岩，向顶部逐渐过渡至粉砂岩及泥岩、砾岩、砂岩、粉砂岩，比
　　例约为 0.5：5：3.5：3，砾岩、砂岩、粉砂岩、泥岩构成韵律层。　　10.47 m

17　深灰色泥岩，夹约 3 cm 厚的煤线。　　　　　　　　　　　　　4.37 m

16　黄绿色粉砂岩。　　　　　　　　　　　　　　　　　　　　　　9.48 m

15　浅灰色中层状长石杂砂岩夹砾岩，砾岩夹层向上变薄，砾径也变小。　7.29 m

14　浅灰色厚层状砾岩夹砂岩透镜体。砾石呈叠瓦状定向排列；砾石成分为英安
　　岩、硅质岩及火山岩；底部砾石粒径 1 ~ 15 cm，中部砾石粒径 2 ~ 5 cm，顶
　　部砾石粒径 0.2 ~ 5 cm，平均 1 ~ 3 cm。向上砂岩层增厚。　　　7.09 m

13　该层总体为灰色砂岩、含砾粗砂岩及长石粗砂岩，底部为厚 20 ~ 50 cm 砾
　　岩。砾岩、含砾粗砂岩呈多个韵律层；砾石分选磨圆差，砾岩成分主要为硅
　　质岩与英安岩。　　　　　　　　　　　　　　　　　　　　　　22.88 m

12　煤层。　　　　　　　　　　　　　　　　　　　　　　　　　　3.53 m

11　灰色泥岩夹黄绿色粉砂岩。　　　　　　　　　　　　　　　　　3.17 m

10　煤层。煤为黑色光泽，以镜煤为主，线理结构，内生裂隙较发育。　2.47 m

9　灰黑色薄层泥岩。　　　　　　　　　　　　　　　　　　　　　2.47 m

8　黄绿色薄层泥质粉砂岩。　　　　　　　　　　　　　　　　　　4.59 m

7　中层状岩屑长石杂砂岩，含菱铁矿结核。　　　　　　　　　　　12.14 m

6　浅灰色厚层状长石砂岩，交错层理。　　　　　　　　　　　　　5.93 m

5　灰色砾岩、砂砾岩与长石杂砂岩构成韵律层，共有五个旋回，向上砂岩增
　　多，砾岩含量 50% ~ 70%。砾岩成分以硅质岩、英安岩、安山玢岩为主，
　　其次为石英岩与砂岩；磨圆分选差，粒径 0.2 ~ 10 cm。　　　　　8.08 m

4　黄绿色薄层泥岩。　　　　　　　　　　　　　　　　　　　　　11.66 m

3　黄绿色中薄层粉砂岩及泥质粉砂岩，具水平层理。　　　　　　　1.79 m

2　浅灰色细粒长石杂砂岩，发育交错层理，含植物碎屑化石。　　　20.54 m

1　黄绿色薄层泥质粉砂岩，泥质含量约 40%。　　　　　　　　　　25.13 m

未见底。

　　七泉湖剖面位于吐鲁番市东北方向约 40 km 处的七泉湖镇，构造位置上位于吐鲁
番盆地北缘，总长度 2068 m。该剖面侏罗系地层受后期逆冲推覆作用影响形成开阔背
斜，剖面位于背斜北翼，背斜南翼地层出露不完整。该剖面地层露头良好，出露八道

湾组、三工河组和西山窑组地层，各组之间均为整合接触，八道湾组构成背斜核部。地层岩性以砂岩、粉砂岩、泥岩和煤层为主。八道湾期湖盆范围小，水体较浅，为低位体系域；三工河期湖盆水体变深，为湖侵体系域；西山窑期湖盆范围最大，水体较深，为高位体系域。

剖面选例2：七泉湖早、中侏罗世剖面描述（自上而下）

中侏罗统三间房组（J_2s）

| 37 | 暗褐色泥岩与黄绿色中粗粒长石砂岩互层，夹深灰色薄层泥岩，底面波状起伏。 | 3.61 m |

中侏罗统西山窑组（J_2x）

36	黄绿色中层状长石杂砂岩夹褐色泥岩，含煤线。	10.01 m
35	黄绿色中厚层含砾长石粗砂岩、粉砂岩、灰色泥岩构成两个韵律层，下部韵律层灰色泥岩不发育，以砂岩为主。砂岩体与下伏粉砂岩存在冲刷面，显示分流河道沉积特征。	11.50 m
34	黄绿色中薄层粉砂岩、中层长石细砂岩夹灰色薄层粉砂质泥岩。下部地层以粉砂岩为主，中薄层粉砂岩与细砂岩构成韵律层。	38.51 m
33	黄绿色中层长石杂砂岩、中层粉砂岩互层，夹煤线。下部层位煤线增多，顶部砂岩中砾石含量高。	12.95 m
32	煤层。煤层顶板为黄绿色粉砂岩，内有长石杂砂岩透镜体，底板为浅灰色粉砂岩。	0.78 m
31	黄绿色、浅灰色长石杂砂岩、粉砂岩夹6层煤线。煤线厚3～10 cm，分布于中上部；砂岩顺层延伸较差。	27.25 m
30	煤层。	0.89 m
29	浅灰色中粗粒长石砂岩、粉砂岩。	5.05 m
28	煤层。煤层顶底板均为浅灰色粉砂质泥岩。	0.84 m
27	灰绿色、黄绿色中薄层粉砂岩、泥岩互层，粉砂岩中夹薄层细砂岩，并含少量炭屑。	9.25 m
26	煤层。风化后呈褐灰色。	2.32 m
25	灰色泥岩、粉砂岩夹煤线及中层细砂岩。	31.92 m
24	煤层与灰黑色泥岩、粉砂岩互层，夹长石砂岩透镜体。煤层、粉砂岩和泥岩在露头的比例为1∶1，煤层风化为褐灰色。	14.93 m
23	灰色中薄层泥岩、粉砂岩互层夹煤线和长石砂岩透镜体。	11.70 m
22	黄绿色中厚层含砾长石粗砂岩、长石砂岩夹浅灰色粉砂岩及煤线。	52.71 m
21	煤层夹泥岩及中层细砂岩。煤层风化呈褐灰色。	5.03 m
20	浅灰色中薄层粉砂岩和泥岩互层，下部夹细砂岩。	23.07 m

19　煤层。煤层夹矸为泥质粉砂岩。　　57.10 m

中侏罗统三工河组（J_2s）

18　灰白色、灰色厚层块状砾岩、长石杂砂岩互层，夹薄层粉砂岩。砾石主要为石英和岩屑，粒径 2～4 mm，次棱角状–次圆状，砾石含量 5%～10%。　　80.19 m

17　灰绿色、黄绿色中厚层粉砂质泥岩夹中层粉砂岩。　　5.31 m

16　黄绿色粉砂质泥岩。　　41.50 m

15　黄绿色中层长石岩屑杂砂岩，粒径 0.3～0.5 mm。长石 40%～50%，岩屑 20%～25%，石英 20%～25%，杂基 10%～15%。　　6.76 m

14　灰绿色、黄绿色含炭屑粉砂质泥岩。　　4.70 m

下侏罗统八道湾组（J_1b）

13　黄绿色厚层块状杂砂岩。　　32.18 m

12　黄绿色厚层块状细砾岩、含砾粗砂岩、长石杂砂岩呈韵律层。发育交错层理、粒序层理。　　128.5 m

11　黄绿色、灰绿色粉砂质泥岩。　　17.0 m

10　浅灰色、黄灰色砂砾岩和含砾粗砂岩。　　6.34 m

9　黄绿色泥岩夹中层长石杂砂岩。　　16.65 m

8　黄绿色、灰绿色泥岩夹薄层粉砂岩及菱铁矿结核，结核顺层理平行分布，粉砂岩体沿走向不稳定。　　8.24 m

7　灰黄色厚层块状粗粒长石杂砂岩。发育粒序层理，局部含砾石，延伸不稳定，底面不平整。　　2.89 m

6　黄绿色、灰绿色中薄层泥岩夹两层煤。煤层风化呈褐红色。　　14.17 m

5　黄绿色、浅灰色厚层块状岩屑长石杂砂岩和长石粗砂岩，总体以长石杂砂岩为主，向下砂岩变粗。　　12.17 m

4　黄绿色、灰绿色中层长石杂砂岩、薄层粉砂岩互层。砂岩层厚度不稳定，底部普通发育冲刷面。　　13.09 m

3　浅灰白色、黄绿色厚层块状岩屑长石杂砂岩夹薄层粉砂岩。发育一条宽 40 cm 的脆性逆断层，断层带发育由砂岩构成的角砾岩，断层带褐铁矿化。　　68.70 m

2　总体为灰白色厚层块状长石杂砂岩，粗粒砂岩和细砾岩在长石杂砂岩中呈条带分布，杂砂岩由多个砂体叠置而成，单个砂体之间夹有黄绿色薄层粉砂岩。　　42.20 m

1　灰绿色、黄绿色长石粗砂岩、长石杂砂岩、薄层粉砂岩与灰色泥岩构成韵律层，并以长石杂砂岩和粉砂岩为主。该层至少有 10 个韵律，上部韵律中常夹有薄煤线；长石粗砂岩对下伏泥岩造成冲刷面。　　111.09 m

未见底。

　　七克台剖面位于吐鲁番市鄯善县东约 30 km 处的七克台镇，剖面总长度 909 m，出露侏罗系齐古组、西山窑组、三工河组和上三叠统科牙依组地层。三工河组和西山窑组总体为三角洲平原沉积，而科牙依组除了三角洲平原沉积外，还发育有滨浅湖相沉积。煤层主要发育在西山窑组中部。

　　剖面选例 3：七克台早、中侏罗世剖面描述（自上而下）

上侏罗统齐古组（J_3q）

48	暗紫色、灰绿色泥岩夹粉砂岩。	4.83 m

中侏罗统西山窑组（J_2x）

47	黄绿色泥岩。	9.65 m
46	不等粒长石岩屑杂砂岩。	1.93 m
45	黄绿色泥岩和中厚层粉砂岩，含炭屑。	7.86 m
44	黄绿色粉砂质泥岩夹中层细砂岩，细砂岩呈长透镜状。	14.74 m
43	浅灰白色细粒长石杂砂岩，底部为 10 cm 厚的长石粗砂岩。	1.96 m
42	黄绿色粉砂岩夹泥岩。	17.68 m
41	浅褐灰色厚层块状细砾岩和长石粗砂岩，并以长石粗砂岩为主。	7.86 m
40	暗绿色泥岩和粉砂岩，距离底部 50 cm 处泥岩中夹煤线。	13.94 m
39	浅灰色砂砾岩和长石粗砂岩构成韵律层。砾石成分为火山岩、安山岩、流纹岩，以中酸性火山岩为主；大的砾石为次圆状和次棱角状，小的砾石以石英为主。	3.98 m
38	黄绿色砂岩、粉砂岩和泥岩构成三个韵律层。砂岩厚度极不稳定，底部发育波痕印模构造，波峰高 1~1.5 cm，长 5~7 cm，向外突出。从波痕方向判断水流方向为自北向南。	27.70 m
37	黄绿色泥岩、粉砂岩夹长石杂砂岩及砂岩透镜体。	59.14 m
36	上部为长石砂岩，下部为砂砾岩，发育交错层理。	7.33 m
35	黄绿色粉砂岩。	4.20 m
34	浅灰色长石杂砂岩，底部为砂砾岩，发育交错层理。	10.39 m
33	灰绿色、黄绿色粉砂岩、泥岩夹浅灰色长石杂砂岩透镜体。	43.37 m
32	粉砂岩夹中厚层粗砂岩。	4.73 m
31	粉砂质泥岩夹砂岩透镜体，顶部夹煤线，煤线厚约 2 cm。	29.32 m
30	灰绿色砂岩、粉砂岩互层，顶部为冲刷面。	19.94 m
29	煤层。	3.81 m
28	泥岩、粉砂岩夹煤线。	8.38 m

27　长石杂砂岩夹粉砂岩。　　　　　　　　　　　　　　　　　　7.62 m

26　砂岩、粉砂岩和泥岩构成韵律层。　　　　　　　　　　　　9.52 m

25　长石砂岩。　　　　　　　　　　　　　　　　　　　　　　29.48 m

24　煤层。　　　　　　　　　　　　　　　　　　　　　　　　1.30 m

23　灰绿色粉砂岩、泥岩夹中薄层长石杂砂岩。　　　　　　　　25.78 m

22　砂岩、粉砂岩夹煤线。　　　　　　　　　　　　　　　　　15.66 m

21　煤层。　　　　　　　　　　　　　　　　　　　　　　　　3.69 m

20　长石砂岩。　　　　　　　　　　　　　　　　　　　　　　3.69 m

19　煤层。　　　　　　　　　　　　　　　　　　　　　　　　1.84 m

18　灰绿色粉砂岩和中层状长石砂岩。　　　　　　　　　　　　8.29 m

17　长石砂岩和含砾粗砂岩。　　　　　　　　　　　　　　　　5.53 m

16　灰绿色粉砂岩和泥岩，底部为灰色、浅灰色含砾粗砂岩和长石杂砂岩，含
　　10层煤线。　　　　　　　　　　　　　　　　　　　　　　20.42 m

15　浅灰色中厚层含砾粗砂岩和长石杂砂岩，夹灰绿色粉砂岩及煤线。　13.21 m

14　灰绿色、黄绿色粉砂岩、泥岩和浅灰色砂岩夹6层煤线。　　43.02 m

中侏罗统三工河组（J_2s）

13　灰绿色砂岩、黄绿色粉砂岩夹中层状长石杂砂岩和砂砾岩。　61.34 m

12　含砾粗砂岩、长石杂砂岩、粉砂岩夹煤线，砂岩占一半以上。　45.70 m

11　黄绿色粉砂岩、泥岩夹不等粒长石杂砂岩和3层煤线。　　　4.89 m

10　砾岩和砂砾岩。　　　　　　　　　　　　　　　　　　　　4.73 m

9　黄绿色中层状粉砂岩和泥岩互层。　　　　　　　　　　　　6.62 m

8　长石砂岩、粉砂岩和泥岩。　　　　　　　　　　　　　　　22.69 m

上三叠统科牙依组（T_3k）

7　含砾砂岩、粉砂岩和泥岩互层，夹煤线。　　　　　　　　　19.31 m

6　灰绿色砂岩和粉砂岩，夹少量泥岩和煤线。　　　　　　　　36.03 m

5　煤层。　　　　　　　　　　　　　　　　　　　　　　　　1.05 m

4　灰色泥岩。　　　　　　　　　　　　　　　　　　　　　　1.78 m

3　煤层。　　　　　　　　　　　　　　　　　　　　　　　　0.97 m

2　中层状细砂岩夹薄层粉砂岩。　　　　　　　　　　　　　　6.17 m

1　黄绿色粉砂岩夹泥岩及少量中层状长石细砂岩，下部夹厚约10 cm煤线。　26.62 m

未见底。

（二）其他路线地质调查

大河沿路线：该条路线长约 2000 m，所见地层从老到新依次为石炭系的博格达群下亚群第二组、二叠系阿其克布拉克组、三叠系科牙依组、第四系冲洪积砾石层。通过踏勘认识到博格达群下亚群第二组与阿其克布拉克组为不整合接触。路线中由于地层缺失及第四系覆盖等原因，推测在第四系砾石层之下三叠系与二叠系之中存在一个性质不清的断层。

连木沁路线：该条路线长 7060 m，出露地层较多，主要是侏罗系的西山窑组、三间房组、七克台组及红山组；白垩系的三十里大墩组、胜金口组、连木沁组及合库穆塔克组；古近系的鄯善群以及新近系的桃树园组和葡萄沟组。该路线总体上为浅湖相沉积。该路线为一单斜构造，J/K 间为平行不整合接触，K/E 间为角度不整合接触，E/N 间为平行不整合接触，表明该区发生过多次构造运动。

柯柯亚路线：该条路线长 5830 m，出露地层由老到新依次为八道湾组、三工河组、西山窑组、可可亚组和马坎组。该路线的地层构成一个倒转的向斜，核部为西山窑组，地层向北陡倾倒转，向斜构造向北倾，表明该区域在燕山期之后发生了自北向南的逆冲推覆。

红山口路线：该条路线长 5030 m，出露地层为上侏罗统的红山组和三叠系的库莱组，两者之间为角度不整合接触。该路线侏罗系总体构成一向斜构造，向斜北翼陡、南翼缓，反映存在自北向南的推覆作用。

大南湖路线：该路线长 20000 m，由于被第四系覆盖，露头较差。通过对零星地质露头点的观察，认为发育的地层由老到新依次为：①下石炭统的干墩组，岩性主要为硅化粉砂质板岩、安山岩、英安岩、流纹岩、英安质或流纹质凝灰岩、沉积岩及中酸性火山岩，各种岩性比例相当；②上石炭统梧桐沟组，岩性主要为安山岩、英安岩、凝灰岩及粉砂岩，该组以中酸性火山岩为主；③侏罗系的西山窑组，主要岩性为细砾岩、长石杂砂岩、粉砂岩及泥岩，泥岩中夹有煤线；④古近系的桃树园组：主要岩性为浅灰色、紫红色砾岩和浅灰色粗砂岩，为冲积环境沉积，与下伏西山窑组呈角度不整合接触；⑤新近系的葡萄沟组，浅灰色粉砂岩与泥岩，为湖相沉积。

三道岭路线：该条路线长约 2000 m，主要观察了三道岭煤矿的含煤地层特征，煤层层数多、厚度大，煤层产状近水平。该条路线的西山窑组由杂砂岩与粉砂岩构成韵律层，为三角洲相沉积。该次调查认为原 1:20 万三堡幅地质图上 J_{1-2}/J_{2-3} 的角度不整合接触是不正确的，二者应为整合接触关系。

（三）八道湾组

吐哈盆地八道湾组在柯柯亚、托克逊凹陷等地与下伏上三叠统郝家沟组整合接触，其余地段大多超覆于石炭系或二叠系之上。八道湾组主要出露于盆地西北部的伊拉湖、克尔碱、桃树园、七泉湖、柯柯亚等地。八道湾组的隐伏区分布于吐鲁番拗陷和哈密拗

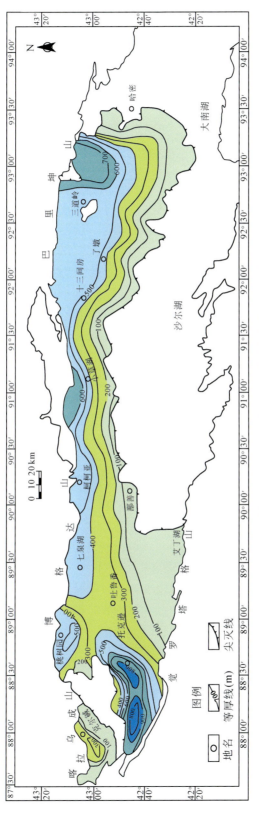

图 3.2　吐哈盆地早侏罗世八道湾组残余厚度分布图

陷中部，尤以托克逊凹陷最为发育，连续沉积于上三叠统之上。八道湾组的岩性主要
为黄褐色、灰白色、灰绿色砾岩、砂砾岩、砂岩及灰绿色、灰色、灰黑色粉砂岩、砂
质泥岩、碳质泥岩的不均匀互层，夹煤层、煤线及菱铁矿，其底部有多层砾岩、砂砾
岩。八道湾组是在盆地不断向外扩张的背景下所接受的一套以粗碎屑岩为主的下粗上
细的河流相、三角洲含煤碎屑沉积（包括扇三角洲、辫状河三角洲和曲流河三角洲），
各个次级凹陷中心部位为湖沼相沉积；沉积物主要来自南部的觉罗塔格山；富含植物
化石及少量鱼化石。

　　印支远动曾使吐哈盆地基底抬升，导致盆地沉降之后所沉积的八道湾组厚度变化
较大，煤层稳定性稍差。根据本次地震反演的八道湾组厚度可知（图3.2），吐哈盆地
八道湾组主要分布在北部，厚度等值线呈东西向展布，厚度中心分别位于托克逊凹陷
（最大厚度900 m）、哈密凹陷（最大厚度700 m），此外，桃树园一带八道湾组厚度达
500 m。据东疆预查工作，西部的克尔碱的八道湾组厚480 m（含煤4~12层，煤层总
厚8.5~18.1 m），中部桃树园厚43 m（只含薄层煤及煤线）、七泉湖厚325 m（含煤2
层，煤层总厚24 m），东部柯柯亚厚368 m（含煤4~7层，煤层总厚14.8 m）。另据钻
探资料，八道湾组在台北凹陷内最大厚度达800 m，托克逊凹陷厚200~400 m，哈密凹
陷厚度达700 m。由此可知，本次地震解释的八道湾组厚度与钻孔揭露的八道湾组厚度
基本一致，表明地震解释结果是可靠的。

（四）三 工 河 组

　　三工河组沉积范围较八道湾组大，主要出露于北部的克尔碱、桃树园、七泉湖、
柯柯亚、中部的红胡子坎–五道沟一带；南部的艾丁湖西南、沙尔湖东北也有零星出
露。多数地区的三工河组与八道湾组连续沉积，仅在北部边缘局部地段及南部三工河
组超覆不整合于石炭系、二叠系之上。

　　三工河组岩性为以灰色调为主的湖相砂泥岩，夹煤线或薄煤层。其下部为浅灰色
砂岩、砂砾岩和砾岩；上部为灰绿色、灰黄色粉砂质泥岩夹叠锥灰岩及菱铁矿透镜体，
风化后呈褐色夹黄色条带，似虎皮色，俗称"虎皮层"。在横向上，北部地区岩性粒度
较粗，中下部多块状砂砾岩和砂岩，向上变细，其余地区总体较细；在北部的柯柯亚、
桃树园、煤窑沟一带岩性较相似，为暗灰色粉砂岩、砂泥岩夹细砂岩。中部红胡子坎–
五道沟以砂岩为主夹粉砂岩、泥岩，局部含砾；三道岭则为砂泥岩互层夹薄煤层。
在南部的沙尔湖东北部，三工河组上部为土黄色–灰绿色细砂岩、粉砂岩和泥岩；中下
部为红色、黄绿色粉砂岩和泥岩互层夹薄层砾岩，局部发育薄层叠锥灰岩、菱铁矿透
镜体和同生菱铁质结核；底部为一套较稳定的杂色复成分砾岩。在大南湖中部鲁能勘
查区，三工河组上部为湖相深灰色、灰绿色泥岩与细砂岩互层；下部为河流相深灰色
砾岩、中粗粒砂岩夹粉砂岩、泥岩。三工河组富含植物化石、双壳类、介形类以及少
量鱼化石。

　　三工河组在北部柯柯亚至煤窑沟一带厚度最大，厚293~368 m，向西、向东、向
南厚度变小，在西部艾维尔沟厚163~213 m，在克尔碱厚76~158 m，在七泉湖厚117 m，

在东部三道岭厚 59～180 m。在中部红胡子坎厚 80～120 m。南部沙尔湖厚 200 m，大南湖厚大于 128 m。

（五）西山窑组

西山窑组是吐哈盆地分布范围最广的含煤地层，露头主要见于盆地的边缘和中部凸起地区，如西部的伊拉湖和克尔碱；北部的桃树园、七泉湖、煤窑沟和柯柯亚；中部的苏巴什、鄯善和七克台；东部的三道岭；南部的艾丁湖、沙尔湖、大南湖、骆驼圈子、梧桐窝子及野马泉。在吐鲁番拗陷西山窑组连续沉积于三工河组之上，在哈密凹陷、沙尔湖凹陷–大南湖凹陷一带超覆于上古生界之上。

吐哈盆地的西山窑组为一套河流、湖泊、三角洲和沼泽相碎屑沉积，颜色以灰色、浅黄绿色、灰绿色和灰白色为主，岩性以砂岩、粉砂岩、泥岩、暗色泥岩、碳质泥岩和煤层为主，夹砾岩和菱铁矿。在横向上，岩性较稳定，由北向南变细，北部山麓地带及盆地边缘地区碎屑颗粒较粗，砾岩和粗砂岩较多；中部火焰山地区岩性较细，以泥岩、砂质泥岩及粉砂岩为主；东部野马泉、梧桐窝子一带也较粗；南部艾丁湖含多层砂砾岩和粗砂岩，向东至沙尔湖和大南湖变细。在纵向上，大部分地区岩性大体可分为下、中、上三段。上段一般呈灰绿、黄绿及褐黄色；中段一般呈灰白、浅灰、灰、深灰及浅灰绿；下段色调较杂，呈浅灰绿、灰白、红褐、灰和深灰色调。中、下段普遍含结核状、条带状或透镜状菱铁矿。三段底部均以较粗的砾岩、砂砾岩、粗砂岩或含砾中砂岩与下部地层为界。中段为主要含煤段，上、下段含煤性差，不含煤或含煤线、薄煤层及零星可采煤层。

据本次地震反演的西山窑组厚度可知（图 3.3），吐哈盆地西山窑组主要分布在北部、南部的艾丁湖、沙尔湖和大南湖地区，厚度等值线呈东西向展布，厚度中心分别位于台北凹陷（最大厚度 1200 m）、哈密凹陷（最大厚度 800 m）、沙尔湖凹陷和大南湖凹陷（最大厚度 600 m）、托克逊凹陷（最大厚度 500 m）。吐哈盆地西山窑组的含煤性显示为南部好于北部，北部的中部好于东西两端的特点。

据 2009 年东疆盆地预查工作，吐哈盆地不同地区西山窑组具体特征如下：①克尔碱地区：厚 225～354 m，岩性为灰白色粗砂岩、中砂岩、细砂岩与灰色粉砂岩、泥岩互层，偶夹砂砾岩，含煤 9 层，平均地层总厚 17.3 m。②七泉湖地区：下段为灰色粗砂岩、中细砂岩、粉砂岩及煤线，底部以含菱铁质胶结的砂岩及菱铁质结核层与下伏地层分界。中段为主要含煤段，岩性为深灰色、灰白色粉砂岩、泥岩夹煤层，次为含砾中粒砂岩，含 3 层可采煤层，总厚 37.3～43.0 m；含大量大型硅化木、双壳类化石和植物化石。上段为灰、深灰色泥岩、粉砂岩与碳质泥岩互层，夹煤线、薄层菱铁矿及细砂岩。③七克台红胡子地区：厚 480～529 m，下段为灰绿色、黄绿色、灰白色砾岩、粗砂岩、泥岩、粉砂岩、细砂岩、薄煤层及菱铁矿层，厚 80.7 m。中段为黄绿色、灰白色、灰色细砂岩、粉砂岩、泥岩、煤层，夹数层粗砂岩和不稳定之菱铁矿层，含煤 4 层，煤层平均厚 20.5 m，地层厚 145.8 m。上段为黄绿色粗砂岩、砂砾岩及细砂岩与砂质泥岩不等厚互层，地层厚 179～208 m。④三道岭地区：分上、下两段，厚 670.2 m。

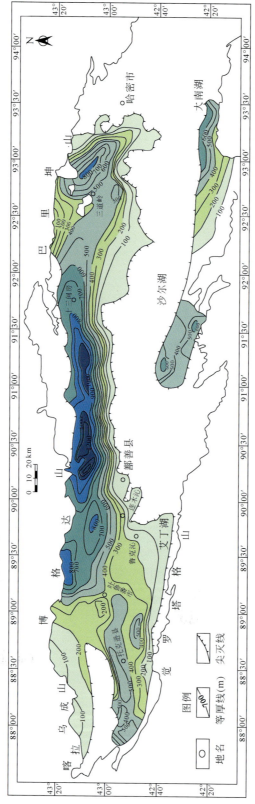

图 3.3　吐哈盆地中侏罗世西山窑组残余厚度分布图

下段为深灰色砂岩、粉砂岩、泥岩、碳质泥岩及薄层状、透镜状菱铁矿，含煤 6~11 层，煤层总厚 14.6~16.6 m，地层厚 189.2 m。上段为灰、深灰色粉砂岩、细砂岩夹砾岩、薄层菱铁矿、碳质泥岩及薄煤层，厚 481 m。⑤大南湖中部区：下段为灰、灰绿、深灰色砾岩、粗砂岩、粉砂岩、细砂岩互层夹薄层泥岩，薄煤层及菱铁质条带或透镜体，厚 148 m。中段为灰、浅灰、深灰色泥岩、粉砂岩、细砂岩、碳质泥岩及煤层不均匀互层，夹中粒砂岩及砂砾岩，普遍含有菱铁质结核及菱铁质粉砂岩薄层，底部以厚层粗砂岩或砂砾岩与下段分界，地层厚 380~650 m，平均厚度 526.1 m；含煤 1~29 层，煤层总厚 39.6~136 m，平均 96.5 m。上段顶部富含粗大、完整的硅化木，底部产细小的钙化木化石；上段上部为褐黄色泥岩、粉砂岩和砂岩互层；上段中部含较多植物根、茎和叶化石；上段下部为灰绿色泥岩、粉砂岩和砾岩互层，夹碳质泥岩及不稳定薄煤层。⑥大南湖东、西部地区：岩性及段的划分基本与中部的大南湖区一致，只是两区下段未控制或在边缘发育不全。大南湖西区揭露地层 181.5~604.2 m，含煤 2~15 层，煤层平均总厚 20.6 m。大南湖东区揭露地层厚 40.7~1034 m，含煤 2~44 层，煤层平均厚 52.7 m；上段岩性偏粗，以砾岩和粗砂岩为主，夹砂质泥岩、泥质粉砂岩，含煤性差，局部夹有薄煤层或煤线。骆驼圈子地区揭露地层厚 193.2~647.6 m，含煤 2~3 层，煤层平均总厚 5.5 m。梧桐窝子地区揭露地层厚 336.8~866.1 m，含煤性有待验证。大南湖东、西区总体显示中部地层厚，含煤性好，东西两端地层薄，含煤性较差。⑦沙尔湖地区：下段为以浅灰绿色、红褐色泥岩、粉砂质泥岩不均匀互层，夹薄层砂岩、含砾粗砂岩和砂砾岩，透镜状和结核状菱铁矿发育，底部以粗砂岩或砂砾岩与下伏下二叠统阿尔巴萨依组不整合接触。在库木塔格地区，西山窑组下段厚 20.9~28.7 m；在沙尔湖东北部下段厚度大于 124.5 m。中段为灰白色、浅灰绿色泥岩、细砂岩不均匀互层及巨厚煤层，夹粉砂岩、粗砂岩、砂砾岩和高碳质泥岩。在库木塔格区，中段厚 102.3~321.5 m，含煤 1~22 层，煤层总厚 2.2~163.2 m，单层煤最厚达 153.6 m；在沙尔湖西部的中亚华金勘查区，中段厚 91.5~499.4 m，含煤 4~40 层，总厚 8.4~308.4 m，单层最厚 217.1 m；在沙尔湖东部的葛洲坝勘查区，中段厚 105.4~559.4 m，含煤 5~42 层，煤层总厚 13.0~216.4 m，单层最厚 204.2 m。上段以黄绿色、浅灰绿色泥岩、砂质泥岩和中细粒砂岩不均匀互层为主，夹薄层粉砂岩、中粗粒砂岩和砂砾岩，局部夹薄煤层、碳质泥岩、含炭屑泥质粉砂岩及菱铁质粉砂岩透镜体，底部多为中粗粒砂岩或砾岩。在库木塔格区，上段厚 103.1~616.8 m；在沙尔湖区，上段厚 38.6~415.2 m。上段中下部及中段普遍见植物化石碎屑层。⑧艾丁湖区：中段为一套泥炭沼泽相灰白色、灰绿色、灰黑色砂砾岩、粗砂岩、中砂岩、粉砂岩与灰绿色粉砂岩、泥岩及煤组成，底部多为灰白色砂砾岩，局部为粗砂岩、中砂岩，总体以粉砂岩、细砂岩及煤为主；控制厚度 87.9~537.9 m，东厚西薄、北厚南薄；中上部含煤 1~8 层，平均总厚 6.8 m，从西向东煤层层数减少，厚度变薄。上段以一套辫状河冲积平原和辫状河三角洲相的灰黄色、杂色泥岩、灰褐色砂岩和褐黄色粗砂岩砂砾岩为主，与粉砂岩、泥岩和中粗粒砂岩不等厚互层，控制厚度 14.1~323 m。

（六）头屯河组/三间房组

吐哈盆地三间房组主要分布在北部地区，与西山窑组为整合接触，为一套河湖相棕红色、灰绿色砂质泥岩，夹砂岩，含植物及双壳类化石。该组厚度等值线呈东西向展布，在小草湖地区最大厚度可达 1300 m，在哈密凹陷最大厚度可达 500 m。吐哈盆地头屯河组为一套分布于沙尔湖及大南湖一带的河湖相杂色碎屑岩，与西山窑组整合接触。在沙尔湖地区，该组厚 42.0~366 m，由北向南地层变薄；下部为黄绿、灰白色与紫红色细砂岩、泥质粉砂岩和泥岩互层，夹砾岩、砂砾岩和粗砂岩；上部为紫红、褐红色泥质粉砂岩夹灰白色砂砾岩，泥质粉砂岩内含少量炭屑；特别指出的是预查工作新发现有大型蜥脚类恐龙化石。在大南湖地区，该组厚 36.7~230 m，下部为杂色泥岩和泥质粉砂岩互层，夹中细砂岩，底部夹灰白色泥灰岩；上部为褐黄色、紫红色砾岩和泥岩互层。

（七）七克台组

吐哈盆地七克台组与三间房组整合接触，分布范围也与三间房组相似，主要分布在北部地区，厚约 39~185 m。该组下部为灰黄色、黄绿色厚层砂岩，在苏巴什-疙瘩台一带含介壳砂岩 1~4 层；上部为绿色泥岩夹粉砂岩、细砂岩，塔浪沟地区为黑色油页岩，其余地区岩性较粗。该组含丰富的双壳类、腹足类和介形类化石。

（八）齐 古 组

吐哈盆地齐古组与七克台组一般为整合接触，厚约 295~733 m。该组主要出露于盆地中部的鄯善-十三间房一带、北部边缘区的七泉湖和奥尔塘，南部边缘区的塔克泉和了墩以南亦有少量出露，西部及哈密地区大部分缺失。本组岩性为河湖相樱红色、咖啡色砂质泥岩和泥岩，夹灰绿色砂岩及粉砂岩。

（九）喀 拉 扎 组

喀拉扎组与下伏齐古组整合接触，与上覆白垩系地层不整合接触，其分布与齐古组基本相同，厚 35~655 m。该组岩性为河湖相紫红色和灰紫色块状砂岩，在鄯善以东常夹棕红色泥岩、泥灰岩薄层及砾岩，北部奥尔塘则以砾岩为主夹砂岩。该组自北而南变细，含脊椎动物化石。

二、吐哈盆地侏罗系生物地层

（一）植物地层学

最新研究资料显示，吐哈盆地侏罗系植物群化石含 25 个属 71 个种（杨殿忠、于漫，2006），多为我国早中侏罗世地层中常见的种属，群落构成以蕨类和裸子植物为主，属于我国中、下侏罗统广泛分布的 *Coniopteris-Phoenicopsis* 植物群。根据钻孔中揭露的植物化石所反映出的植物演化特点，可以将这一地区的植物化石分成三个组合：① *Neocalamites hoerensis-Ginkgoites sibiricus* 组合；② *Equisetites brevidentatus-Cladophlebis kaxgerensis* 组合；③ *Cladophlebis fangtzuensis-Raphaelia diamensis* 组合。

以上三个植物化石组合的主要特点：早侏罗世早期含有重要特征分子 *Neocalamites carrerei*，*Ginkgoites sibiricus* 等，植物化石较贫乏，丰度小，分异度低，代表植物初期发展阶段；早侏罗世晚期植物化石丰度开始增大，分异度增高，组合中仍然存在早侏罗世常见分子，同时又出现一些新的种属，预示着一个植物繁盛期的到来；中侏罗世早期层位含有重要分子 *Equisetites lateralis*，*Raphaelia diamensis*，*Czekanowskia rigida* 等，植物高度分异，丰度很大，植物达到繁盛期。

1. 八道湾组的植物大化石

八道湾组的植物化石有：*Coniopteris hymenophylloides*，*Phoenicopsis speciosa*，*Cladophlebis tsaidamensis*，*Podozamites lanceolatus*，*Pterophyllum* cf. *propinquum*，*Nilssonopteris vittata*，*Ginkgo huttoni*，*Ginkgoites obrutschewi*，*Equisetites* cf. *lateralis*。

2. 三工河组的植物大化石

三工河组的植物化石有：*Ginkgo* cf. *digitata*，*Nilssoni* cf. *ocumina*，*Cladophlebis suniana*，*Equisetites* sp.，*Carpolithus* sp.，*Radicites* sp.，*Phoenicopsis speciosa*，*Euestheria sinkiangensis*，*Cladophlebis hirta*，*Czekanowskia* sp.，*Pityophyllum* sp.，*Podozamites* sp. 等。

3. 西山窑组的植物大化石

西山窑组的植物大化石有：*Equisetites lateralis*，*Equisetostachys* sp.，*Neocalamites hoerensis*，*Coniopteris hymenophylloides*，*C. simplex*，*C. burejensis*，*Hausmannia ussuriensis*，*Clathropteris pekingensis*，*C. obovata*，*Cladophlebis haiburnensis*，*Cl. denticulata*，*Cl. whitbiensis*，*Nilssonia* sp.，*Ginkgo huttoni*，*Baiera furcata*，*Sphenobaiera spectabilis*，*Phoenicopsis* ex gr. *angustifolia*，*Ph.* ex gr. *speciosa*，*Czekanowskia* ex gr. *rigida*，*Pityophyllum longifolium*，*P. lindstroemi*，*Elatocladus* cf. *manchurica*，*Podozamites lanceolatus*。

（二）孢粉地层学

自 20 世纪 80 年代以来，吐哈盆地侏罗纪孢粉学的研究取得了重要进展，目前已系统地建立了该地区侏罗纪系列孢粉组合，并在国内外对比的基础上讨论了其地质时代、演化规律和其所反映的古植被与古气候特征。

1. 吐哈盆地侏罗系的孢粉化石

三工河组的孢粉化石有：*Deltoidospora magnea*，*Cyathidites minor*（5.5% ~ 7.1%），*C. australis*，*Stereisporites stereoides*，*S. antiquasporites*，*Dictyophyllidites harrisii*，*Concavisporites* sp.，*Osmudacidites wellmanii*，*O. alpinus*，*Neoraistrickia gristhorpensis*，*N. krikoma*，*Lycopodiumsporites*（8.0%：*L. subrotundus*，*L. austraclavatidites*），*Lycopodiacidites infragranulatus*，*Klukisporites variegatus*，*K. pseudoreticulatis*，*Duplexisportites problematicus*，*D. anagrammensis*，*Reteculatasporites clathratus*，*Biretisporites potoniaei*，*Undulatisporites* sp.，*Apiculatisporites* sp.，*Foveosporites* sp.，*Marattisporites scabratus*，*Psophosphaera flavus*（3.1% ~ 6.6%），*Araucariacites australis*，*Cycadopites*（17.3% ~ 28.0%：*C. typicus*，*C. nitidus*，*C. magnus*），*Callialasporites dampier*，*Chordasporites* sp.，*Tanieaesporites* sp.，*Chasmatosporites apertus*，*C. hians*，*Verrumonocolpites shanbeiensis*，*Protoconiferus bolchovitinii*，*P. funarius*，*Piceites expositus*（3.6% ~ 5.7%），*Pseudopicea rotundiformis*，*P. variabiliformis*，*Protopicea exilioides*，*Piceaepollenites complanatiformis*，*P. prolongstus*，*P. omoriciformis*，*Pinuspollenites*（7.3%：*P. minimus*，*P. tricompositus*，*P. divulgatus*，*P. pernobilis*），*Alisporites rotundus*，*Pristinuspollenites microsaccus*，*Cedripites* sp.，*Indusiisporites convolutes*，*Quadraeculina enigmat*，*Q. mino*，*Q. anellaeformis*，*Podocarpidites paulus*，*P. multesimus*，*P. miniculus*，*Minutosaccus* sp.，*Eucommiidites troedssoni*。

西山窑组中孢粉化石有：*Stereisporites stereoides*，*S. antiquasporites*，*Deltoidospora*（6.8%：*D. perpusilla*，*D. magna*），*Cyathidites minor*（18.5%），*Dictyophyllidites harrisii*，*Undulatisporites* sp.，*Retusotrileites mesozoicus*，*Baculatisporites* sp.，*Apiculatisporis variabilis*，*Osmundacidites*（12.2%：*O. wellmanii*，*O. alpinus*，*O. parvus*），*Neoraistrifkia*，*Lycopodiumsporites austraclavatidites*，*Klukisporites pseudoreticulatus*，*Todispora minor*，*Inaperturopollenites* sp.，*Psophosphaera flavus*，*Perinopollenites psilatus*，*Cycadopites*（21.6%：*C. nitidus*，*C. typicus*，*C. subguanulatus*，*C. magnus*），*Monosulcites enorrnis*，*Cerebropollenites mesozoicus*，*Protopicea cerina*，*Paleoconiferus asaccatus*，*Piceites expositus*，*Pseudopicea rotundiformis*，*Piceaepollenites amplatiformis*，*Pinuspollenites pernobilis*，*P. tricompositus*，*P. divulgatus*，*Quadraeculina*（38.0%：*Q. limbata*，*Q. anellaeformis*），*Podocarpidites multesimus*，*P. paulus*，*P. minisculus*，*Eucommiidites troedssonii*。

2. 吐哈盆地侏罗系的孢粉组合带

吐哈盆地中、下侏罗统孢粉组合带如下：头屯河组为 *Cyathidites-Callialasporites-Classopollis* 组合带（CCC）；西山窑组为 *Cyathidites minor-Neoraistrickia-Piceaepollenites* 组合带（CNP）；三工河组为 *Cyathidites-Cycadopites-Quadraeculina-Classopollis* 组合带（CCQ/C）；八道湾组为 *Cyathidites-Dictyophyllidites-Cycadopites* 组合带（CDC）。各组合带的主要特征如下，其地质时代归属见表3.1。

表 3.1　中国非海相侏罗系生物系列简表

统	阶	准噶尔盆地	吐哈盆地	古植物	孢粉	双壳类
上侏罗统	大北沟阶	喀拉扎组	喀拉扎组	*Ruffordia-Onychinopsis* 植物群	*Couprisporites-Classopollis* 组合带（后者占优势）	*Arguniella* 带
上侏罗统	待建阶	喀拉扎组	齐古组	*Ruffordia-Onychinopsis* 植物群	*Couprisporites-Classopollis* 组合带（后者占优势）	*Arguniella* 带
上侏罗统	土城子阶	齐古组	齐古组	*Ruffordia-Onychinopsis* 植物群	*Couprisporites-Classopollis* 组合带（后者占优势）	*Arguniella* 带
中侏罗统	头屯河阶	头屯河组	头屯河组	*Coniopteris-Phoenicopsis* 植物群	*Cyathidites-Callialasporites-Classopollis* 组合带	*Lamprotula（Eol.）-Pseudocardibia-Ferganoconcha* 组合带
中侏罗统	西山窑阶	西山窑组	西山窑组	*Coniopteris-Ptilophyllum* 植物群	*Cyathidites minor-Neoraistrickia-Piceaepollenites* 组合带	*Lamprotula（Eol.）-Pseudocardibia-Ferganoconcha* 组合带
下侏罗统	三工河阶	三工河组	三工河组	*Thaumatopteris-Claodophlebis* 植物群	*Cyathidites-Cycadopites-Quadraeculina-Classopollis* 组合带	
下侏罗统	八道湾阶	八道湾组	八道湾组	*Marattiopsis-Otozamites* 植物群	*Cyathidites-Dictyophyllidites-Cycadopites* 组合带	*Ferganoconcha-Qiyangia-Lilingella* 组合带

（1）*Cyathidites-Dictyophyllidites-Cycadopites*（CDC）组合带

Cyathidites-Dictyophyllidites-Cycadopites（CDC）组合带是真蕨类植物孢子桫椤科 *Cyathidites*、双扇蕨科具弓形加厚孢子 *Dictyophyllidite*、裸子植物单沟花粉类型 *Cycadopites* 为主的组合。该组合在吐鲁番七泉湖八道湾组孢粉植物群面貌（孙峰，1989）中呈现出蕨类植物孢子（53.6%）略多于裸子植物花粉（46.4%）的特征，其中桫椤科孢子蕨类孢子以 *Cyathidites*（15.7%）和 *Undulatisporites*（13.4%）为主，其次为 *Osmundacidites*（3.6%），*Lycopodiumsporites*（3.4%），*Apiculatisporis*（1.7%）和 *Duplexisporites*（0.8%）。裸子植物花粉中，*Cycadopites* 含量最高（25%），其次为 *Classopollis*（5.2%）和古老松柏类花粉（4.8%）。三叠纪孑遗分子 *Taeniaesporites* 和 *Chordasporites* 在组合中有少量出现。其他分子还包括 *Deltoidospora*，*Psophosphaera*，*Cibotiumspora*，*Pinuspollenites*，*Podocarpidites*，*Piceites*，*Gleicheniidites*，*Quadraeculina*，*Dictyophillidites* 及 *Cerebropollenites* 等。

上述孢粉组合带的地质时代可归于早侏罗世早期，相当于普林斯巴赫期。

（2） *Cyathidites-Cycadopites-Quadraeculina/Classopollis*（CCQ/C）组合带

Cyathidites-Cycadopites-Quadraeculina/Classopollis（CCQ/C）组合带是一个以真蕨类植物孢子桫椤科 *Cyathidites* 加裸子植物单沟花粉类型（*Cycadopites* 和 *Quadraeculina*）为主的组合。在吐鲁番七泉湖三工河组该组合以裸子植物花粉占优势（孙峰，1989），达69.4%，裸子植物花粉中 *Cycadopites* 占 18.9%，仍居首位；*Podocarpidites* 和 *Pinuspollenites* 增加较多，分别为 6.3% 和 6.9%；*Quadraeculina* 含量有所增加，可达4.8%。古老松柏类花粉为 7.2%，含量相对较高。蕨类孢子以 *Cyathidites* 为主（14.0%），*Undulatisporites* 含量下降（3.1%），*Lycopodiumsporites* 和 *Neorastrikia* 少量出现。三叠纪的孑遗分子 *Chordasporites*（0.2%）和 *Taeniaesporites*（0.2%）仍少量出现。

在吐鲁番桃树园三工河组孢粉组合也呈现类似特征，即以裸子植物花粉占优势，达62.9%～94.3%，真蕨类孢子占 22.6%～37.1%。蕨类植物孢子以 *Cyathidites*（2.0%～9.1%），*Deltoidospora*（1.5%～4.1%），*Lycopodiumsporites*（5.1%～8.0%）和 *Neoraistrickia*（1.0%～4.6%）为主，*Duplexisporites*（1.1%～1.5%），*Klukisporites*（0.8%～1.5%）也有一定含量。其他分子有 *Dictyophyllidites*，*Concavrisporites*，*Reticulatisporites*，*Biretisporites*，*Lycopodiacidites*，*Foveosporites*，*Osmundacidites*，*Uudulatisporites* 等，含量一般均小于 1.5%。裸子植物花粉仍以 *Cycadopites* 为主，占 17.3%～49.0%；*Pinuspollenites*（2.0%～7.3%），*Piceaepollenites*（2.5%～5.0%），*Podocarpidites*（1.5%～5.4%）含量较高；*Quadraeculina* 含量为 1.1%～2.0%；原始松柏类花粉 *Protoconiferus*（1.1%～6.0%）仍占一定比例。其他有 *Protopicea*，*Pseudopicea*，*Chasmatosporites* 及 *Monosulcites*。另外，还出现了少量的 *Callialasporites dampieri* 及 *Eucommiidites troedssonii*。三叠纪的孑遗分子见有 *Chordasporites*（0.8%）和 *Taeniaesporites*（0.4%）。

金小凤（1993）的研究也表明，该组合中裸子植物花粉占优，68%～73.6%，个别高达91.4%，蕨类植物孢子为 26.4%～32%。该组合主要分子与其下伏八道湾组相同，双囊花粉、古松柏类花粉、四字粉和单沟类花粉含量也与八道湾接近，所不同的是桫椤科孢子有所增加，为 4.4%～10.8%，个别样品可达 20%，具肋囊花粉可零星见到。

总体而言，CCQ/C 组合带中，侏罗纪特色分子含量增加，新类型出现，说明 CCQ/C 组合带比 CDC 组合带时代要新，但组合的主体依然是早侏罗世的面貌，同时残留少量三叠纪孑遗分子，中侏罗世典型分子含量较少，再加上部分地区 *Classopollis* 的高含量特征，其地质时代可确定为早侏罗世晚期，相当于托阿尔期。

（3） *Cyathidites minor-Neoraistrickia-Piceaepollenites*（CNP）组合带

Cyathidites minor-Neoraistrickia-Piceaepollenites（CNP）组合带也是真蕨类植物孢子（桫椤科 *Cyathidites* 和 *Neoraistrickia*）和裸子植物双囊花粉类型（*Piceaepollenites*）为主的组合。该组合在吐哈盆地西山窑组广泛分布，且组成基本一致。

孙峰（1989）的研究表明，吐鲁番七泉湖西山窑组孢粉组合中，蕨类孢子和裸子植物花粉含量几乎相当，前者占 50.8%。蕨类孢子中占优势的是 *Cyathidites*（18.7%）和 *Osmundacidites*（17.8%），其中，*C. minor* 含量突出，占 12.1%。*Neoraistrickia* 含量增加，达 1.5%，有 *N. minor*，*N. gristhorpensis* 等。裸子植物花粉仍以 *Cycadopites*（23.0%）为主，其次为 *Quadraeculina*（7.2%）。新出现了一些属种，如 *Callialasporites*，*Eucommiidites troedssonii*。未见三叠纪孑遗分子。

　　吐鲁番桃树园剖面西山窑组孢粉组合以蕨类孢子为主，达 58.0%，裸子植物花粉占 42.0%。蕨类孢子中，*Cyathidites minor* 占首位，达 31.4%，其次为 *Osmundacidites*（9.8%），*Lycopodiumsporites*（3.3%），*Neoraistrickia*（1.6%），还出现了少量的 *Stereisporites*，*Cibotiumspora*，*Dictyophyllidites*，*Biretisporites*，*Duplexisporites*，*Laevigatosporites* 等。裸子植物花粉与下伏三工河组的一致，仍以单沟类的 *Cycadopites*（19.2%）为主，还有 *Monosulcites*（2.4% ~ 6.7%）和 *Chasmatosporites*（0.4% ~ 3.5%）。古老松柏类的 *Protoconiferus* 和 *Paleoconiferus* 含量降低，双囊松柏目主要分子有 *Pinuspollenites*（0.4% ~ 6.7%），*Piceites*（3.7%），*Piceaepollenites*（1.2% ~ 2.6%）以及 *Podocarpidites*，*Quadraeculina*；还出现了 *Callialasporites dampieri*（2.6%），没有出现三叠纪孑遗分子。

　　哈密三道岭西山窑组孢粉组合中蕨类孢子（51.5%）略多于裸子植物花粉（48.5%）。前者以 *Cyathidites minor* 为主，含量为 18.5% ~ 23.8%；其次为 *Osmundacidites*（12.2% ~ 13.8%），*Deltoidospora*（0 ~ 6.8%），*Neoraistrikia*（1.5% ~ 2.7%），*Lycopodiumsporites*（0.8% ~ 2.0%），*Duplexisporites*（0.4% ~ 1.4%），还见有少量的 *Dictyophyllidites*，*Concavisporites*，*Cibotiumspora*，*Biretisporites* 和 *Lycopodiacidites* 等。裸子植物花粉中，*Cycadopites* 含量较高（21.6% ~ 27.1%），其次为双囊花粉，如 *Piceites*，*Piceaepollenites*，*Pseudopicea*，*Pinuspollenites*，*Podocarpidites* 和 *Quadraeculina*；另外还见少量 *Psophosphaera*，*Perinopollenites*，*Monosulcites*，*Protoconiferus* 及 *Cerebropollenites* 等。

　　综上所述，CNP 组合中既没有出现晚三叠世的残余分子，也没有发现早白垩世繁盛的先驱分子（海金砂科和莎草蕨科孢子），并以丰富的中侏罗统的桫椤科孢子为显著特征，又有一些繁盛于下侏罗统的分子出现。因此，本组合的地质时代应为中侏罗世早期，即相当于阿林期—巴柔期。

　　（4）*Cyathidites-Callialasporites-Classopollis*（CCC）组合带

　　Cyathidites-Callialasporites-Classopollis（CCC）组合带也是真蕨类植物孢子（桫椤科 *Cyathidites*）和裸子植物双囊花粉类型为主的组合。该组合最大特征是裸子植物花粉占优势，较 CNP 组合明显增加，占 50% ~ 95%，平均达 56.7%。裸子植物花粉中，*Cycadopites* 仍占较大比重（15% ~ 31.7%），其次为双囊花粉 *Piceites*，*Pseudopicea*，*Piceaepollenites*，*Pinuspollenites*，*Podocarpidites* 和 *Quadraeculina* 等，还见有 *Psophosphaera* 和 *Araucariacites* 等无口器花粉。蕨类孢子主要有 *Deltoidospora*，*Cyathidites* 和 *Osmundacidites*，前二属可达 4.0% ~ 6.5%，后者为 6.3%（个别样品可高达 63%）。其他有 *Neoraistrickia*，*Lycopodiumsporites*，*Duplexisporites*，*Dictyophyllidites*，*Stereisporites* 等。

　　金小凤（1993）的研究表明，三间房组孢粉组合中裸子植物花粉占 64% ~ 81%，蕨类孢子占 19% ~ 36%。裸子植物花粉除双囊类以外，*Classopollis* 含量有所增加

（12% ~20%）；*Quadraeculina* 可达 4% ~ 6%。孢子主要由杪椤科组成，*Cyathidites* 和 *Deltoidospora* 共占 9% ~20%，*Osmundacidites* 常见。

　　七克台组也以裸子植物花粉为主（59% ~86%），并以 *Classopollis* 占优势（16% ~41%），其他有 *Pinuspollenites*，*Piceaepollenites*，*Podocarpidites*，*Quadraeculina*，*Callialasporites*，*Psophosphaera* 和 *Cycadopites* 等。其中 *Quadraeculina* 多有发现（约5%）。蕨类孢子含量为 14% ~41%，主要有 *Cyathidites* 和 *Deltoidospora* 等，二者平均 7.9% ~22%；其他属还有 *Osmundacidites*，*Klukisporites*，*Cibotiumspora*。

　　综上所述，CCC 组合带在成分上与 CNP 组合带基本相同。裸子植物花粉中，均以松柏类双囊花粉和单沟花粉较为常见，没有古老的具肋双囊粉。蕨类孢子均以杪椤科孢子为主，伴随一些中侏罗世常见类型。这些相同之处反映了两个组合地质时代相近，但在孢粉含量和少数属种分布方面也有所差异，表现在 *Cyathidites*，*Lycopodiumsporites*，*Cycadopites* 含量开始减少，*Classopollis* 和 *Quadraeculina* 明显增加，出现了 *Concavissimisporites*，*Callialasporites* 较发育。这些不同点反映了植物群逐渐演化的趋势，CCC 组合带的地质时代较 MNP 组合新。我国各地晚侏罗世组合中常出现较多的白垩纪特征分子，如 *Cicatricosisporites* 和 *Schizoeoisporites*，它们在本组合中均未见到，表明该组合的地质时代不可能为晚侏罗世，应为中侏罗世晚期，即相当于巴通期。

（三）双　壳　类

　　吐哈盆地中、下侏罗统淡水双壳类可分为上下两个组合：*Lamprotula*（*Eol.*）-*Pseudocardibia-Ferganoconcha* 组合、*Ferganoconcha-Qiyangia-Lilingella* 组合。这两个组合都含有我国西北地区中、下侏罗统淡水湖湘沉积中广泛分布的 *Ferganoconcha*（费尔干蚌）。

（四）岩石地层单位年代属性

　　《中国地层指南及中国地层指南说明书》（全国地层委员会，2001）、《中国区域年代地层（地质年代）表》（全国地层委员会，2002）以新疆准噶尔盆地早、中侏罗世和冀北–辽西晚侏罗世年代地层划分为依据，与国际上依据欧洲海相侏罗系所建立的侏罗系年代地层系统划分进行了对比，将中国非海相侏罗系分为七个阶（含一个待建阶）（表3.2）。

1. 头屯河阶（J_2^2）

　　阶名称源于岩石地层单位"头屯河组"，层型剖面位于乌鲁木齐市以西的头屯河一带。头屯河阶底界的生物标志目前因资料不足尚未确定。本阶岩石组合中所含化石较少，仅见双壳类 *Ferganoconcha minor*，*Pseudocardinia gansuensis*，*P. yumenensis*，*Margaritifera isfarensis*，*Psilunio ovalis*，*P. jingyunensis*，*P. manasensis*，*P. globitriangularis*；介形虫类 *Darwinula impudica*，*D. sarytirmenensis* 以及古植物 *Coniopteris-Phoenicopsis* 组合的一些分子等。与头屯河阶大致同期的岩石地层单位为准噶尔盆地和吐哈盆地的头屯河组、库车盆地的三间房组至七克台组、喀什地区的塔尔尕组、甘肃兰州和青海民和地区的窑街组上部、柴达木盆地的大煤沟组上部、鄂尔多斯盆地的直罗组、冀北地区的九龙山组至髫髻山组、内蒙古阴山地区长汉沟组及辽西地区的海房沟组上部至蓝旗组等。本阶与国际地层表中巴通阶（Bathonian）至卡洛维阶（Callovian）大致相当。

表 3.2　中国非海相侏罗系与国际海相侏罗系年代地层系统（阶）对比

系（纪）	统（世）	国际地层表	阶（期）中国地层表（2001）	年代/Ma
侏罗系（纪）J	上（晚）侏罗统（世）J_3	Tithonian	大北沟阶（期）J_3^3	137
		Kimmeridgian	待建	
		Oxfordian	土城子阶（期）J_3^1	
	中侏罗统（世）J_2	Callovian（卡洛维阶）Bathonian（巴通阶）	头屯河阶（期）J_2^2	
		Bajocian Aalenian	西山窑阶（期）J_2^1	
	下（早）侏罗统（世）J_1	Toarcian（托阿尔期）Pliensbachian（普林斯巴赫阶）	三工河阶（期）J_1^2	
		Sinemurian（西涅缪尔阶）	八道湾阶（期）J_1^1	205
		Hettangian（赫塘阶）		

2. 西山窑阶（J_2^1）

阶名称源于岩石地层单位西山窑组，层型剖面位于乌鲁木齐市以西的西山窑一带。西山窑阶的底界生物标志因目前研究程度不够尚未确定，但本阶的岩石组合中含较丰富的植物化石组合和双壳类化石。植物化石有 *Coniopteris hymenophylloides*，*C. tatungensis*，*Equisetites ferganensis*，*Podozamites lanceolatus*，*Phoenicopsis angustifolia* 及 *Czekanowskia rigida* 等；双壳类有 *Pseudocardinia tuvaensis*，*P. turfanensis*，*Ferganoconcha subcentralis*，*F. sibirica* 和 *Sibireconcha* sp. 等。与西山窑阶大致同期的岩石地层单位有准噶尔盆地的西山窑组，库车盆地的克孜勒努尔组，喀什地区的杨叶组，甘肃兰州和青海民和地区的窑街组下部，柴达木盆地的大煤沟组下部，鄂尔多斯盆地的延安组，山西大同、宁武、静乐地区的大同组，冀北地区的门头沟群，内蒙古阴山地区的召沟组、辽西地区的海房沟组下部等。与国际的对比暂缺。

3. 三工河阶（J_1^2）

阶名源自岩石地层单位三工河组，层型剖面位于新疆阜康县以南的三工河。三工河阶的底界生物识别标志因研究程度不高尚未确定，但阶内的岩石组合中含有较丰富的双壳类、介形虫、叶肢介、昆虫、鱼类及古植物、孢粉和藻类等化石。常见的古植物化石有 *Neocalamites carrerei*，*Cladophlebis gigantea*，*Todites denticulatus*，*T. williamsoni*，*Sphenopteris* sp.，*Phoenicopsis*，*Phlebopteris brauni*，*Elatocladus* sp.，*Podozamites lanceolatus*，*Equisetites multtidentatus*，*Ginkgoites hermelini*，*Sphenobaiera longifolia* 等；双壳类化石有 *Ferganoconcha tomiensis*，*F. subcentralis*，*Sibireconcha anodontoides*，*S. jenisseienisis*，*Tutuella* cf. *chalovi*，*T.* cf. *trapezoidalis*，*Unio* sp.，*Cuneopsis* aff. *johannisboehmi* 和 *Magaritifera* sp. 等。与三工河阶大致同期的岩石地层单位有准噶尔盆地的三工河组、库车盆地的阳霞组、喀什地区的康苏组、甘肃兰州和青海民和地区的大西沟组上部、柴达木盆地的小煤沟组上部、鄂尔多斯盆地的富县组、山西大同地区的永定庄组、冀北地区的南大岭组、辽西地区的北票组等。本阶大致相当于国际地层表中的普林斯巴赫阶（Pliensbachian）。

4. 八道湾阶（J$_1^1$）

阶名源自岩石地层单位八道湾组，层型剖面位于乌鲁木齐市以北的八道湾。八道湾阶底界的生物识别标志由于研究程度不高尚未确定，但阶内含有较丰富的植物化石和双壳类化石。植物化石常见的有 *Coniopteris hymenophylloides*，*Cladophlebis gigantea*，*Phoenenicopsis speciosa*，*Podozamites lanceolatus* 等；双壳类有 *Ferganoconcha subcentralis*，*F. tomiensis*，*Sibireconcha jenisseiensis*，*Cuneopsis johannisboehmi*，*Unio khomentowski*，*U. shuixigouensis* 等。与八道湾阶大致同期的岩石地层单位有准噶尔盆地的八道湾组、库车盆地的阿合组、喀什地区的莎里塔什组、甘肃兰州和青海民和地区的大西沟组下部、柴达木盆地的小煤沟组下部、冀北地区的杏石口组、辽西地区的兴隆沟组等。本阶与国际地层表中的赫塘阶（Hettangian）至西涅缪尔阶（Sinemurian）大致相当。

综上所述，吐哈盆地侏罗系岩石地层单位的年代属性可沿用以准噶尔盆地侏罗系岩石地层单位为单位层型而建立的分阶系统，但由于陆相含煤岩系的特点，侏罗系下、中、上统之间的顶底界线尚难与国际海相侏罗系直接对比，年代属性的确定仅依靠化石植物群、孢粉和双壳类的区域分布特征大致推定。

三、三塘湖盆地侏罗系岩石地层

侏罗纪含煤地层是三塘湖盆地发育最全、分布最广的沉积盖层，岩性主要为砂砾岩、砂岩、泥岩及煤层；地表零星出露于盆地西北段库木苏凹陷、东段马朗凹陷-淖毛湖凹陷北部及石头梅凸起南部；与下伏地层平行不整合接触，与上覆地层整合接触。侏罗系分为水西沟群［J$_{1-2}$sh，包括八道湾组（J$_1$b）、三工河组（J$_1$s）和西山窑组（J$_2$x）］、艾尔维沟群［又称石树沟群（J$_{2-3}$sh），包括头屯河组（J$_2$t）和齐古组（J$_3$q）］。三塘湖盆地侏罗系一般可与吐哈盆地的下侏罗统八道湾组和三工河组、中侏罗统西山窑组和头屯河组（三间房组）对比。三塘湖盆地条湖凹陷和马朗凹陷侏罗系含煤地层柱状图如图3.4和图3.5所示；三塘湖盆地八道湾组、西山窑组厚度分布如图3.6和图3.7所示；盆地各构造单元的八道湾组、西山窑组厚度对比如图3.8和图3.9所示。

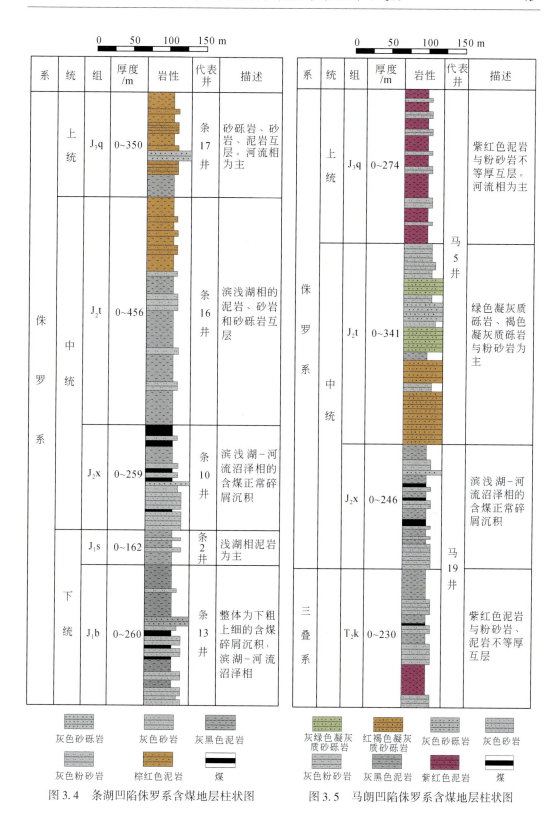

图 3.4　条湖凹陷侏罗系含煤地层柱状图　　　图 3.5　马朗凹陷侏罗系含煤地层柱状图

图3.6　三塘湖盆地八道湾组残余厚度分布图

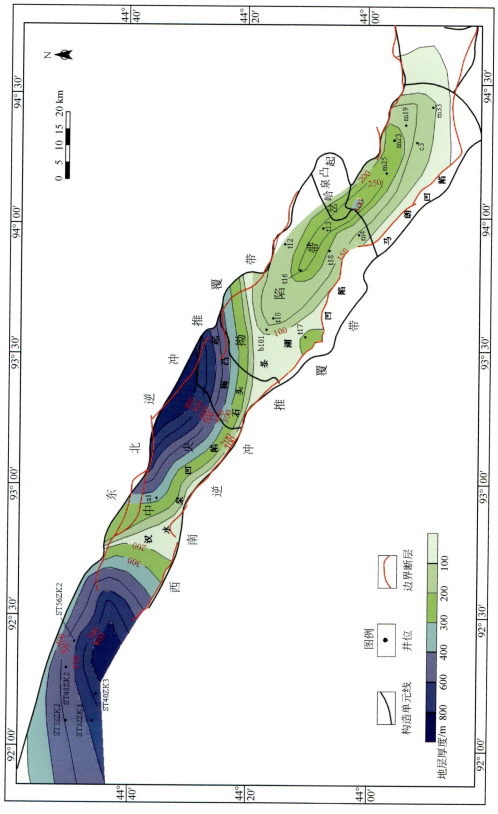

图 3.7 三塘湖盆地西山窑组残余厚度分布图

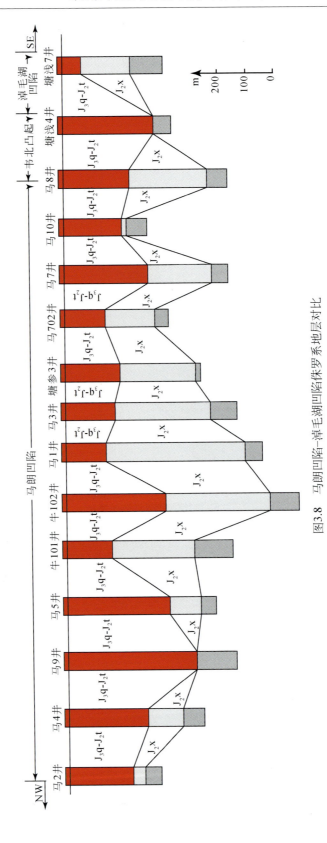

图3.8　马朗凹陷-淖毛湖凹陷侏罗系地层对比

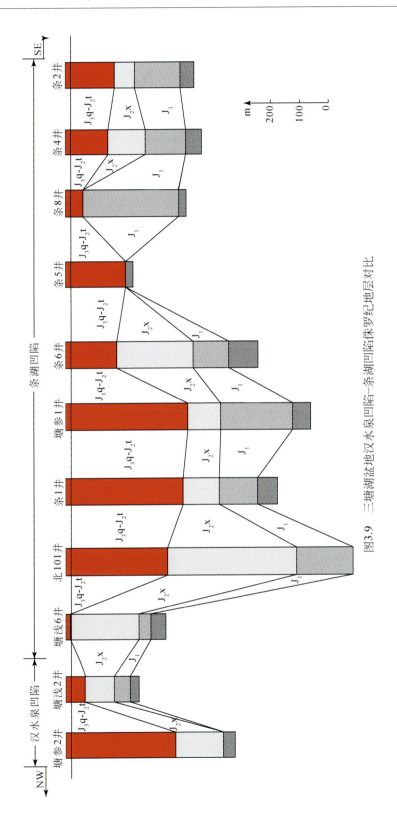

图3.9　三塘湖盆地汉水泉凹陷－条湖凹陷侏罗纪地层对比

（一）八道湾组

八道湾组地层在地表未出露，钻孔资料揭示八道湾组总体为一套河湖沼泽相含煤沉积，下部主要为河流相灰白色砂砾岩、粗砂岩夹粉砂岩、泥岩；上部岩性为河流相及沼泽相灰、灰黑色粗砂岩、中砂岩、厚煤层夹粉砂岩、泥岩。八道湾组在马朗凹陷一带底部以较稳定灰白色砾岩层与下伏中上三叠统小泉沟群整合接触，在凸起处往往超覆于石炭系、二叠系之上。

由本研究依据地震资料反演的三塘湖盆地岔哈泉凸起以西地区的八道湾组厚度分布图可知（图3.6），八道湾组主要分布在条湖凹陷、汉水泉凹陷以及石头梅凸起；其中汉水泉凹陷西部最大厚度约400 m，条湖凹陷最大厚度约300 m，其他地区缺失八道湾组地层。

（二）三工河组

三工河组在地表未出露，该组主要为湖相灰绿、黄绿色、灰色细砂岩、粉砂岩、泥岩、碳质泥岩，局部夹煤线或薄煤层，常见水平纹理及微波状层理；底部多以灰绿色、灰白色中粗砂岩、砂砾岩、砾岩与下伏八道湾组整合接触。钻孔揭穿地层最大厚度292 m，由西向东，地层厚度逐渐变薄，薄煤层或煤线渐少。该组含煤1~14层，总厚0.35~13.9 m，平均2.3 m。

（三）西山窑组

西山窑组零星出露于三塘湖盆地西段的库木苏凹陷、中段的石头梅凸起南部、东段的马朗凹陷-淖毛湖北部。西山窑组上部为河湖相黄绿、灰绿、灰色砂砾岩、中粗砂岩、细砂岩夹粉砂岩、泥岩，局部可采煤层、薄煤层、煤线及菱铁矿薄层。下部主要为湖沼相灰色、灰黑色中细砂岩、粉砂岩、泥岩夹粗砂岩、砾岩。底部以较稳定的灰白色粗砂岩、砾岩层与下伏三工河组整合接触。

由本研究依据地震资料反演的三塘湖盆地西山窑组厚度分布图可知（图3.7），西山窑组主要分布在汉水泉凹陷、条湖凹陷、马朗凹陷、石头梅凸起和岔哈泉凸起；其中，马朗凹陷最大厚度约800 m，汉水泉凹陷最大厚度约800 m，条湖凹陷最大厚度约100 m。据钻孔资料，钻孔揭露西山窑组最大厚度833 m，凹陷部位厚度较大，一般在700 m以上，凸起部位厚度多在300 m以下。

（四）头屯河组

头屯河组地表零星出露于三塘湖盆地西段的汉水泉凹陷北部、东段的马朗凹陷-淖毛湖凹陷北部。头屯河组为一套河湖相杂色碎屑岩，岩性主要为灰绿、红褐色细砂岩、粉砂岩、砂质泥岩夹砾岩、碳质泥岩，底部多以砾岩、粗砂岩与下伏西山窑组整合接触。汉水泉钻孔揭露地层厚度最大，为 745 m，一般为 200~500 m，总体呈西厚东薄特点。

（五）齐　古　组

齐古组与下伏中侏罗统头屯河组为整合接触，该组在条湖凹陷较厚，条 1 井最厚为 187 m；在马朗凹陷马 5 井、牛 102 井一带较厚，向周围减薄，马 9 井最薄，23 m。方方梁凸起塘浅 4 井较厚，163 m。上、中部为棕灰色、紫红色、灰色、灰绿色粉砂质泥岩、泥岩与灰色粉砂岩不等厚互层，夹砂岩、含砾砂岩、砾岩；下部为暗褐色、棕红色、灰绿色泥岩、粉砂质泥岩与泥质粉砂岩、粉砂岩不等厚互层。

四、三塘湖盆地侏罗系生物地层

三塘湖盆地侏罗纪地层中含有丰富的中下侏罗统植物化石和孢粉，对侏罗系孢粉样品分析表明（表 3.3），孢粉以蕨类桫椤孢、裸子类云杉以及苏铁类含量较高，而反映干旱环境的凤尾蕨及麻黄含量较少；孢粉中出现侏罗系特征分子 *Cyathidites*，自下而上含量逐渐增大，到西山窑组达到最大，表明侏罗纪沉积时期三塘湖盆总体处于较温热的亚热带气候，具有从早侏罗世温暖潮湿向晚侏罗世半干旱–干旱转化的特征。下面简要叙述侏罗纪含煤地层孢粉化石。

表 3.3　三塘湖盆地侏罗系孢粉种属含量

地　层	孢粉百分含量/%		
	桫椤孢	云杉粉	苏铁粉
石树沟群	14~53	4~7	0~12
西山窑组	12~65	3~26	2~18
三工河组	3~34	3~22	2~25
八道湾组	3~31	5~20	0~14

（一）八　道　湾　组

八道湾组的孢粉主要有：*Junggaresporites*，*Cyathidites*，*Dictyophyllidites*，*Deltoidospora*，*Todisporites*，*Undulatisporites*，*Sereisporites*，*Osmundacidites*，*Baculatisporites*，*Klukisporites*，*Densoisporites*，*Lycopodiumsporites*，*Asseretospora*，*Taeniaesporites*，*Pseudopinus*，*Protopinus*，*Pinuspollenites*，*Piceaepollenites*，*Piceites*，*Pseudopicea*，*Podocarpidites*，*Chasmatosporites*，*Quadraeculina*，*Perinopollenites*，*Cycadopites*，*Classopollis*。其中紫萁孢 *Osmundacidites* 含量最高（13.5%~41.3%，平均 27.4%），其次为桫椤孢 *Cyathidites*（4.0%~24.5%，平均 14.3%）；此外，还含有一定量的单沟类花粉和松柏类双气囊粉，单沟类花粉以苏

铁粉 *Cycadopites*（3.0%～4.0%）和宽沟粉 *Chasmatosporites*（0～3.0%）为主，双气囊科花粉以云杉粉 *Piceaepollenites*（4.0%～36.0%）和双束松粉 *Pinuspollenites*（1.0%～4.0%）为主，并见有原始松粉 *Protopinus*、假云杉粉 *Pseudopicea*、罗汉松粉 *Podocarpidites* 和四字粉 *Quadraeculina* 等古老松柏类分子。可确定为 *Osmundacidites-Cyathidites*-松柏类双气囊花粉组合，时代为早侏罗世。

（二）三工河组

黄嫔（2001）对三工河组的孢粉分析表明，孢粉组合由蕨类植物孢子、裸子植物花粉以及疑源类组成，共 50 属 98 种，其中蕨类植物孢子 17 属 26 种（12.6%～51.9%），裸子植物花粉 28 属 67 种（48%～80.2%），疑源类化石 5 属 5 种及一个未定类型（0～30.3%），构成了 *Osmundacidites-Piceites-Pinuspollenites-Quadraeculina* 孢粉组合。主要的蕨类植物孢粉有：*Concavisporites*，*Cyathidites*，*Dictyophyllidites*，*Cibotiumspora*，*Deltoidospora*，*Todisporites*，*Undulatisporites*，*Osmundacidites*，*Baculatisporites*，*Klukisporites*，*Lycopodiumsporites*，*Densoisporites*，*Cerebropollenites*，*Pseudopinus*，*Protopinus*，*Pinuspollenites*，*Piceaepollenites*，*Piceites*，*Pseudopicea*，*Podocarpidites*，*Chasmatosporites*，*Quadraeculina*，*Perinopollenites*，*Classopollis*；其中 *Cyathidites*（桫椤孢）含量最高（35.0%～31.5%），其次为 *Dictyophyllidites*（网叶蕨孢）（3.0%～6.5%）。裸子植物松柏类双气囊粉以 *Piceae-pollenites*（云杉粉，1.5%～18.0%）和 *Pinuspollenites*（双束松粉，0～1.0%）为主，还见有 *Protopinus*（原始松粉）、*Pseudopicea*（假云杉粉）、*Podocarpidites*（罗汉松粉）和 *Quadraeculina*（四字粉）等古老松柏类分子，可确定为 *Cyathidites-Dictyophyllidites*-松柏类双气囊花粉组合，该组合的孢粉普遍为侏罗纪常见分子，组合中的 *Dictyophyllidites* 属是我国南方晚三叠世至早侏罗世植物群的典型分子，组合中含有通常始现于侏罗纪的 *Klukisporites* 分子。因此，该孢粉组合可与准噶尔盆地三工河组孢粉组合对比，其时代应归为早侏罗世晚期。

（三）西山窑组

黄嫔（2003）对西山窑组主采煤层底板孢粉分析表明，其孢粉组合由蕨类植物孢子和裸子植物花粉组成，共 38 属 70 种，其中蕨类植物孢子 13 属 18 种，裸子植物花粉 25 属 52 种；裸子植物花粉的含量占绝对优势（79.8%），蕨类植物孢子含量较少（20.2%），未见被子植物花粉和疑源类化石，构成了以 *Osmundacidites-Quadraeculina-Perinopollenites* 为代表的孢粉组合，反映了中侏罗世早期的性质。主要的蕨类植物孢粉有：*Concavisporites*，*Cyathidites*，*Dictyophyllidites*，*Todisporites*，*Undulatisporites*，*Osmundacidites*，*Converrucosisporites*，*Neoraistrickia*，*Lycopodiumsporites*，*Asseretospora*，*Crassitudisporites*，*Cerebropollenites*，*Pseudopinus*，*Protopinus*，*Piceaepollenites*，*Piceites*，*Pseudopicea*，*Podocarpidites*，*Quadraeculina*，*Perinopollenites*，*Classopollis*；上述孢粉显示为 *Cyathidites*（桫椤孢）-*Neoraistrickia*（新叉瘤孢）-*Quadraeculina*（四字粉）组合，其中 *Neoraistrickia* 属主要分

布于中、晚侏罗世，特别是中侏罗世。裸子植物花粉以 *Quadraeculina* 为最多，该属虽然从三叠纪至早白垩世均有分布，但在中侏罗世相对发育；次为 *Piceaepollenites*，该属虽分布于侏罗纪—白垩纪地层，但主要见于侏罗纪地层，我国主要见于下、中侏罗统。总之，该组合的时代归于中侏罗世早期为宜，与世界各地同期地层的孢粉组合均可对比。

（四）头 屯 河 组

黄嫔（2002）研究表明，头屯河组的孢粉化石为 *Cyathidites-Classopollis-Concavissimisporites* 组合，孢粉组合以高含量的 *Cyathidites* 和 *Classopollis* 为特征，并见海金沙科孢子；主要化石有：*Biretisporites*，*Concavisporites*，*Cyathidites*，*Calamospora*，*Dictyophyllidites*，*Cibotiumspora*，*Todisporites*，*Undulatisporites*，*Osmundacidites*，*Gabonisporites*，*Converrucosisporites*，*Neoraistrickia*，*Concavissimisporites*，*Impardicispora*，*Crassitudisporites*，*Lycopodiumsporites*，*Cerebropollenites Pseudopinus*，*Pinuspollenites*，*Piceaepollenites*，*Piceites*，*Podocarpidites*，*Chasmatosporites*，*Quadraeculina*，*Perinopollenites*，*Classopollis*。高含量的 *Cyathidites* 属是中侏罗世孢粉组合的重要标志之一；*Classopollis* 属主要是早、中侏罗世的分子，中侏罗世晚期较中侏罗世早期多；白垩纪的先驱分子 *Concavissimisporites* 属在该孢粉组合中的出现进一步说明头屯河组孢粉组合的时代为中侏罗世晚期。

（五）齐 古 组

黄嫔和徐晓山（2004）对条湖凹陷齐古组孢粉的分析表明，该组孢粉由蕨类植物孢子和裸子植物花粉组成，共计53属130种，其中蕨类植物孢子24属40种，裸子植物花粉29属90种，组合以高含量 *Classopollis*、丰富的松柏类花粉及少量早白垩世分子为特征。裸子植物花粉占绝对优势（72%～91%），蕨类植物孢子含量少（9.0%～28%），表明齐古组孢粉以侏罗纪常见类型为主，*Lassopollis* 含量很高，时代为晚侏罗世，可与陕甘宁盆地安定组、辽西北票土城子组下段、长江三峡地区蓬莱镇组等晚侏罗世孢粉组合对比。

综上所述，三塘湖盆地侏罗纪八道湾组和三工河组的孢粉组合分别为 *Osmundacidites-Cyathidites*-松柏类双气囊花粉组合、*Cyathidites-Dictyophyllidites*-松柏类双气囊花粉组合。早侏罗世八道湾期和三工河期，气候温暖潮湿，植物发育，此时期孢粉相当普遍，主要包括 *Cyathidites*，*Leiotriletes*，*Cycadopites*，*Podocarpidites*，*Piceaepollenites*，*Protoconiferus*，*Chasmatosporites*，*Cyatlleaceae*，*Osmundacidites*，*Dictyophyllidites*，*Piceites* 和 *Pinuspouenites*。中侏罗统西山窑组的孢粉组合为 *Cyathidites-Neoraistrickia-Quadraeculina* 组合，主要包括三角形孢粉 *Cyathidites*，*Alsophilidites*，*Neoraitrickia*，*Abietineaepollenites*，*Piceaepollenites*，*Chasmatosporites*，*Leiotriletes*，*Pinuspollenites*，*Podocarpidites*，*Cycadopites*，*Quadraeculina*，*Classopollis*，*Callialasporites*。中侏罗统头屯河组孢粉组合为 *Cyathidites-Classopollis-Concavissimisporites* 组合；该组岩性以红、灰颜色相间沉积组合为特征，岩性

的上述变化表明古气候开始由温暖潮湿向干旱-半干旱转变。晚侏罗世齐古组孢粉组合为 *Classopollis*（高含量）-松柏类花粉-少量早白垩世分子组合，气候为干旱-半干旱气候，地层岩性由灰色、浅灰色变化到褐色、棕红色。

五、巴里坤盆地侏罗系岩石地层

（一）八 道 湾 组

下侏罗统八道湾组为巴里坤盆地的主要含煤地层，为一套河湖相含煤碎屑岩建造，由多个沉积旋回构成。岩性以灰色粉砂岩、泥岩为主，偶夹中、粗砂岩及砂砾岩层，底部以一层含砾中砂岩与下伏中上三叠统小泉沟群整合接触，与上覆的三工河组呈整合接触，厚 370～680 m，钻探控制 4.72～70 m，平均 50.3 m。煤层位于八道湾组中上部，厚 0.23～6.9 m，平均 3.3 m，可采厚度 2.2～6.9 m，平均 3.7 m。该组按岩性组合和含煤特征，在西部的纸房一带可分为上、中、下三段，在中东部的段家地-石炭窑一带可分为上下两段。

纸房凹陷：下段主要岩性为灰色粉砂岩、细砂岩、砂质泥岩，具水平层理和微波状层理，含植物化石碎片，夹菱铁矿透镜体，底部含 3 层煤，其中 2 层全区可采；地层厚 106 m。中段为淡黄色至灰色粉砂岩、砂质泥岩、细砂岩、黑色的碳质泥岩，共含 4 层煤；地层厚 90～170 m。上段为主要含煤段，岩性为灰色、深灰色、灰白色粗砂岩、中砂岩、细砂岩与泥质粉砂岩，粉砂质泥岩互层夹含碳泥岩，煤层、泥岩、粉砂岩中可见水平层理，含植物化石碎片，含煤 9 层，大部分为可采煤层，地层厚 90～130 m。

段家地凹陷-石炭窑凹陷：下段为含煤段，岩性以灰色、深灰色粉砂岩、泥岩为主，夹灰白色中、粗砂岩及砂砾岩，含煤 3 层，可采煤层 1 层，地层厚 109 m。上段不含煤，为一套河流相粗碎屑岩沉积，以灰白色中、粗砂岩、砂砾岩为主，夹有灰色薄层泥岩，厚 288 m。

（二）三 工 河 组

三工河组主要分布于石炭窑地区，此外在巴里坤盆地西北角的丘陵低山有出露。该组为一套河流-河漫滩相粗碎屑岩沉积，岩性为灰色、灰白色粗砂岩、细砂岩、粉砂岩互层，夹薄层泥岩，厚 243 m。钻探控制的地层厚度为 205～326 m，平均 235 m，与下伏八道湾组整合接触。

（三）西 山 窑 组

西山窑组隐伏于地表之下的广大地区，为一套河流相碎屑沉积，岩性为灰色、灰白色、深灰色砾岩、粗粒砂岩、粉砂岩、细砂岩互层夹薄层泥岩，碳质泥岩，未见煤层。钻探控制地层厚度为 35.5～495 m，平均 245 m，与下伏地层整合接触。

第二节　东疆主要含煤盆地侏罗纪古气候

东疆盆地侏罗纪含煤地层中含有丰富的植物大化石和孢子花粉，据此可推测含煤地层形成时的古气候。

早侏罗世八道湾期：该期吐哈盆地的 *Cyathidites-Dictyophyllidites-Cycadopites*（CDC）孢粉组合带以及三塘湖盆地的 *Osmundacidites-Cyathidites*-松柏类双气囊花粉组合反映八道湾期裸子植物一般多于蕨类植物的植物群面貌。当时在湖泊或沼泽边缘上主要生长着桫椤科树蕨植物，其间还有双扇蕨科、蚌壳蕨科、紫萁科、石松科、卷柏科等植物生长。在高山和斜坡地带，长着茂密的松柏纲乔木、灌木森林植被，其中以松科植物占优势，伴生罗汉松科和少量的掌鳞杉科植物，其间还有银杏纲、苏铁纲及本内苏铁纲植物混生；林下则有双扇蕨科、蚌壳蕨科、紫萁科、卷柏科及石松科等植物生长。上述植物中，松科、银杏纲植物多分布在温带；桫椤科、双扇蕨科、蚌壳蕨科、紫萁科、石松科、卷柏科植物大多生长于亚热带和热带气候条件下，反映温暖潮湿的气候特征。由此可见，该孢粉组合反映古气候为温暖、湿润的亚热带型气候，温暖湿润气候为茂盛植被的发育和煤层的形成提供了有利条件。

早侏罗世三工河期：该期吐哈盆地 *Cyathidites-Cycadopites-Quadraeculina/Classopollis*（CCQ/C）孢粉组合以及三塘湖盆地的 *Cyathidites-Dictyophyllidites*-松柏类双气囊花粉组合反映的植物群面貌与八道湾期大体上相同，仍以裸子植物占优势。在湖沼低洼平地上，生长着更加茂盛的桫椤科树蕨植物，双扇蕨科有所减少，还延存有蚌壳蕨科、紫萁科、卷柏科及石松科等植物；斜坡及高山地带主要生长着松柏纲乔木及灌木森林，这与普林斯巴赫期的植被面貌基本一致，所不同的是，托阿尔期的掌鳞杉科植物大量出现，因而其古气候特征与八道湾期大体一致，为温暖潮湿亚热带型气候。

中侏罗世西山窑期：该期吐哈盆地的 *Cyathidites minor-Neoraistrickia-Piceaepollenites*（CNP）孢粉组合以及三塘湖地区的 *Cyathidites-Neoraistrickia-Quadraeculina* 孢粉组合反映的植物群面貌是蕨类植物增长较快，达到或超过了裸子植物。当时在沼泽边缘的平地上生长着十分茂盛的桫椤科树蕨植物，卷柏科、石松科植物较以前显著增加；同时仍有双扇蕨科、蚌壳蕨科、紫萁科等植物伴生其间。斜坡及高山地带继续生长着茂盛的松柏纲乔、灌木森林植被，银杏、苏铁及本内苏铁植物及上述蕨类植物也混生其间及林下。这一植被基本上是早侏罗世三工河期的延续，所不同的是，掌鳞杉科植物大大减少，而桫椤科植物特别繁盛，卷柏、石松科数量明显增加，其他蕨类植物和裸子植物中大多数仍是亚热带、热带气候带的分子。因此，中侏罗世西山窑期仍然为温暖潮湿的气候特征，为植物的繁茂及成煤提供了有利条件。

中侏罗世头屯河期：该期吐哈盆地的 *Cyathidites-Callialasporites-Classopollis*（CCC）组合以及三塘湖地区的 *Cyathidites-Classopollis-Concavissimisporites* 孢粉组合所反映的植物群面貌与西山窑期基本一致，其差异是，①裸子植物开始增加，并占优势；②卷柏、石松科植物比阿林–巴柔期有所减少；③高山地带分布的掌鳞杉科产植物开始回升并增加。因此，头屯河期孢粉植物群与西山窑期孢粉植物群反映的古气候也应大体一致，

但头屯河组掌鳞杉科植物开始增加，似银杏植物大化石角质层的气孔已经明显变小
（图3.10），说明当时气候的湿润程度有所减弱，逐渐向干旱的趋势发展，并且出现了
在这种条件下形成的红色岩系，气候条件已经不利于煤的形成。

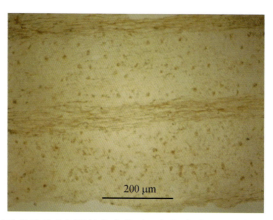

图3.10　吐哈盆地头屯河组植物大化石（似银杏类）原位角质层气孔特征

晚侏罗世齐古期：该期地层发育红色碎屑岩系以及高含量的 *Classopollis*、丰富的松
柏类花粉表明当时气候已呈明显干旱气候的特征。

第四章　东疆主要含煤盆地含煤地层沉积学

第一节　吐哈盆地含煤地层沉积学

一、含煤岩系岩矿特征

吐哈盆地早、中侏罗世含煤岩系主要由碎屑岩和煤层组成，仅局部地区三工河组湖相泥岩中夹有一至数厘米厚的叠锥灰岩（吐哈石油勘探开发会战指挥部、中国矿业大学北京研究生部，1997）。碎屑岩以泥岩为主，其次为粉砂岩和砂岩，再次为中、细砂岩；粗砂岩较少，砾岩多发育在八道湾组底部。本研究对砂岩的矿物组成进行了 X 射线衍射定量分析（表4.1），同时进行了薄片观察（图4.1—图4.17）。

表 4.1　吐哈含煤盆地侏罗系岩石样品 X 射线衍射定量分析结果　　　单位:%

样品编号	10-KEJ2-05-X1	10-KEJ2-20-X2	10-KEJ2-25-X3	10-KEJ2-93-X4	10-KEJ2-93-X5	10-KEJ2-97-X6	10-QQH1-05-X1	10-QQH1-20-X2	10-QQH1-33-X3	10-QQH1-36-X4
产地	克尔碱	克尔碱	克尔碱	克尔碱	克尔碱	克尔碱	七泉湖	七泉湖	七泉湖	七泉湖
组段	八道湾组	三工河组	三工河组	西山窑组	西山窑组	西山窑组	西山窑组	西山窑组	八道湾组	八道湾组
岩性	长石杂砂岩	长石杂砂岩	砂岩	粉砂岩	长石杂砂岩	砂岩	砂岩	砂岩	砂岩	砂岩
石英	74.0	49.0	71.0	46.0	49.2	40.3	82.0	66.6	51.2	71.4
斜长石	3.6	16.3	10.5	21.9	23.0	24.5	0.70	14.4	16.8	9.6
钾长石	2.6	8.9	10.3	7.00	15.6	11.6	2.10	9.00	9.40	12.0
方解石	10.2	15.3	0.6	0.50	0.60	12.0	6.20		13.6	0.50
铁白云石	0.6	0.5	0.6	0.60	0.60	0.6		1.5		0.50
赤铁矿								0.5		
蒙脱石		2.0							1.0	
伊利石	4.0	2.0	2.0	9.0	6.0	5.0	2.0	3.0		2.0
伊/蒙混层										
绿泥石				12.0	5.0	6.0				
高岭石	5.0	6.0	5.0	3.0			7.0	5.0	5.0	4.0
高岭石和绿泥石占黏土矿物总量的百分比										
	56	60	71	63	45	55	78	63	56	67
伊利石、蒙脱石、伊/蒙混层矿物占黏土矿物总量的百分比										
	44	40	29	38	55	45	22	38	44	33

续表

样品编号	10-QKT-X1	10-QKT-X2	10-QKT-X3	10-QKT-X4	10-QKT-X5	10-QKT-X6	10-QKT-X7	10-QKT-X8	10-QKT-X9	10-QKT-X10
产地	七克台	七克台	七克台	七克台	七克台	七克台	七克台	七克台	七克台	七克台
组段	西山窑组	西山窑组	西山窑组	西山窑组	西山窑组	西山窑组	西山窑组	西山窑组	西山窑组	三工河组
岩性	粉砂岩	砂岩	砂岩	砂岩	粉砂岩	砂岩	长石砂岩	砂岩	砂岩	砂岩
石英	53.0	53.2	60.4	47.5	50.5	55.2	46.1	53.5	47.4	65.3
斜长石	25.0	19.9	20.6	20.3	26.0	26.0	20.3	23.9	18.8	17.5
钾长石	7.5	9.3	11.5	11.6	9.8	10.3	9.7	11.9	10.3	9.0
方解石	0.6		0.4	16.0	0.6		16.4	2.3	15.7	0.8
铁白云石	0.4	0.6	0.6	0.6	0.6	0.5	0.5	0.4	0.6	0.4
赤铁矿			1.0		0.5	0.5				
硬石膏	0.5	12.5	0.5			0.5				
蒙脱石	2.0			1.0						
伊利石	2.0	1.5	1.0	1.0				2.0		
伊/蒙混层					5.0	3.0	3.0		3.0	1.0
绿泥石	4.0	1.0	2.0		3.0					
高岭石	5.0	2.0	2.0	2.0	4.0	4.0	4.0	6.0	4.0	6.0
高岭石和绿泥石占黏土矿物总量的百分比										
	69	67	80	50	58	57	57	75	57	86
伊利石、蒙脱石、伊/蒙混层矿物占黏土矿物总量的百分比										
	31	33	20	50	42	43	43	25	43	14

样品编号	10-QKT-X11	10-QKT-X12	10-LMQ-X1	10-LMQ-X2	10-LMQ-X3	10-KKY-X1	10-HSK-X1	10-HSK-X2	10-DNH-X1	10-DNH-X2	10-DNH-X3
产地	七克台	七克台	连木沁	连木沁	连木沁	柯柯亚	红山口	红山口	大南湖	大南湖	大南湖
组段	三工河组	三叠纪顶部	J_3h	J_3h	J_3h						
岩性	砂岩	长石砂岩	细砂岩	砂岩	砂岩	砂岩	长石杂砂岩	砂岩	砂岩	砂岩	砂岩
石英	56.7	39.2	55.4	60.6	34.2	49.5	56.6	71.6	43.5	51.5	67.5
斜长石	25.0	18.3	24.3	23.7	33.2	37.0	24.0	14.3	13.5	3.6	
钾长石	10.0	6.4	7.5	7.9	8.0	6.5	12.3	8.0	11.0	3.3	3.5
方解石	0.8	23.6	0.4	0.4	14.8	0.5	0.5	0.3	25.5	34.4	
铁白云石	0.5	0.5	0.4	0.4	0.3	0.5	0.6	0.3	0.5	0.7	
赤铁矿		10			0.5					1.5	
方沸石					2.0						
浊沸石								1.5			
蒙脱石	2	1.0	2.0		2.0	2.0				1.0	
伊利石		3.0	3.0	3.0	2.0	2.0	2.0	2.0	2.0	1.0	5.0
伊/蒙混层											
绿泥石			2.0		3.0	2.0	4.0	2.0			
高岭石	5	7.0	5.0	4.0					4.0	3.0	24.0
高岭石和绿泥石占黏土矿物总量的百分比											
	71	64	58	57	43	33	67	50	67	60	83
伊利石、蒙脱石、伊/蒙混层矿物占黏土矿物总量的百分比											
	29	36	42	43	57	67	33	50	33	40	17

图 4.1　克尔碱八道湾组的粗中粒岩屑砂岩

左图为单偏光，右图为正交偏光；a、b. 方解石胶结交代碎屑颗粒；c、d. 窄而连续石英次生加大边

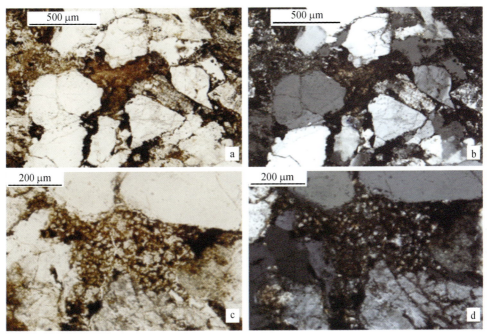

图 4.2　克尔碱三工河组的粗中粒长石岩屑砂岩

左图为单偏光，右图为正交偏光；a、b. 泥岩岩屑呈假杂基状；c、d. 高岭石晶间孔中有机质

图4.3 克尔碱西山窑组的中细粒长石岩屑砂岩

a. 单偏光，b. 正交偏光；窄而连续的石英次生加大边

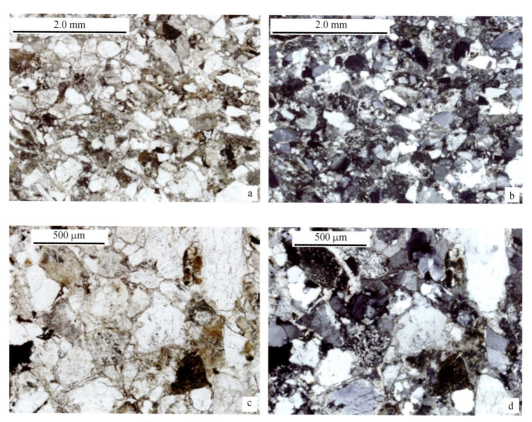

图4.4 克尔碱西山窑组的粗中粒长石岩屑砂岩

左图为单偏光，右图为正交偏光；a、b. 颗粒排列具定向性；c、d. 方解石胶结交代碎屑颗粒，嵌晶结构

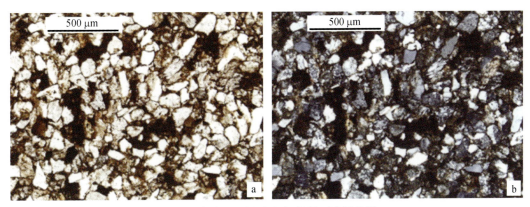

图 4.5　柯柯亚西山窑组细粒长石岩屑砂岩

a. 单偏光，b. 正交偏光；黏土矿物被有机质浸染，充填粒间

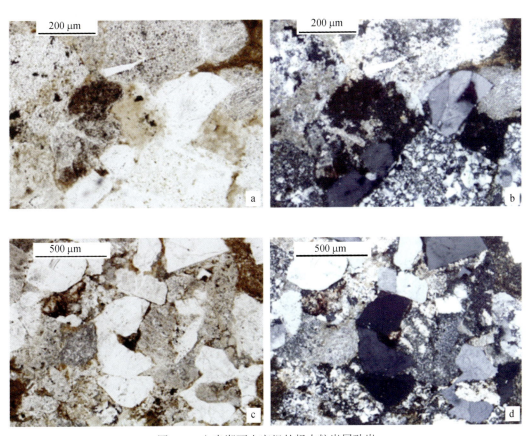

图 4.6　七泉湖西山窑组的粗中粒岩屑砂岩

左图为单偏光，右图为正交偏光；a、b. 蠕虫状高岭石充填粒间；c、d. 方解石普遍胶结交代碎屑颗粒

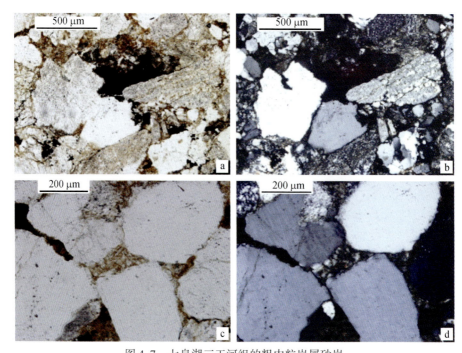

图 4.7　七泉湖三工河组的粗中粒岩屑砂岩

左图为单偏光，右图为正交偏光；a、b. 有机质浸染或充填粒间；c、d. 蠕虫状高岭石有重结晶现象

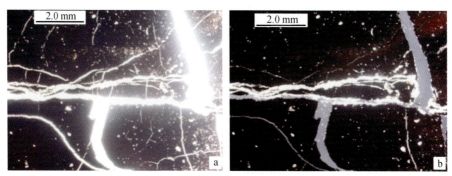

图 4.8　七泉湖三工河组的油页岩

a. 单偏光，b. 正交偏光；裂缝被多期方解石充填

图 4.9　七泉湖八道湾组的含云质粗中粒岩屑砂岩

a. 单偏光，b. 正交偏光；泥晶白云石与黏土混杂，胶结交代碎屑颗粒

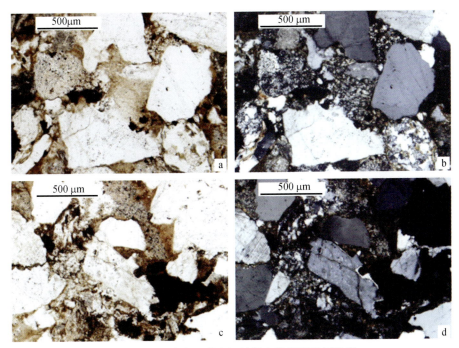

图 4.10 七泉湖八道湾组的粗中粒长石岩屑砂岩

左图为单偏光，右图为正交偏光；a、b. 长石蚀变形成高岭石；c、d. 长石具次生加大现象

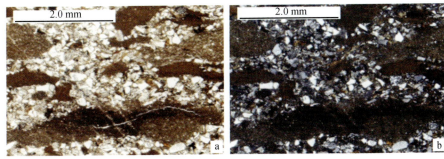

图 4.11 七克台西山窑组的砾状细粒岩屑砂岩

a. 单偏光，b. 正交偏光；泥砾（粒）排列具定向性

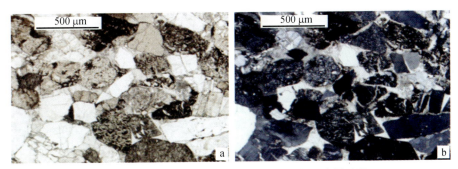

图 4.12 七克台西山窑组的含钙中粗粒长石岩屑砂岩

a. 单偏光，b. 正交偏光；方解石胶结交代碎屑颗粒，嵌晶结构

图 4.13　七克台西山窑组的粗中粒岩屑砂岩

a. 单偏光，b. 正交偏光；a、b 黑云母发生绿泥石化

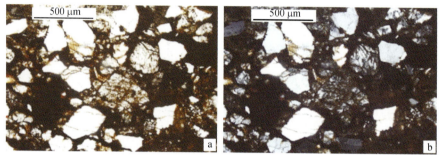

图 4.14　七克台三工河组的细中粒岩屑砂岩

a. 单偏光，b. 正交偏光；石英颗粒表面见裂缝，且被有机质充填

图 4.15　七克台三工河组的砾状不等粒岩屑砂岩

a. 单偏光，b. 正交偏光；砾状不等粒砂状结构，粒间见有机质

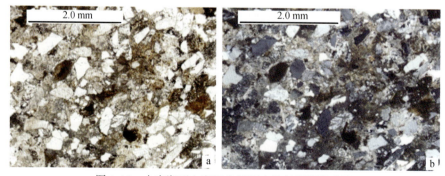

图 4.16　大南湖西山窑组含钙细中粒长石岩屑砂岩

a. 单偏光，b. 正交偏光；碳酸盐溶蚀交代碎屑颗粒普遍

图 4.17　大南湖西山窑组含钙粗中粒长石岩屑砂岩
a. 单偏光，b. 正交偏光；方解石胶结物上部为细晶结构，下部为粉晶结构

（一）砂　岩　特　征

1. 砂岩类型

含煤岩系砂岩类型以岩屑砂岩和长石岩屑砂岩为主，岩屑长石砂岩次之，长石砂岩较少。岩屑颗粒以中、酸性喷出岩，泥岩及低变质岩为主；碎屑的分选中等，磨圆度较差（次棱角—次圆状）。填隙物以泥质杂基为主，碳酸盐胶结物较少。因此，吐哈盆地含煤岩系沉积时物源区较近，沉积速率较大；成岩作用主要为机械压实作用、碳酸盐对碎屑的溶蚀、交代以及胶结作用、有机质胶结作用以及少量黏土矿物、硅质、菱铁矿及绿泥石的胶结作用。

岩屑砂岩分选中等，少部分分选较差，碎屑多为次棱角—次圆状。碎屑含量为 85% ~ 95%，其中石英为 5% ~ 50%，长石占 10% ~ 15%。岩屑以中、酸性喷出岩岩屑为主（10% ~ 40%），其次是花岗岩、泥岩、石英岩、千枚岩和片岩等碎屑（10% ~ 30%），其他岩屑约 5%。填隙物含量 5% ~ 10%，以黏土杂基为主，胶结物 0 ~ 10%，以钙质为主。

长石岩屑砂岩以中砂岩和细砂岩为主，颗粒磨圆度较差，呈次棱角—次圆状，分选中等。碎屑含量为 85% ~ 90%，其中岩屑 25% ~ 60%，石英 5% ~ 50%，长石 15% ~ 35%；岩屑以中、酸性喷出岩及泥岩、花岗岩等为主。填隙物含量 5% ~ 10%，杂基以泥质为主，胶结物含量 0 ~ 40%，以钙质为主。

岩屑长石砂岩多为中砂岩和粗砂岩，碎屑磨圆度较差，呈次棱角—次圆状，分选为中等—较好。碎屑含量为 85% ~ 95%，其中石英 10% ~ 50%、长石 20% ~ 50%，岩屑 10% ~ 30%。填隙物 5% ~ 12%，以泥质杂基为主，胶结物 0 ~ 40%，一般 0 ~ 15%，以钙质为主。

长石砂岩多为中砂岩和粗砂岩，碎屑磨圆度较差，呈次棱角—次圆状，分选中等—较好。碎屑含量为 85% ~ 95%，其中石英 15% ~ 50%、长石 25% ~ 50%，岩屑 10% ~ 20%。填隙物含量 5% ~ 10%，以泥质杂基为主。胶结物 0 ~ 35%，以钙质为主。

2. 砂岩碎屑组成

砂岩中碎屑含量65%~90%，胶结物5%~45%，杂基5%~20%；碎屑组分以岩屑、石英为主，其次为长石，绿泥石及重矿物含量低。

吐哈盆地含煤岩系砂岩的岩屑占20%~90%，一般20%~30%。岩屑以中、酸性喷出岩（15%）、泥岩岩屑（15%）为主，其次为花岗岩岩屑（10%）、凝灰岩岩屑（约5%）、千枚岩岩屑（约5%）；其他岩屑（石英岩岩屑、片麻岩岩屑、燧石岩屑、细砂岩和粉砂岩岩屑、碳酸盐岩岩屑）均小于5%。中性喷出岩岩屑在正交偏光镜下为交织结构或玻基交织结构，常见长石斑晶和条晶的碳酸盐其他化或黏土化、长石晶体间基质的绿泥石化等成岩变化。酸性喷出岩岩屑的基质部分发生了脱玻化作用，具霏细结构和微晶结构，也见具流纹结构的岩屑。可见酸性喷出岩岩屑发生绿泥石化、绢云母化和碳酸盐化等成岩变化。花岗岩岩屑具花岗结构，岩屑中的长石晶粒常被高岭石化、绢云母化、碳酸盐化。千枚岩岩屑在成岩作用中发生了碳酸盐化。片岩岩屑主要为具片理构造、鳞片变晶结构的云母石英片岩，绢云母和白云母呈定向排列，成岩作用中片岩岩屑发生了碳酸盐化。变质石英岩岩屑和片麻岩岩屑分布普遍，主要由石英颗粒组成；变质石英岩岩屑具有粒状变晶结构，石英晶粒具不同程度的波状消光；片麻岩岩屑中的晶粒多呈扁平拉长状，具波状消光。

吐哈盆地八道湾组石英占矿物的51.2%~74%，平均65.5%；三工河组石英占矿物的49%~71%，平均60.5%；西山窑组石英占矿物的40.3%~82%，平均53.6%。大部分石英碎屑源于中、酸性火成岩，不具波状消光，石英内的包裹体少见，个别石英含锆石、电气石或气液包裹休。还可见少量来自火山岩的β石英。石英磨圆度较差，但可见石英颗粒边缘被黏土矿物溶蚀交代，也见石英颗粒边缘甚至颗粒内部被碳酸盐交代。

吐哈盆地含煤岩系砂岩较强的成岩作用使斜长石和钾长石不易区分，XRD定量分析表明斜长石多于钾长石。斜长石以中、酸性斜长石为主，多具聚片双晶，双晶纹较细密；钾长石以正长石为主，一般不具双晶，偶见卡双晶，少量条纹长石和微斜长石。常见斜长石被绢云母化和碳酸盐化，钾长石被高岭石化和碳酸盐化。具体而言，八道湾组斜长石占矿物的3.6%~16.8%，平均10%；三工河组斜长石占矿物10.5%~25%，平均17.3%；西山窑组斜长石占矿物0.7%~26%，平均20.4%。八道湾组钾长石占矿物2.6%~12%，平均8.0%；三工河组钾长石占矿物9.0%~10.3%，平均9.6%；西山窑组钾长石占矿物的2.1%~15.6%，平均9.8%。

砂岩中的其他矿物主要是绿泥石和重矿物，白云母和黑云母含量较少（X射线衍射未检测出）。八道湾组和三工河组中未检测出绿泥石，西山窑组的砂岩中可见绿泥石（1.0%~12%，平均4.71%），并在哈密坳陷分布较多（2%~3%），其他地区仅单个出现，如台北凹陷柯柯亚。砂岩中重矿物含量低，一般小于10%，薄片中所见重矿物有锆石、电气石、磁铁矿等。

3. 砂岩的填隙物组成

砂岩的填隙物以泥质杂基为主，但含量普遍不高。胶结物主要是分布局限的钙质胶结物，有机质、硅质、菱铁矿等胶结物也时有出现。砂岩中杂基含量为5%~10%，杂基大于15%的杂砂岩较少见。泥级杂基多为高岭石和伊利石，蒙脱石较少，粉砂级杂基以石英为主。对吐哈盆地早、中侏罗世含煤岩系的砂岩样品进行的黏土矿物定量分析表明（表4.1），砂岩中黏土矿物主要有高岭石、伊利石、绿泥石、蒙脱石及伊/蒙混层矿物；除连木沁地区侏罗系样品中伊利石、蒙脱石及伊/蒙混层矿物含量占黏土矿物总量大于50%外，其他地区砂岩均以高岭石和绿泥石为主（>50%）。具体而言，八道湾组高岭石占矿物的4.0%~5.0%，平均4.7%；三工河组高岭石占矿物的5.0%~6.0%，平均5.6%；西山窑组高岭石占矿物的2.0%~7.0%，平均5.0%。八道湾组伊利石、蒙脱石以及伊/蒙混层黏土矿物占矿物的2.0%~4.0%，平均3.0%。三工河组伊利石、蒙脱石以及伊/蒙混层黏土矿物占矿物的1.0%~4.0%，平均2.3%；西山窑组伊利石、蒙脱石以及伊/蒙混层黏土矿物占矿物的1.0%~9.0%，平均3.54%。由于重结晶作用，泥级杂基已基本成为正杂基。另外，一些软岩屑因压实而变成假杂基，如粉砂岩、泥岩及中、酸性喷出岩岩屑。

砂岩的胶结物主要为方解石，其次为铁白云石。八道湾组方解石占矿物的0.5%~13.6%，平均8.1%；三工河组方解石占矿物的0.6%~15.3%，平均4.4%；西山窑组方解石占矿物的0.5%~16.4%，平均6.5%。方解石充填孔隙，少部分具世代结构，第一世代为微晶方解石围绕碎屑生长，第二世代为粒状方解石充填剩余粒间孔隙，局部为嵌晶胶结。八道湾组铁白云石占矿物的0.5%~0.6%，平均0.6%；三工河组铁白云石占矿物的0.4%~0.6%，平均0.5%；西山窑组铁白云石占矿物的0~1.5%，平均0.6%。

黏土矿物胶结物主要是呈薄膜或带状的高岭石和伊利石，且仅局部出现。绿泥石胶结物分布有限，主要产于哈密拗陷三道岭剖面中，含量仅约5%。菱铁矿多呈半自形-自形菱形晶体，它交代碎屑边部或充填于孔隙中，含量低。有机质胶结物是凝胶化物质，常常交代碎屑组分或者以碎屑存在。硅质较少，多呈次生加大边、带状或栉壳状，含量少。

（二）黏土矿物含量及沉积环境意义

泥岩中黏土矿物组成特征记录着物源区母岩类型、气候特征、沉积环境、介质条件及成岩历史等特征。一般而言，大多数高岭石是湿热气候下强烈风化的产物，是酸性介质的反映，主要分布于陆上和海盆近岸区。伊利石和伊/蒙混层矿物是碱性介质的反映；伊利石多是温和半干燥气候下的风化产物，自生伊利石则与富钾碱性介质有关；蒙脱石多在远岸区碱性介质条件下形成，并与基型火山岩有关，最有利于形成蒙脱石的母岩是火山玻璃凝灰岩。伊/蒙混层矿物则是成岩作用过程中蒙脱石向伊利石转化的过渡产物。绿泥石主要是成岩作用过程中从富镁离子的孔隙水中沉淀而成。

据吐哈石油勘探开发会战指挥部和中国矿业大学北京研究生部（1997），吐哈盆地近煤层的泥岩样品明显富含高岭石和绿泥石（高岭石多大于50%，伊利石和蒙脱石多小于50%），反映了三角洲平原及三角洲间湾的酸性成煤沼泽水介质条件；远离煤层的泥岩样品则富含伊利石和蒙脱石（高岭石多小于 50%，伊利石和蒙脱石多大于 50%），反映了水下三角洲及湖泊水的碱性介质条件。艾维尔沟剖面和三道岭剖面向上高岭石和绿泥石明显减少，伊利石和伊/蒙混层矿物明显增高。三道岭西山窑组主要含煤段样品的高岭石和绿泥石则均明显偏高约 60%，向上突然降低到 40% 以下，而自下而上伊利石和伊/蒙混层矿物含量从 40% 以下升高到 60% 以上，反映了西山窑组沉积早期（J_2x^{1+2}）沼泽水介质偏酸性，西山窑组沉积晚期（J_2x^{3+4}）湖泊水介质偏碱性的特征。艾维尔沟剖面从八道湾组到西山窑组样品，也明显表现出高岭石和绿泥石减少、伊利石和伊/蒙混层矿物增加的趋势，反映了八道湾组河流–上三角洲平原沼泽水介质偏酸性、西山窑组水下三角洲和湖泊环境水介质偏碱性的特征。

黏土矿物组成的差异除与源区气候及水介质酸碱度有关外，还与水介质盐度有关，一般来说，随着水介质盐度的升高，最先沉积下来的黏土矿物是高岭石，然后是伊利石，最后是蒙脱石。吐哈盆地泥炭沼泽中泥岩的高岭石明显偏高，反映了其水质为淡水；水下三角洲及湖泊环境的泥质岩中的伊利石和蒙脱石偏高，反映水介质为盐度较高的微咸水特征。垂向上，八道湾组沉积时多为淡水、酸性介质；三工河组沉积时为明显的微咸水、偏碱性介质；西山窑组沉积早期（J_2x^{1+2}）为淡水、酸性介质，西山窑组沉积晚期（J_2x^{3+4}）为微咸水、偏碱性介质。

二、含煤岩系微量元素地球化学特征

微量元素的地球化学行为取决于元素化学性质及其所处地质环境特征。本研究对吐哈盆地侏罗纪含煤岩系泥岩样品的稀土元素（REE）La（镧）、Ce（铈）、Pr（镨）、Nd（钕）、Sm（钐）、Eu（铕）、Gd（钆）、Tb（铽）、Dy（镝）、Ho（钬）、Er（铒）、Tm（铥）、Yb（镱）、Lu（镥）、Tm、Y（钇）以及 Cu（铜）、Pb（铅）、Zn（锌）、Cr（铬）、Ni（镍）、Co（钴）、Cd（镉）、Li（锂）、Rb（铷）、Cs（铯）、W（钨）、Mo（钼）、Sr（锶）、Ba（钡）、V（钒）、Zr（锆）、Sc（钪）、Nb（铌）、Ta（钽）、Hf（铪）、Be（铍）、Ga（镓）、Tl（铊）、U（铀）、Th（钍）、Mn（锰）等微量元素的含量进行了测试和分析。

（一）泥岩中稀土元素地球化学特征

稀土元素能够反映物源区岩石性质和沉积环境水介质化学特性。从表 4.2 可知：①吐哈盆地含煤岩系泥岩的稀土元素含量较高，具有中、酸性母岩的特征，这与砂岩中岩屑主要是中、酸性火成岩的特征相吻合；②侏罗系自下而上（八道湾组、三工河组、西山窑组、三间房组）泥岩样品的总稀土元素（ΣREE）含量逐渐增加，反映了随时间推移，来自物源区的酸性岩成分逐渐增加的趋势（表 4.2）；③与球粒陨石的稀土元素特征比较，吐哈盆地含煤岩系泥岩的轻重稀土元素分异明显，均显示轻稀土元素（LREE）明显富集，而且西山窑组和三间房组轻稀土元素富集程度明显高于八道湾组和三工河组，也反映了随时间推移，西山窑期和三间房期，来自物源区酸性岩成分的增加（表4.2）；④与北美页岩中稀土元素含量相比，含煤岩系大多数泥岩的稀土元素含量较高，反映了煤系有机质对稀土元素的吸附作用；⑤Ce和Eu异常参数δCe的值为1，δEu值均小于1，表明含煤岩系总体为还原环境；⑥泥岩样品中稀土元素的北美页岩标准化分布模式表明，泥岩中稀土元素表现出中稀土（MREE）富集的特点，说明煤系总体为酸性环境。

表4.2　吐哈盆地侏罗系含煤岩系稀土元素含量及相关参数　　单位：$\mu g/g$

样品产地	七泉湖	七泉湖	克尔碱-七泉湖-七克台-柯柯亚	克尔碱-七泉湖-七克台	七泉湖
层位	八道湾组	八道湾组	三工河组	西山窑组	三间房组
岩性	菱铁矿	泥岩	泥岩	泥岩	泥岩
La	23.1	28.3	20.6~48.6（33.4/9）	26.0~83.9（41.9/11）	48.6
Ce	49.4	56.6	49.4~102（71.1/9）	51.5~173（84.5/11）	96.5
Pr	6.27	7.26	6.0~13.0（8.8/9）	6.7~20.2（10.1/11）	12.0
Nd	26.3	28.5	26.4~52.0（35.3/9）	25.5~74.6（38.2/11）	45.5
Sm	5.48	5.80	5.8~10.5（7.2/9）	4.9~13.7（7.5/11）	9.07
Eu	1.36	1.32	1.3~2.3（1.6/9）	1.1~2.6（1.5/11）	1.81
Gd	6.10	5.35	5.4~9.1（6.7/9）	4.5~10.6（6.6/11）	7.61
Tb	0.85	0.82	0.79~1.3（1.0/9）	0.71~1.5（1.0/11）	1.14
Dy	4.37	4.98	4.7~7.5（5.9/9）	4.3~8.3（5.9/11）	6.37
Ho	0.87	1.12	1.0~1.6（1.2/9）	0.97~1.6（1.2/11）	1.29
Er	1.99	3.02	2.8~4.2（3.4/9）	2.8~4.3（3.5/11）	3.56
Tm	0.26	0.48	0.44~0.62（0.52/9）	0.41~0.66（0.53/11）	0.54
Yb	1.40	3.02	2.7~4.0（3.3/9）	2.5~4.0（3.4/11）	3.39
Lu	0.20	0.45	0.40~0.60（0.49/9）	0.37~0.62（0.51/11）	0.51
Y	30.7	30.0	27.7~50.4（34.9/9）	26.5~45.4（34.5/11）	37.4
ΣREE	128	147	128~255（180/9）	137~399（207/11）	238
LREE/HREE	6.98	6.64	6.0~8.6（6.90/9）	5.8~11.7（7.9/11）	8.75
La_N/Yb_N	11.8	6.70	5.6~10.5（7.2/9）	5.4~15.3（8.8/11）	10.3
δEu	0.72	0.72	0.68~0.81（0.72/9）	0.59~0.72（0.70/11）	0.67
δCe	1.00	0.97	0.93~1.10（1.0/9）	0.95~1.03（1.00/11）	0.98

注：括弧中的数据分别为平均值和样品数。

（二）泥岩中其他微量元素地球化学特征

1. B/Ga 值

B/Ga值常用来反映海相和陆相环境。Ga在陆相泥岩中的含量高于海相泥岩；B含量则随水介质盐度增大而增大。海相泥岩B/Ga值接近5，陆相泥岩中一般为2~3。

吐哈盆地侏罗系含煤岩系泥岩样品中Ga含量具有如下特征（表4.3）：八道湾组泥岩Ga含量21.4 $\mu g/g$，三工河组泥岩Ga含量平均20.9 $\mu g/g$，含量范围17.8~23.1 $\mu g/g$；

西山窑组泥岩 Ga 平均 22.2 µg/g，含量范围 18.5～26.4 µg/g；三间房组泥岩 Ga 为 21.7 µg/g。显然，不同组泥岩中 Ga 的含量基本相似，没有显著的变化，表明总体为一种陆相淡水沉积环境。

本研究没有测试泥岩样品中 B 的含量，因此无法计算 B/Ga 值。海相样品 B 含量为 80～125 µg/g，淡水陆相样品 B 含量多小于 60 µg/g。据吐哈石油勘探开发会战指挥部和中国矿业大学北京研究生部（1997）的研究，吐哈盆地早、中侏罗世泥质岩 B 含量为 10～60 µg/g，B/Ga 值为 0.04～0.96，反映了这些泥岩形成于淡水环境。尽管吐哈盆地侏罗纪含煤岩系总体为淡水环境，B 含量较低，但在一些开阔湖泊环境中形成的泥岩样品中 B 含量较高。如，吐哈石油勘探开发会战指挥部和中国矿业大学北京研究生部（1997）据前人单井评价报告指出，红旗 1 井三工河组和西山窑组有些泥岩样品 B 含量可达 60～104 µg/g，说明红旗 1 井当时处于开阔湖泊环境。

2. Sr/Ba 值

一般而言，咸水中 Sr 含量为 800～1000 µg/g，淡水中为 100～300 µg/g。本研究测试的八道湾组泥岩 Sr 含量 132 µg/g，三工河组泥岩 Sr 含量平均 133 µg/g，范围 49.9～247 µg/g；西山窑组泥岩 Sr 含量平均 168 µg/g，范围 68.4～493 µg/g；三间房组泥岩 Sr 含量 144 µg/g（表 4.3）。可见，吐哈盆地侏罗系总体为淡水沉积环境。另据吐哈石油勘探开发会战指挥部和中国矿业大学北京研究生部（1997）资料，吐哈盆地早、中侏罗世泥岩 Sr 含量为 19～130 µg/g，也反映为淡水环境。

一般而言，淡水沉积物 Sr/Ba 值小于 1，海相沉积物大于 1，Sr/Ba 值是随着远离海岸而逐渐增大。本研究测定八道湾组泥岩 Sr/Ba 值为 0.46，三工河组泥岩 Sr/Ba 值平均为 0.39，范围 0.17～0.89；西山窑组泥岩 Sr/Ba 值平均 0.37，范围为 0.19～1.00；三间房组泥岩 Sr/Ba 值为 0.42（表 4.3）。据吐哈石油勘探开发会战指挥部和中国矿业大学北京研究生部（1997）的研究，吐哈盆地侏罗系泥岩中 Sr/Ba 值为 0.13～0.81，反映了以淡水为主、微咸水次之的沉积介质环境。

据吐哈石油勘探开发会战指挥部和中国矿业大学北京研究生部（1997）的研究，艾维尔沟剖面中西山窑组泥岩中 Sr、Ca、Fe、Mg、B 等元素的含量明显高于八道湾组，反映西山窑期水介质盐度比八道湾期增高，更偏向于碱性；三道岭剖面西山窑组三、四段泥岩的 Sr、Ca、Fe、Mg 和 B 等元素的含量明显高于一、二段泥岩，反映西山窑组沉积晚期水介质盐度比早期偏高。

对泉 1 井和红旗 1 井侏罗系泥岩中 B、Sr/Ba 值的研究表明，吐哈盆地从早、中侏罗世到晚侏罗世水介质为逐渐咸化过程，红旗 1 井西山窑组泥岩中 B 含量为 60 µg/g，个别达 104 µg/g，说明该井当时为开阔湖泊地带，水介质偏碱性，盐度相对较高。

3. V/Zr 值

本研究测得八道湾组泥岩 V/Zr 值为 0.64；三工河组泥岩 V/Zr 值平均 0.56，范围为 0.45～0.79；西山窑组泥岩 V/Zr 值平均 0.63，范围 0.49～0.94；三间房组泥岩 V/Zr 值为 0.68（表 4.3）。不同组泥岩中 V/Zr 值基本相似，没有显著的变化，表明

表 4.3　吐哈盆地侏罗系泥岩中微量元素含量统计结果　　　　单位：μg/g

产地	七泉湖		克尔碱–七泉湖–七克台–柯柯亚			克尔碱–七泉湖–七克台			七泉湖
组段	八道湾组		三工河组			西山窑组			三间房组
岩性	泥岩	菱铁矿结核	最小值	最大值	均值	最小值	最大值	均值	泥岩
Cu	38.1	15.7	32.2	87.1	47.8	24.9	83.3	44.7	72.7
Pb	17.5	6.85	12.2	23.7	17.8	17	98	36.1	35.1
Zn	91.8	30.6	65.7	110	89.3	78.3	148	106	95.9
Cr	56.4	15.7	25.4	70.5	53.4	48	121	76.0	75.1
Ni	32.1	14.1	21.2	38.6	29.0	25.9	62.6	38.2	38.5
Co	12.4	6.68	4.97	19.6	13.1	12.1	21.5	16.1	14.4
Cd	0.05	0.02	0.03	0.08	0.06	0.02	0.09	0.06	0.05
Li	50.1	19.5	9.46	52.8	34.3	24.1	55.4	42.0	51.8
Rb	98.7	31.4	60	121.0	96.4	92.3	174	130	119
Cs	7.05	2.13	3.18	9.69	6.66	4.46	12.0	8.06	8.10
W	1.38	0.45	0.68	2.83	1.54	1.19	3.17	1.91	1.55
Mo	0.17	0.40	0.13	1.03	0.39	0.04	0.36	0.19	0.32
Sr	132	238	49.9	247	132.7	68.4	493	168	144
Ba	290	188	256	453	341	264	638	445	344
Sr/Ba	0.46	1.27	0.17	0.89	0.39	0.19	1.00	0.37	0.42
V	114	40.6	95.8	146	114	87.2	144	114	112
Zr	179	55.6	156	254	208	153	237	184	165
V/Zr	0.64	0.73	0.45	0.79	0.56	0.49	0.94	0.63	0.68
Sc	19.0	6.82	14.0	23.3	18.2	15.5	21.8	19.4	19.8
Nb	11.8	3.44	7.83	13.2	10.7	11.1	21.4	15.0	13.5
Ta	1.28	0.48	0.85	1.42	1.11	1.21	2.54	1.67	1.46
Hf	5.38	1.55	4.65	7.22	6.06	4.65	6.89	5.56	4.97
Be	1.98	1.78	1.89	2.80	2.44	2.05	5.71	3.07	3.37
Ga	21.4	8.12	17.8	23.1	20.9	18.5	26.4	22.2	21.7
Tl	0.87	0.35	0.48	1.26	0.89	0.86	1.90	1.28	1.13
U	2.23	1.13	1.76	4.5	2.9	2.27	11.2	4.6	5.27
Th	9.30	2.83	5.05	12.7	9.86	9.13	33.7	17.8	18.3
Mn	458	11700	155	6150	1182	338	1220	577	405

总体为一种陆相淡水沉积环境。

4. Fe^{2+}/Fe^{3+} 值

据吐哈石油勘探开发会战指挥部和中国矿业大学北京研究生部（1997）的研究，吐哈盆地八道湾组下部泥岩 Fe^{2+}/Fe^{3+} 值为 $10\sim25$，八道湾组上部为 $2\sim5$，三工河组为 $10\sim$

38，西山窑组一、二段为10～20，西山窑组三、四段为5，反映出吐哈盆地早、中侏罗世水体经过强还原—弱还原弱氧化—强还原—弱还原—弱氧化弱还原的变化过程。强还原环境出现在水体加深的三工河组、沼泽化的八道湾组下段和西山窑组一段和二段。

三、含煤岩系的层序地层特征

本研究重点论述含煤岩系（八道湾组和西山窑组）的层序特征。

（一）含煤岩系层序地层划分

含煤地层层序划分主要根据露头、地震剖面识别出的层序界面进行划分。三叠纪末期的晚印支运动造成了三叠系区域性的地层剥蚀，造成下侏罗统与上三叠统之间的规模较大的角度不整合接触关系。西山窑组三段沉积末期，受燕山运动的影响，盆地南北向构造挤压、抬升作用增强，在葡北、胜南等地区，三间房组地层超覆在西山窑组之上，造成三间房组与西山窑组之间规模较大的层序界面。其他的层序界面包括：①代表区域性河流冲刷、切割的地层超覆（顶超/上超）层序界面，此类界面在八道湾组、西山窑组中下部较为典型。②相序突变界面。该界面为垂向剖面上的地层叠置方式转换面，该转换面是基准面下降或上升的标志。③代表气候转换的层序界面。该界面下泥岩为灰色、灰黑色，界面上泥岩变为褐红色或红色，代表着湿润、干旱气候的转换，代表一个区域性气候旋回转换面。

根据上述层序界面的在纵向上的分布序列，可将吐鲁番拗陷侏罗系含煤岩系及三间房组划分为8个四级层序（SC1～SC8）和4个三级层序（SQ1～SQ4），如表4.4所示。

表4.4　吐哈盆地吐鲁番拗陷侏罗系含煤岩系层序划分

地层系统				四级层序划分	三级层序划分	层序界面性质	层序发育背景
系	统	组	段				
侏罗系	中统	三间房组	三段	SC8	SQ4	上超面、河道冲刷面	构造挤压作用加强，气候干热，沉积地貌分异加大
			二段				
			一段	SC7	SQ3	河道下切-冲刷面、上超面	
		西山窑组	四段	SC6			
			三段	SC5	SQ2	顶超面　河道冲刷-下切面	构造活动以整体沉降为特征，气候温湿，沉积地貌平缓，准平原化沉积背景
			二段	SC4			
			一段				
	下统	三工河组		SC3	SQ1	顶超面　河道下切-冲刷面、上超面	
		八道湾组		SC2			
				SC1			
三叠系						构造削截面	

第 1 个三级层序（SQ1）包括 3 个四级层序（表 4.4），相当于八道湾组（2 个四级层序）与三工河组（1 个四级层序）；3 个四级层序在纵向上呈明显的退积型组合，为三级基准面上升过程。SQ1 底界面为侏罗系与中上三叠统不整合面，界面具河道底部冲刷面的性质，界面之上通常为厚度变化较大的河道相砂砾岩；SQ1 顶界面为另一个厚度变化较大的河道相砂砾岩层。SQ1 层序的识别标志是层序内发育侏罗系第一套煤层，其中八道湾组为基准面上升半旋回，主体为辫状河道和辫状河三角洲、滨浅湖相沉积；由一套砂岩、含砾砂岩、砂岩与灰色泥岩不等厚互层组成；随着基底沉降速率增加、可容纳空间增大，地层呈明显退积叠加样式，砂岩厚度向上逐渐变薄，粒度变细，泥质岩与煤层层数向上增加、厚度变大，可容纳空间最大时期，湖侵作用形成了厚度不大的滨浅湖相灰色泥岩、泥质粉砂岩或泥岩夹薄层粉砂岩沉积。三工河组为基准面下降半旋回，主体为滨浅湖相、曲流河和三角洲沉积，发育灰色、灰绿色泥岩夹厚度不等的砂岩、粉砂岩，偶夹泥灰岩，地层略呈进积叠加样式。含叶肢介 *Euestheria* sp. 化石的滨浅湖相泥岩段代表第一个最大湖泛面，该界面以上三工河组过渡为一套灰绿、暗绿色泥岩、泥质粉砂岩的三角洲沉积。

在地震剖面上，SQ1 层序的底界反射总体较弱，与下伏三叠系地层区别并不突出，但在部分地区特征明显，易于识别；层序内部以亚平行、中连续反射结构为主，振幅相对较弱，可见到地层切割充填和侧向叠置现象以及三角洲的进积特点，全区地层厚度变化不大。在钻井剖面上，该层序底部为一套底砾岩和砂岩沉积，下部是一套河流沼泽相沉积，中部为一套煤层和暗色泥岩沉积；层序上部的三工河组为浅湖相沉积。在平面上，SQ1 层序在丘东、小草湖一带及胜北一带充填厚度较大，东、西两翼以及东湖 1 井至鄯科 1 井一带减薄，反映了印支运动末期，台北凹陷在东西走向上高低起伏的古地貌态势；在南北方向上，凹陷中南部层序厚度较大，向北部的朗 1 井、勒 7 井一带则呈减小的趋势。

第 2 个三级层序（SQ2）由 2 个四级层序构成（表 4.4），相当于西山窑组中下部的一段、二段和三段；SQ2 层序底界面为一个厚度变化较大的河道相砂砾岩层，SQ2 层序顶界面为河道相厚层砂岩底部的冲刷面，大致相当于西山窑组四段的底部。SQ2 层序的识别标志是发育了侏罗系的第 2 套煤层，基准面下降半旋回的厚度明显大于基准面上升半旋回的厚度，表明基底在经历了短时沉降后又开始抬升，物源补给丰富，盆地的充填作用较强。基准面下降期，辫状三角洲的进积充填作用较强，形成了一套以砂泥岩不等厚互层为特征的粒度向上变粗、水体向上变浅的反旋回沉积序列。基准面上升早期以发育三角洲相砂岩、泥岩、煤层为特征；砂岩厚度变化较大，最大单层厚度达数十米至近百米，砂岩厚度向上逐渐减薄，粒度变细，泥岩和煤层厚度逐渐增大，为明显退积叠加样式；基准面上升晚期，盆地基底稳定沉降，可容纳空间增大，湖水扩张，形成了以湖沼相为主的厚层灰黑色泥岩与煤层互层沉积。

第 3 个三级层序（SQ3）大致相当于西山窑组四段–三间房组下部，由西山窑组顶部 1 个四级层序和三间房组下部的 1 个四级层序所构成（表 4.4）。SQ3 底界（西山窑组四段底部）之上发育下切河谷，是燕山构造运动的反应；SQ3 顶界面位于三间房组二段下部。基准面上升期，盆地边缘发育河流相沉积，地层呈退积叠加样式，湖盆主体以滨浅湖相灰绿色与杂色泥岩为主。基准面下降期盆地边缘河流三角洲发育，形成薄层的砂岩与灰色泥岩不等厚互层。SQ3 层序基本不含煤。

第 4 个三级层序（SQ4）由三间房组上部的 1 个四级层序构成（表4.4），以滨浅湖相泥岩夹薄层粉、细砂岩为主，底部发育曲流河相沉积。

吐鲁番拗陷中下侏罗统八道湾组到三间房组的 8 个四级层序（SC1～SC8）对应了 8 个四级基准面变化旋回，这 8 个四级层序纵向叠置构成了 4 个三级层序（SQ1～SQ4），4 个三级层序在纵向上叠置成总体呈基准面上升的退积序列。其中，SQ1～SQ2 代表基准面较低背景下的沉积，沉积物可容纳空间小，水体浅，沉积环境主体为冲积环境，以辫状河流相、辫状河三角洲相、滨浅湖和泛滥平原沼泽等浅水沉积为特征。SQ3 代表了一个从冲积环境为主向湖泊环境为主的重要转折期形成的沉积层序，其底部由浅水的构造相对活动背景条件下形成的水下扇、扇三角洲、辫状河三角洲等相带构成，向上逐渐退积成滨浅湖相为主的沉积。SQ4 代表了一种与 SQ1、SQ2 明显不同的沉积背景，为一套在相对较稳定的湖泊环境中形成的细粒沉积。

（二）层序的平面展布特点

吐哈盆地吐鲁番拗陷中下侏罗统含煤岩系总体具有南薄北厚的特点，中北部层序厚度大、层序发育齐全，向南部，层序厚度明显减薄、层序数量减少，层序的岩相构成也明显变粗，反映南部地区原始沉积地貌较高，是盆地侏罗纪时的主要物源区。

就南北向而言，吐鲁番拗陷南坡由于后期的抬升剥蚀，上部层序发育不全，越往南部，缺失的层序越多，如艾 1 井、卡东 3 井和卡东 1 井；往中部和北部，层序发育较完整，均发育三间房组，如杜 1 井、亚 1 井、桃 1 井和郎 1 井；从南到北下部含有煤层的 SQ1 和 SQ2 层序均较发育。就东西向而言，东西两侧层序厚度薄、层序数量少、层序发育不全，且在东部的小草湖以东和西部的托克逊以西，其层序中的岩相构成明显变粗，代表东西两侧原始沉积古地貌也较高，也存在沉积物源；中部层序厚度大、层序数量多、层序发育齐全的特点。

从层序的横向展布特点看，SQ1 层序和 SQ2 层序在吐鲁番拗陷的南、北坡附近以浅水的冲积环境为主，由辫状河流相的辫状河道和泛滥平原沼泽微相构成；拗陷中央则为一套滨湖沼泽、泛滥平原沼泽为主细粒含煤沉积。SQ3 层序沉积期为沉积背景的重要转变期，拗陷南、北边缘以发育辫状河三角洲、曲流河三角洲相与滨浅湖交替为特征，拗陷中央则以发育浅湖相泥岩为主。SQ4 层序沉积期，整个拗陷以发育广泛的湖相细粒沉积为主要特征。

总之，中下侏罗统 SC1～SC5 四级层序（八道湾组至西山窑组三段，主要聚煤段）沉积期，吐鲁番拗陷以缓坡浅水河流–三角洲–泛滥平原–沼泽–滨浅湖体系构成的层序为特征，湖盆总体地形平坦，无明显的沉积坡折，沉积相带空间变化呈现渐变过渡特点，相带分异不明显，相带横向迁移和分异较小，在层序构成上具有明显的两分特点，即由基准面上升半旋回和下降半旋回构成。在基准面上升半旋回中，低基准面期广泛分布河流、三角洲、泛滥平原及沼泽沉积；基准面逐渐上升期，河流、三角洲沉积逐渐向盆地边缘后退，在盆地中央逐渐发育成滨浅湖和滨湖沼泽沉积，构成一个明显的退积序列。在基准面下降半旋回中，湖盆边缘发育的三角洲向湖盆中央推进，由于地形平缓以及湖水浅，浅水三角洲主要发育三角洲平原和水下分流河道沉积，缺乏前三角洲泥到远砂坝沉积序列，湖盆区为滨浅湖相细砂岩、粉砂岩和泥岩。

自 SC6 层序以后，吐哈盆地不再含有重要煤层。从 SC6 四级层序（西山窑组四段）以后，受博格达山隆升的影响，吐鲁番拗陷山前发生沉降，使古地貌格局发生较大变化，从缓坡型浅水湖盆环境演变成具有明显古地貌坡折的浅水湖盆沉积背景。由于中下侏罗统吐鲁番拗陷始终处于浅水沉积环境中，层序仍然显示基准面上升半旋回和下降半旋回的两分结构。基准面上升半旋回早期，低基准面时期（基准面位于古地貌坡折以下）沉积作用主体发育在坡折带以下，以河流和三角洲沉积为主，没有发育深水湖盆背景下的低位湖底扇。随着基准面上升，三角洲砂体以上超方式沿古地貌坡折呈退积式堆积；到高基准面时期在古地貌坡折以上地区发育河流、泛滥平原、滨湖砂坝等沉积，坡折以上的沉积厚度较坡折以下明显薄，并存在周期性沉积间断。在基准面下降半旋回，由于河流和三角洲沉积向湖盆推进，形成进积型三角洲与滨浅湖沉积交替现象，纵向上叠置成进积序列。

四、含煤岩系沉积相

基于对露头剖面、钻井以及地震等资料的综合分析，研究了吐哈盆地侏罗纪含煤岩系沉积相。吐哈盆地侏罗系含煤岩系的沉积相类型主要包括辫状河及辫状河三角洲相、曲流河及曲流河三角洲相、扇三角洲相和湖泊相。

（一）沉积相类型

1. 辫状河相

辫状河流相可分为河床亚相和溢岸亚相，河床亚相包括河床滞留微相和心滩微相，溢岸亚相包括天然堤微相和泛滥平原微相。

河床亚相：河床亚相包括河床滞留微相和心滩微相。河床滞留微相是沉积于河道底部的粗碎屑沉积物，底部具冲刷面，以块状砾岩为主。心滩微相是辫状河最具特征的沉积物，是在多次洪泛事件不断向下游移动过程中垂向加积的产物，砂体内部向上变细的正粒序不明显，主要为砾岩、砾状砂岩、含砾砂岩以及砂岩，具平行层理、板状及槽状交错层理、波状交错层理，并含植物化石碎片。心滩根据其在河床中的位置和形态可分为纵向坝和横向坝。纵向坝发育大型板状交错层理，横向坝发育大型槽状交错层理。吐哈盆地侏罗系含煤岩系辫状河沉积自然电位曲线呈箱形，顶底界面一般多为突变型，少数呈钟形，底部呈突变型和顶部渐变型。

溢岸亚相：辫状河流的溢岸亚相一般不发育，其中泛滥平原微相为泥质及粉砂质细粒沉积物，可见植物根及植物化石，气候潮湿时可发育煤层及碳质泥岩。

2. 曲流河相

曲流河相可分为河床亚相和溢岸亚相，河床亚相包括河床滞留微相和边滩（点砂坝）微相，溢岸亚相包括天然堤、决口扇、泛滥平原和泛滥平原沼泽微相。

河床亚相：曲流河河床滞留微相一般厚度不大，岩性以细砾岩、含砾粗砂岩、粗砂岩等为主，常可见泥砾和树干化石。曲流河的河床滞留沉积一般位于曲流河向上变细的二元结构的底部，与下伏沉积序列呈冲刷接触。

边滩相是曲流河河床亚相的主体，以砂岩为主，可含砾，特别是泥砾，砂岩的沉积构造从大型交错层理向上逐渐过渡为小型交错层理和波纹层理。砂岩的分选性、磨圆度中等，颗粒支撑，结构成熟度高于辫状河流的心滩微相。

溢岸亚相：溢岸亚相在曲流河较发育，厚度较大，粒度较细，与河床滞留沉积构成"二元结构"。天然堤微相粉砂岩与泥岩互层，粉砂岩发育水平层理和沙纹层理。决口扇微相以细砂岩和粉砂岩为主，底有冲刷面，砂体横向不稳定，厚度变化快，常发育成不同规模的透镜体状。泛滥平原微相以灰色、灰褐色、红褐色泥岩、粉砂质泥岩等泥质沉积为主，在干旱条件下，为红、褐色泥岩。在温暖潮湿气候条件下，泛滥平原可发育成泛滥平原沼泽，沉积物为灰色、灰黑色、灰绿色泥岩、碳质泥岩和煤，发育有水平层理，植物化石丰富。

3. 辫状河三角洲相

辫状河三角洲发育在湖盆短轴方向，坡度较大，辫状河与湖泊直接相连，常成群分布。辫状河三角洲相可以分为辫状三角洲平原、三角洲前缘及前三角洲亚相。沉积物的粒度较粗，砂砾含量高。吐鲁番拗陷的辫状河三角洲主要成群分布在南部斜坡带，是侏罗系 SQ1 和 SQ2 三级层序的主要沉积相，以河流作用为主，分流河道砂体发育，湖泊波浪作用弱。

辫状河三角洲平原亚相可分为砾质分流河道、砂质分流河道和河道间等微相，河道间微相位于辫状河三角洲平原分流河道之间的低洼地带，以泥质为主，夹细砂岩和粉砂岩薄层。局部可见少量沼泽相深灰色泥岩、碳质泥岩及煤线，可见钙质、铁质结核、植物化石。

辫状河三角洲前缘亚相可分为水下砾质河口坝、砂质河口坝、远砂坝和席状砂等微相。砾质河口坝位于砾质分流河道向水下的延伸部分，岩性主要为砾岩、砂质砾岩夹含砾砂岩和砂岩，砾质含量高。砂质河口坝是辫状河三角洲前缘沉积的主体，以粗砂岩、中砂岩和含砾粗砂岩为主，常发育有大型板状、槽状交错层理和大规模变形层理。远砂坝是离河口较远的水下砂坝，以粗中粒砂岩、细砂岩为主，粒度较河口坝有所变细，分选、磨圆相对较好，以发育水平层理为主，常与滨浅湖相的泥岩、粉砂质泥岩交互，泥岩夹层较河口坝明显增多。席状砂离河口远，深入到浅湖主体沉积中，砂体厚度薄，横向延伸范围广，分布较稳定；薄层中细砂岩夹于较厚的滨浅湖相泥岩之中，砂岩粒度较细，分选、磨圆较好，杂基含量较多。

前三角洲亚相的沉积物以灰色、灰绿色泥岩、粉砂质泥岩为主，发育有很好的水平层理，湖相生物化石丰富。

4. 曲流河三角洲相

吐哈盆地曲流河三角洲相主要发育在 SQ3 和 SQ4 层序中，SQ2 层序也有分布，可分为三角洲平原亚相、三角洲前缘亚相和前三角洲亚相。

三角洲平原亚相包括分流河道、天然堤、决口扇、泛滥平原和岸后沼泽等微相。分流河道以中细粒砂岩为主，可见河床滞留砾岩沉积。河道砂岩中常见大型交错层理和底部冲刷构造，含泥砾、炭屑和树干化石等。天然堤主要为粉砂岩、细砂岩与泥质岩互层，发育小型交错层理和水平层理。决口扇沉积的岩性为细砂岩和粉砂岩，有时可见中砂岩，底部有冲刷构造。泛滥平原沉积物以泥岩、粉砂质泥岩、泥质粉砂岩为主，发育水平层理。岸后沼泽微相以泥岩、粉砂质泥岩、碳质泥岩和煤为特征，水平层理发育，植物化石丰富。

三角洲前缘亚相可分为水下分流河道、分流间湾、河口坝、远砂坝和席状砂等微相。水下分流河道沉积物以粗、中、细粒砂岩为主，发育大型板状和槽状交错层理，在分流河道前缘由于坡度较陡，可造成滑塌而形成变形层理。分流间湾微相以灰绿色、灰色泥质岩为主，夹少量薄层粉砂岩，水平层理发育。河口坝是水下分流河道前缘的砂坝，以中细砂岩为主，砂岩粒度较分流河道略细，可发育中小型交错层理，纵向上常与分流间湾泥岩或前三角洲泥岩交互，向上构成进积型序列。远砂坝主要是细砂岩和粉砂岩，单层厚度较薄，与滨浅湖相泥岩互层，纵向上构成进积型序列。

前三角洲亚相主要由灰色、浅灰色、灰绿色泥岩、粉砂质泥岩组成，发育水平层理，生物化石丰富。

5. 扇三角洲相

吐哈盆地扇三角洲主要发育在 SQ3 层序以后的北部山前带，这是中侏罗世（西山窑组四段沉积期）博格达山快速隆升的反应。扇三角洲包括扇三角洲平原、扇三角洲前缘和前扇三角洲等亚相。

扇三角洲平原是水下扇向湖盆推进过程中形成的暴露于湖平面以上的部分，其主体由扇三角洲平原辫状水道和水道间沉积物组成。研究区中、下侏罗统中没有发育典型的扇三角洲平原亚相。

扇三角洲前缘亚相主要由砾质水下分流河道、分流间湾和远砂坝等微相组成。砾质水下分流河道微相主要由砾岩、砂质砾岩、砾质砂岩和含砾砂岩组成，粒度粗，分选、磨圆均很差，反映近源快速堆积的特点。水下分流河道微相与其相邻微相之间的岩相变化快，常呈突变接触。砾质水下分流河道微相在纵向上可叠置成退积型和进积型两种沉积序列，分别与基准面上升和下降相对应。退积型砾质水下分流河道自下而上表现为分流河道砾岩层厚度逐渐减薄，分流间湾泥岩厚度不断增加；进积型水下分流河道自下而上分流河道砾岩层逐渐增厚，间湾泥岩渐薄。分流河道间湾微相的岩性为泥岩、砂质泥岩，与滨浅湖亚相的泥岩过渡。远砂坝在扇三角洲前缘环境中一般不甚发育，吐哈盆地扇三角洲远砂坝由粗砂岩、含砾砂岩薄层组成，夹于间湾微相或滨浅湖亚相泥岩之中。

前扇三角洲亚相以稳定的泥质沉积为特征。

6. 湖泊相

吐哈盆地中下侏罗统湖泊相主要分布在拗陷中央，以滨浅湖相为主，半深-深水湖相不发育。湖泊相包括滨湖亚相和浅湖亚相。滨湖亚相包括滨湖沙坝、干旱湖湾和湖湾沼泽等微相。滨湖沙坝微相的岩性以中、细粒砂岩为主，砂岩分选、磨圆度较好，发育大型冲洗交错层理，砂岩中含大量腕足类化石和生物扰动构造。干旱湖湾微相为褐色、紫红色泥岩夹粉砂岩和细砂岩薄层，代表低能、干旱、氧化环境。湖湾沼泽以灰色、灰黑色、黑色泥岩、碳质泥岩和煤层夹少量薄层粉砂岩为特征，代表温暖潮湿、浅水低能、闭塞的湖湾环境。浅湖亚相岩性为灰绿色泥岩、灰黑色泥岩夹薄层粉细砂岩，发育水平层理。

综上所述，吐哈盆地中下侏罗统含煤岩系沉积相具有以下特点：①河流相和三角洲相广泛发育，湖泊相以滨浅湖为主；②辫状河相和辫状河三角洲相主要发育在八道湾组和西山窑组上部，主要位于近物源区；曲流河相和曲流河三角洲相主要发育在西山窑组中下部和三间房组；③滨浅湖相自下而上逐渐增加，且主要分布于三工河组；④八道湾组和西山窑组普遍发育河流泛滥平原沼泽微相和滨湖湖湾沼泽微相，形成厚度较大煤层。

（二） 沉积相平面展布

在对吐哈盆地侏罗纪含煤岩系露头、钻（测）井、地震剖面沉积特征、砂岩厚度分布特征等分析的基础上，研究了吐哈盆地中下侏罗统含煤岩系沉积相的平面展布特征。

1. 砂体的展布特征

八道湾组砂岩百分含量从盆地边缘向拗陷中央减小，砂岩厚度均呈现从盆地边缘向中央减薄趋势（图4.18）。其中八道湾组下部（SC1四级层序）砂岩含量较高的地区为乌苏1井、布尔加凸起南侧、照1井以南和鲁西凸起北侧。八道湾组上部（SC2四级层序）砂岩分布继承了SC1层序的特点，主要分布在托克逊凹陷和照1井以南地区、鲁西凸起北侧和塔克泉凸起的西北侧。此外，在博格达山南侧的恰深1井区和朗1井区，新增2个明显的砂岩厚度高值区；在塔克泉凸起北侧的温西地区和疙瘩台地区，也显示2个从南向北砂岩厚度高值分布区。

三工河组（SC3四级层序）砂岩厚度高值区主要分布在托克逊凹陷和台北凹陷南北坡边缘带。托克逊凹陷的苏1、苏2井区和托参2井区为继承性厚砂岩分布区，具有明显从凹陷边缘向中央减薄趋势。台北凹陷北坡的恰1井-朗1井区也是继承性砂岩分布区，厚度分布也从边缘向中央减薄；北坡照1井附近的厚砂岩分布区也具有继承SC2层序砂岩发育特征，但分布范围向西扩大到达勒1井和阿1井区，且砂岩厚度大，最大达200 m

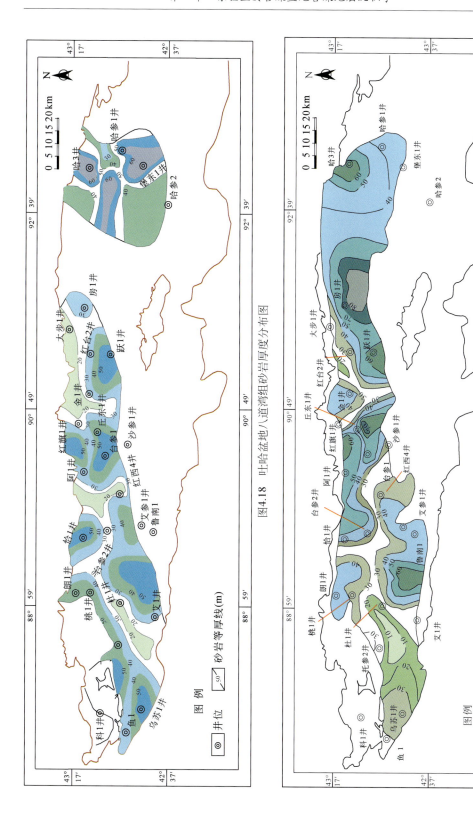

图4.18　吐哈盆地八道湾组砂岩厚度分布图

图4.19　吐哈盆地西山窑组砂岩厚度分布图

以上。台北凹陷南坡的鲁西凸起北部和塔克泉凸起西北侧仍有砂岩继承性发育，并表现出从盆地边缘向中央减薄的趋势；台北凹陷南坡的温西地区砂岩从 SC2 开始发育，至 SC3 已扩展到西北的台参 1 井–陵深 1 井区；疙瘩台地区仍有一定的砂岩继承性发育。

西山窑组下部一、二段（SC4 四级层序）砂岩厚度分布和沉积格局发生了较大变化。托克逊凹陷 SC4 层序的砂岩厚度较八道湾期和三工河期的砂岩厚度明显减小。台北凹陷东部的房 1 井至红台地区八道湾组和三工河组砂岩并不发育，但在 SC4 层序沉积了巨厚砂岩，厚度可达 200 m 以上。台北凹陷北坡朗 1 井区和恰 1 井区的砂岩继续发育，原阿 1、阿 2 井区的砂岩发育区向西迁移到核 2 井附近。台北凹陷南坡的鲁西凸起前缘和塔克泉凸起的西北侧、温西及其以北地区砂岩继续发育（图 4.19）。

西山窑组三段（SC5 四级层序）砂岩厚度分布较前几个层序变化较大。沿阿 2–温西一线以东，砂岩厚度明显大于西部，西部仅在盆地边缘有少量继承性砂岩分布，厚度也较小。具体而言，西部托克逊凹陷早期层序的砂岩厚度大，而到 SC5 层序时砂岩厚度减薄，明显向东迁移；台北凹陷北坡的朗 1 井–恰 1 井区砂岩继承性发育，厚达100 m；核 2 井–照 2 井以南地区砂岩厚度大（最厚达 150 m 以上），分布范围广；台北凹陷南坡鲁西凸起北侧砂岩继承发育，温西地区的砂岩向北推进与北坡来源的砂岩在凹陷中交汇。东部的疙西–房 1 井一带发育巨厚砂岩，最厚可达 200 m 以上（图 4.19）。

西山窑组四段（SC6 四级层序）砂岩厚度分布格局与西山窑组三段相似，总体也是分布在核 2–温西一线以东，西部仅在朗 1 井–泉 1 井和恰 1 井附近砂岩厚度大，托克逊凹陷的苏 1 井区也有分布。台北凹陷北坡的核 2 井–阿 2 井–勒 11 井一线以南地区发育较厚砂岩，红台地区砂岩继承性发育。台北凹陷南坡的砂岩主要发育在温西以东地区，有 3 个厚砂岩分布区，一是从巴东 1 井到温西方向，向北与从核 2 井–陵深 1 井方向的北坡来源砂岩交汇；二是在疙瘩台地区，向北与红台地区来自北坡的砂岩层交汇；三是房 1 井区，为继承性厚砂岩分布区（图 4.19）。

就砾岩厚度分布而言，西部托克逊凹陷苏 1 井区发育大套厚层砾岩；台北凹陷整个南坡砾岩总体不发育，仅在鲁西凸起与塔克泉凸起之间、巴东 1 井和疙 1 井区少量分布。台北凹陷北坡的砾岩明显较南坡发育，主要分布在北坡东部，向西逐渐减薄；在北坡中段的勒 1 井区，砾岩厚约 10 m，向东到萨东 1–红胡 1 井区，砾岩厚达 50 m 以上，再向东，在红台地区砾岩厚达 50 m。因此，北部有近物源，且东部更靠近物源。

2. 含煤岩系沉积相平面展布特征

（1）八道湾组沉积相平面展布

三叠纪末期印支运动使吐哈盆地基底上升，地层被剥蚀并经历了长期准平原化过程，为侏罗纪广盆形成提供了古构造和古地理条件。侏罗系八道湾组沉积期，源区与盆地之间的地形高差较为明显，南部的觉罗塔格山是主要的物源体系，物源补给充分；盆地内部地形较为平缓，温暖潮湿，植被繁茂，盆地内湖区范围总体小且水体较浅，托克逊凹陷中央水体相对较深，盆地沉积环境为缓坡浅水河流、三角洲和浅水湖泊相

（图4.20）。八道湾组早期，在盆地西部和南部的山前边缘地区普遍发育辫状河相沉积。八道湾组中晚期，随着基准面上升，沉积物堆积可容纳空间增大，河道砂体呈明显退积叠加样式，在南坡平缓地带和盆地中央广泛发育滨湖相沉积。具体而言，托克逊凹陷的沼和泉凸起周围主要以滨浅湖相沉积为主，西部和南部为辫状河三角洲沉积；台北凹陷西部主要发育三角洲平原和滨湖亚相，台北凹陷中东部发育大面积滨浅湖沉积，南北边缘的疙瘩台地区、柯柯亚地区和照壁山地区发育辫状河三角洲沉积；哈密凹陷八道湾组主要为辫状河三角洲沉积，曲流河三角洲沉积，北部边缘为滨浅湖沉积。

八道湾组早期，在河流泛滥平原、三角洲平原以及滨湖地区广泛发育沼泽，形成了吐哈盆地侏罗系第一套重要煤层（A组煤），煤层主要位于托克逊凹陷和台北凹陷的西部地区。

（2）西山窑组沉积相平面展布

吐哈盆地在经历三工河组基准面上升背景下的沉积后，西山窑组一至二段沉积期，基准面逐渐下降，湖盆范围较三工河组期明显缩小，盆地地势更趋平缓，沉积范围明显扩大，在沙尔湖和大南湖地区西山窑组一、二段普遍发育。该时期的构造运动较稳定，基底沉降速率和沉积物补给速率大致平衡，湖盆水体较浅，气候潮湿，植被再次繁盛，沼泽相发育。西山窑组一、二段沉积期发育了以湖泊、曲流河三角洲相为主的第二套含煤沉积（图4.21）。具体而言，吐哈盆地西部发育辫状河三角洲相沉积，其中托克逊地区以滨浅湖相为主。台北凹陷中央以滨浅湖为主，台北凹陷南北坡发育三角洲沉积，如，胜金口-连木沁地区发育来自南部凸起的辫状三角洲体系；台北凹陷东部的疙瘩台-十三间房发育三角洲体系。哈密拗陷三道岭地区以滨浅湖为主，物源位于北部，北部发育曲流河三角洲沉积。沙尔湖凹陷以滨浅湖沉积为主，物源位于北部，并发育曲流河三角洲沉积。大南湖凹陷以曲流河三角洲相为主，物源位于北部，其次为滨浅湖相。西山窑组一、二段的滨浅湖和三角洲平原相中的沼泽亚相主要分布于胜北、丘东、小草湖、三道岭、沙尔湖、大南湖等地区，第二套煤层也主要分布在上述地区。

西山窑组三段沉积期，基准面较一、二段略有所升高，砂体分布有所减少，吐哈盆地均以滨浅湖沉积为主，台北凹陷的南北坡边缘发育曲流河三角洲沉积。该沉积期，陆源碎屑供给充分，台北凹陷南缘斜坡的胜金口-连木沁地区的曲流河三角洲、温吉桑地区与疙瘩台-十三间房地区的辫状河三角洲体系向盆地推进作用明显，而沼泽相逐渐消失，仅在盆地西部局部地区发育。

西山窑组四段沉积期的沉积面貌较一、二、三段发生较大改变。一方面，西山窑组四段沉积早期的基准面达到了西山窑组沉积以来的最低水平，盆地南坡由于河流不断向湖盆推进，导致在南坡的局部地区再次出现了辫状河和辫状河三角洲相沉积；随后基准面开始上升，湖盆范围较前期扩大，导致拗陷周边发育辫状河和辫状河三角洲沉积。另一方面，此时吐哈盆地北部的博格达山开始隆起，改变了吐哈盆地长期以来以南部觉罗塔克山为主要物源区的格局，博格达山演化为盆地北部的主要物源区；由

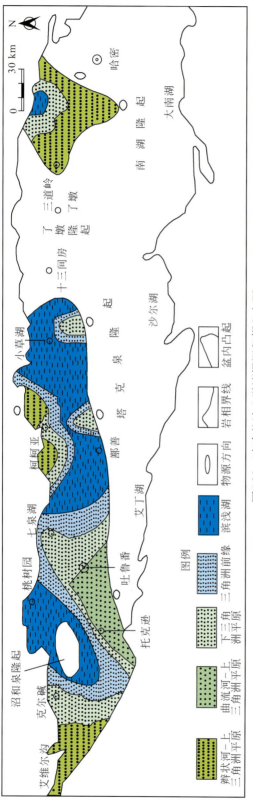

图4.20 吐哈盆地八道湾组沉积相分布图

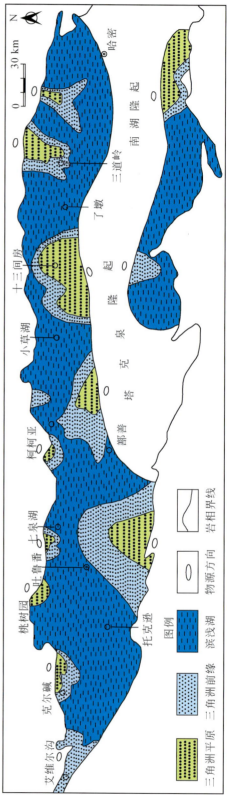

图4.21 吐哈盆地西山窑组沉积相分布图

于博格达山隆升导致的前缘挠曲沉降，致使北侧湖盆相对较深，在北部山前带发育了近源扇三角洲沉积。具体而言，托克逊地区仍以滨浅湖相沉积为主，砂岩含量低，仅在南北山前带发育小型三角洲沉积；台北凹陷中央以滨浅湖沉积为主，南坡继续发育三角洲沉积，而北坡的山前陡岸带开始发育近岸快速堆积的扇三角洲沉积；哈密凹陷三道岭地区以滨浅湖相沉积为主，北部发育三角洲沉积；沙尔湖凹陷和大南湖凹陷主要为辫状河三角洲沉积。

综上所述，吐哈盆地早、中侏罗世沉积相随盆地构造演化和沉积基准面的升降而出现周期性迁移。在基准面比较低的条件下，湖盆缩小，湖岸周边的河流和三角洲向湖盆中央推进；随着基准面的上升，湖盆范围扩大，湖岸周边的河流和三角洲向源区退缩，致使湖盆周边形成以曲流河和曲流河三角洲为主，甚至以滨浅湖为主的沉积。八道湾组沉积期为浅水缓坡辫状河–辫状河三角洲–沼泽–滨浅湖体系；西山窑组一至三段沉积期为河流–三角洲–泛滥平原–沼泽–滨浅湖体系；西山窑组四段沉积期为具盆缘坡折的河流–三角洲–泛滥平原–滨浅湖–扇三角洲体系。煤层主要分布在八道湾组的下部和西山窑组一、二段。

第二节　三塘湖盆地含煤地层沉积学

一、含煤岩系沉积相类型

三塘湖盆地侏罗纪含煤岩系沉积相与吐哈盆地相似，也属于陆相河流–三角洲–湖泊沉积体系，但研究程度较吐哈盆地低。

（一）沉积相的岩石学标志

沉积岩的岩性、沉积构造以及粒度等是反映沉积相的良好标志。三塘湖盆地下侏罗统八道湾组总体上为一套河湖沼泽相含煤沉积，下部主要为河流相灰白色砂砾岩、粗砂岩夹粉砂岩、泥岩；上部为河流沼泽相灰色粗砂岩、中砂岩、厚煤层夹粉砂岩、泥岩。三塘湖中部石头梅至淖毛湖为湖沼相灰色粉砂岩、泥岩夹薄煤层和煤线，含煤性由西至东变差。下侏罗统三工河组主要为湖相灰绿、黄绿色、灰色细砂岩、粉砂岩、泥岩、碳质泥岩，局部夹煤线或薄煤层，常见水平纹理及微波状层理，底部以灰绿色、灰白色中粗砂岩、砂砾岩、砾岩为主。中侏罗统西山窑组下部主要为湖沼相灰色中细砂岩、粉砂岩、泥岩夹粗砂岩、砾岩，含煤层，底部以较稳定的灰白色粗砂岩、砾岩层为主；上部为河湖相黄绿、灰绿、灰色砂砾岩、中粗砂岩、细砂岩夹粉砂岩、泥岩、局部可采煤层、薄煤层、煤线及菱铁矿薄层。中侏罗统头屯河组为河湖相杂色碎屑岩，岩性主要为灰绿、红褐色细砂岩、粉砂岩、砂质泥岩夹砾岩、碳质泥岩，底部多为砾岩、粗砂岩。以上岩石特点反映了三塘湖盆地侏罗纪沉积相主要为河流相和滨浅湖相。

三塘湖盆地侏罗系西山窑组发育冲刷充填构造和平行层理，以及斜波状层理等沉积构造。冲刷充填构造由砾级沉积物冲刷下伏细砂岩构成，冲刷面波状起伏，砾石成分复杂，包括结晶岩、燧石岩屑、泥岩、碳酸盐岩和喷出岩岩屑，粒径多为 10~20 mm，大者可达 70 mm，杂乱分布。平行层理出现在含砾砂岩和细砂岩中，常位于冲刷充填构造砂砾岩的上方，厚达 2~7 m。斜波状层理出现在细砂岩和粉砂岩中，层系边界为斜波状，层系厚约 1.5 cm。透镜状层理出现在灰色泥岩、粉砂质泥岩中，透镜体由灰色粉砂岩构成，具有斜波纹层理。水平层理多出现在曲流河和三角洲平原分流间湾及三角洲前缘。交错层理在辫状河、曲流河、三角洲相均有发育。波状层理多发育在三角洲相中。

三塘湖盆地侏罗系辫状河三角洲的粒度概率曲线主要有三种类型，其中 I 型为跳跃总体粒度分布范围宽、含量高、斜率低的两段式，是冲刷充填构造的砾状砂岩的特征；II 型为发育过渡带的两段式，过渡带含量达 30%，为交错层理细砂岩；III 型为无确定截点的、不同斜率折线段组成的多段式，反映了快速搬运沉积的特征。辫状河三角洲沉积物的 CM 图的 C 值为 360~2800 μm，M 值为 80~400 μm，分选中等，反映了辫状河三角洲沉积物以悬浮跳跃搬运为主，少量滚动搬运的特点。

此外，地震剖面的反射结构、振幅、连续性、频率和层速度等地震参数也是识别沉积相的良好参数。滨浅湖相地震反射表现为平行-亚平行、中-高振幅、中-高频率、中-高连续地震反射的特征，反映砂泥互层发育，纵向变化快，平面分布连续的沉积特征。半深湖-深湖相为平行-亚平行、低振幅、低频率、中-高连续地震反射，无特殊外形。辫状河三角洲相地震反射表现为外形呈宽缓席状分布，内部发育斜交前积现象；其中辫状河道地震相表现为充填反射，内部结构为上超充填；三角洲平原亚相的地震反射表现为波状、低连续、振幅变化较快，局部有空白的特征；三角洲前缘亚相为高振幅、中-低连续、中-高频率反射；前三角洲表现为以平行-亚平行、低振幅、高连续、低频率反射等特征。

（二）沉积相类型

根据沉积相的岩石学标志以及地震反射标志，三塘湖盆地侏罗系八道湾组、三工河组和西山窑组含煤岩系的沉积相类型主要有河流相、三角洲相（扇三角洲）和湖泊相。

1. 辫状河沉积

辫状河沉积相包括河道砂坝沉积、心滩沉积及河道间沉积等亚相。①河道沉积：以砾岩、砂砾岩、细砂岩等粗粒沉积为特征；河道底部常见冲刷充填构造，斜层理和平行层理发育，砾岩常见叠瓦状构造，砂岩发育槽状交错层理、板状交错层理以及平行层理；河道沉积以粒级粗、变化大、分选差、磨圆度差、成熟度低为特点；石英含量约 17%，长石含量约 22%，岩屑约 65%，岩屑成分为火山岩和变质岩颗粒。概率曲线以跳跃总体发育为特征，占 70%~90%，分选中等，斜率较高（500~700），悬浮总体分选差，斜率一般小于 200。测井曲线常表现为多个钟形曲线叠加，有时为多个箱形曲线叠加，自然伽马曲线为大的箱形。②河道间沉积：岩性为砂岩、细砂岩和泥岩互层，泥岩含量较河道沉积增多；砂岩的成熟度低，分选性中等，磨圆度为次棱状。③心滩沉积：岩性以红褐色、红棕色的厚层粉砂岩、泥质粉砂岩及含砾砂岩为主，砂岩中石英含量较高，成熟度较高，分选性较好，磨圆度为次圆状，硅质胶结，粒径0.35～1.5 mm。砂岩中发育交错层理，自然伽马曲线为钟形。

2. 曲流河沉积

曲流河相是三塘湖盆地侏罗纪八道湾组的重要沉积相类型。曲流河沉积相包括河道沉积、河漫滩沉积、泛滥平原等亚相。①河道沉积：岩性以细砾岩、含砾粗砂岩、粗砂岩等为主，常见泥砾和炭化树干化石。②河漫滩沉积：岩性为中-粗砂岩，成熟度和分选性中等，磨圆度为次棱角状-次圆状，发育大型-小型交错层理，也见少量平行层理和波状层理，自然伽马曲线为齿状箱形。③泛滥平原：主要为暗色泥岩、粉砂质泥岩和粉砂岩，砂质泥岩和粉砂岩，砂岩的成熟度和分选性为中等，厚层泥质层夹有粉砂质薄层，发育小型交错层理，自然伽马曲线为齿状钟形；泛滥平原中常常发育沼泽，形成较厚煤层。三塘湖盆地塘参1井、条1井、条2井的八道湾组为曲流河沉积，发育河漫滩、泛滥平原沼泽沉积，发育较厚煤层。

3. （扇）三角洲沉积

三塘湖盆地西山窑组发育扇三角洲沉积和滨浅湖沉积，其中扇三角洲主要分布于盆地的两侧，沉积物粒度相对较粗，成熟度较低，盆地中部为滨浅湖沉积。扇三角洲相包括扇三角洲平原亚相和扇三角洲前缘亚相。

扇三角洲平原是三角洲的陆上部分，发育分流河道和分流河道间湾沉积。①分流河道：岩性为砂质砾岩、砂岩和粉砂岩，成熟度中等，分选性中等，磨圆度为次棱状；底部见有冲刷面，具有交错层理和板状交错层理以及水平层理，自然伽马曲线以齿化箱状为特征。②分流河道间湾：岩性主要为泥岩，含少量细砂岩和粉砂岩；岩层中发育水平层理及波状层理；地层中含有植物碎片化石，与分流河道在岩性上有较大的差别。塘参3井的西山窑组为粉砂岩与泥岩互层，发育煤层，为扇三角洲平原相沉积。

4. 湖泊沉积

湖泊相主要以大套的灰、灰绿色泥岩为主，夹灰色细砂岩和粉砂岩、紫红色泥岩、粉砂质泥岩。三塘湖盆地湖泊相可划分为滨浅湖亚相、湖湾亚相。滨浅湖相的岩性以灰色、灰黑色的细砂岩、粉砂岩、泥质粉砂岩、粉砂质泥岩和泥岩为主，夹薄层粉砂岩透镜体；岩石颗粒较小，结构成熟度高，磨圆度为次圆状，分选较好，孔隙型胶结，粒径0.1～0.25 mm。砂岩主要发育平行层理、交错层理以及波状层理。滨浅湖相砂岩概率粒度曲线可分为较明显的跳跃总体和悬浮总体，牵引总体不发育，跳跃总体一般为80%～90%，分选较好；概率曲线斜率较大，截点为突变，可出现双跳跃总体。测井曲线以指形、低平齿状和近平滑直线为主，可见不规则短轴钟形或漏斗形。湖湾相为

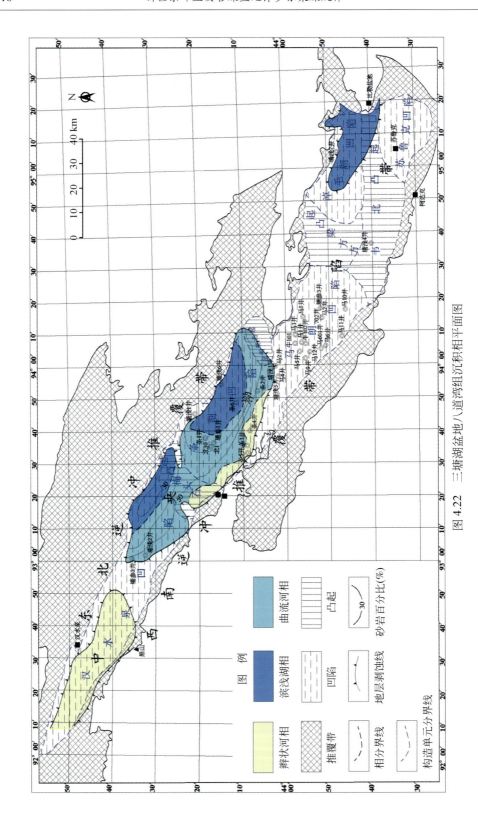

图 4.22　三塘湖盆地八道湾组沉积相平面图

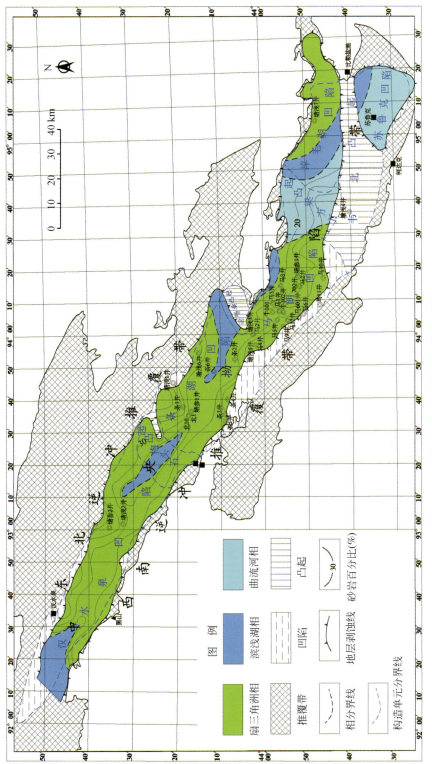

图 4.23　三塘湖盆地西山窑组沉积相平面图

黑色或深灰色富有机质粉砂质或砂质泥岩，夹薄煤层或煤线。

三塘湖盆地湖相主要发育于各个次级凹陷的西山窑组、汉水泉凹陷、条湖凹陷和淖毛湖凹陷的下侏罗统。

二、含煤岩系沉积相展布

侏罗系是三塘湖盆地发育规模较大的地层，其中下侏罗统在盆地东部的马朗凹陷、方方梁凸起、苏鲁克凹陷以及盆地西部汉水泉凹陷的塘参 2 井以西大部分地区缺失，盆地的其他地区发育下侏罗统地层；中上侏罗统在盆地内普遍发育。条 3 井和北 1101 井发育边缘相，由此推测三塘湖盆地侏罗纪沉积的南北边界大致在现今南北山系附近。

1. 八道湾组沉积相平面展布

早侏罗世八道湾期，三塘湖盆地为北陡南缓的不对称箕状盆地。汉水泉凹陷西北和条湖凹陷南缘为辫状河沉积，中部为曲流河沼相沉积，北缘为滨浅湖沉积（图 4.22）。盆地中部的马朗凹陷由于处于隆升剥蚀状态，未接受沉积。盆地东南部的淖毛湖凹陷为滨浅湖沉积。八道湾组期，在曲流河的泛滥平原和滨浅湖相中发育了沼泽亚相，沉积了较厚煤层。

2. 西山窑组沉积相平面展布

中侏罗世西山窑期，马朗凹陷与条湖凹陷连通，原为剥蚀区的马朗凹陷在西山窑组中期开始接受沉积。西山窑组晚期，盆地内发生了强烈沼泽化，发育了煤层。具体而言，汉水泉凹陷、条湖凹陷、马朗凹陷和淖毛湖凹陷主要发育扇三角洲沉积；汉水泉凹陷西北部和东南部、石头梅凸起、条湖凹陷东南部和马朗凹陷的北部、淖毛湖凹陷西部和苏鲁克凹陷北部发育滨浅湖沉积；苏鲁克凹陷中南部和方方梁凸起为曲流河相沉积（图 4.23）。

综上所述，三塘湖盆地侏罗纪含煤岩系发育了河流相、扇三角洲相、滨浅湖相等多种沉积类型。八道湾期，三塘湖盆地的条湖凹陷发育河流相沉积，中晚期条湖凹陷开始沉降，湖水侵入，发育滨浅湖；在曲流河的泛滥平原和滨浅湖相中发育了沼泽亚相，形成了较厚煤层。马朗凹陷缺失八道湾–三工河组沉积地层。西山窑组早期，条湖凹陷抬升，马朗凹陷下沉，两个凹陷连通，整个三塘湖盆地发育扇三角洲相，局部发育滨浅湖相；西山窑组晚期，盆地北侧开始抬升，盆地发生沼泽化，沉积了大面积煤层。

第五章 东疆主要含煤盆地煤层分布与聚集规律

煤层的分布特征是研究聚煤规律的基础，本研究利用测井资料和地震资料对煤层进行了解释，并结合东疆盆地预查报告以及其他文献资料，研究了东疆盆地侏罗系煤层的分布与聚煤规律。对吐哈盆地 170 口井进行了煤层测井解释和厚度统计；处理、解释和反演吐哈盆地二维地震剖面 1300 km，绘制了吐哈盆地二维地震构造剖面 15 条，绘制了联井煤层发育剖面图 8 张；编制了吐哈盆地主要煤层（西山窑组和八道湾组）厚度图 3 张。对三塘湖盆地 76 口井进行了煤层测井解释，对 118 口井进行了煤层厚度统计；处理、解释和反演三塘湖盆地二维地震剖面 600 km，绘制了三塘湖盆地二维地震构造剖面 12 条，绘制了三塘湖盆地联井煤层发育剖面图 8 张；编制了三塘湖盆地主要煤层（西山窑组和八道湾组）厚度图 3 张。

由于东疆主要含煤盆地内各个构造单元的聚煤古地理环境及煤层赋存条件的差异，煤层层数、层位、厚度、结构变化均较大，整体的勘探程度相对较低，因此，本研究只能以煤层组为单位进行对比。煤层对比主要依据煤层组合特征、标志性煤层（特厚煤层）、煤层（组）间距、煤质特征、岩性变化规律、标志性岩层、测井曲线特征以及地震反射波同相轴连续追踪等多种手段进行综合对比。

吐哈盆地侏罗系煤层可划分为八道湾煤组（A 煤组）、西山窑煤组（C 煤组）。A 煤组发育面积较小，煤层赋存受盆地边缘断裂影响较大，以往工作程度较高，对比结果基本可靠。C 煤组全区发育，层位较稳定，吐鲁番拗陷北部和哈密拗陷以往工作较多，研究程度较高，对比结果可靠。对于吐哈盆地的艾丁湖斜坡带和南部隆起带，根据东疆预查资料以及周边已有矿业权区以往研究成果进行对比，对比结果基本可靠。其中沙尔湖凹陷，含煤层数较少，煤组单一，易于对比，对比结果可靠；大南湖凹陷西部含煤层数较多，但煤层集中，煤组单一，易于对比，对比结果可靠；大南湖凹陷中东部含煤层数多，可分为 2～4 个次一级煤层组，对比难度较大，对比结果基本可靠；骆驼圈子、梧桐窝子、野马泉凹陷含煤层数较多，煤层分散，以往工作程度较低，对比结果可靠程度较低。

三塘湖侏罗系煤层可划分为八道湾煤组（A 煤组）、三工河煤组（B 煤组）、西山窑煤组（C 煤组）三个煤组，根据煤层组合特征 C 煤组自下而上可进一步划分为 C_1、C_2、C_3 三个次一级煤组，其中 C_1 与 C_2 间距较小，C_2 与 C_3 间距较大，以一套厚 150～280 m 的中粗砂岩夹砂砾岩、砾岩层分开。A 煤组在西部发育，层位较稳定，对比结果基本可靠。其中，上部煤层多为厚和特厚煤层，在汉水泉西北部发育稳定，对比结果可靠；下部煤层薄、厚度变化较大，层位不稳定，煤层对比依据较少，对比可靠性较差。B 煤组因煤层薄、厚度变化较大，层位不稳定，煤组对比依据较少，对比可靠性较差。C_3 煤组在西北部的库木苏背斜以南发育稳定，大部分为厚–特厚煤层，层位较稳定，对比结果基本可靠。C_2 煤组最下部煤层全区发育，大部分为特厚煤层，层位较稳定，可作为对比的基准煤层，对比结果可靠。C_2 煤组上部煤层位于基准煤层上部 20 ~ 100 m，厚度变化大，层位不稳定，煤层对比依据较少，对比可靠性较差。C_1 煤组，全区发育，层位较稳定，对比结果基本可靠。

第一节　吐哈盆地侏罗系煤层分布与聚煤规律

吐哈盆地二叠系、三叠系和中下侏罗统地层中都有煤层分布，但二叠系、三叠系和下侏罗统的三工河组、中侏罗统的头屯河组主要为薄煤层或煤线；可采煤层主要赋存于侏罗系下统八道湾组（A 煤组）和侏罗系中统西山窑组（C 煤组），C 煤组和 A 煤组煤层层数多、厚度较大。

吐哈盆地侏罗系煤层主要赋存于吐鲁番拗陷［包括克尔碱凹陷、台北凹陷（北部的桃树园–七泉湖–柯柯亚一带，南部七克台–底湖一带）、托克逊凹陷、艾丁湖斜坡带四个构造单元］、哈密拗陷和南部隆起带（包括沙尔湖浅凹陷、大南湖浅凹陷、骆驼圈子浅凹陷、梧桐窝子浅凹陷、野马泉浅凹陷五个构造单元），含煤面积约 6550 km²（未包含托克逊凹陷、台北凹陷、哈密拗陷的深部区域）。吐哈盆地各构造单元中煤组的划分见表 5.1，各煤组的特征见表 5.2—表 5.4。吐哈盆地含煤 1 ~ 41 层，煤层总厚 0.25 ~ 309 m，其中吐鲁番拗陷含煤 1 ~ 41 层，煤层总厚 0.25 ~ 121 m；哈密拗陷含煤 1 ~ 23 层，煤层总厚 2.2 ~ 101 m；南部隆起带含煤 1 ~ 31 层，煤层总厚 0.92 ~ 309 m。吐哈盆地侏罗系煤层厚度及埋深见图 5.1—图 5.13。

表 5.1　吐哈盆地各构造单元煤组分布

构造单元	次级构造单元	含煤组
吐鲁番拗陷	克尔碱凹陷	A 煤组、C 煤组
	台北凹陷	A 煤组、C 煤组
	托克逊凹陷	A 煤组、C 煤组
	艾丁湖斜坡带	C 煤组
哈密拗陷	哈密凹陷	A 煤组、C 煤组
南部隆起带	沙尔湖浅凹陷	C 煤组
	大南湖浅凹陷	C 煤组
	骆驼圈子凹陷	C 煤组
	梧桐窝子凹陷	C 煤组
	野马泉凹陷	C 煤组

表 5.2　吐哈盆地吐鲁番拗陷各煤组特征一览表

煤组	赋煤单元	含煤层数	煤层总厚/m 范围（点数）/平均（点数）	可采层数	可采总厚/m 范围（点数）/平均（点数）	含煤系数/%	主要煤层含矸层数 范围/一般	可采性 面积/km²	可采性 程度	煤类
A煤组	克尔碱凹陷	1~17	4.12~89.20（138）/29.59（138）	1~8	1.50~63.48（127）/27.36（127）	9.64	0~15/0~5	240	大部	长焰煤
	台北凹陷北部桃树园-七泉湖一带	1~3	4.0~12.66（5）/9.17（5）	1	2.66~12.66/7.55	2.60	0~1	190	局部	长焰煤
	台北凹陷深部	20	87.12			11.3				
	托克逊凹陷深部	41	121.00			14.2				
	综合	1~41	4.0~121.0（145）/29.91（145）	1~8	1.50~63.48/26.61	9.4	0~15	430	局部	长焰煤
C煤组	克尔碱凹陷	1~9	0.25~28.94（214）/17.31（214）	0~4	0.9~26.07（156）/14.62（156）	6.2	0~10/0~4	220	大部	长焰煤
	台北凹陷西北部桃树园一带	1~9	16.43~53.26（8）/37.90（8）	3~9	10.82~27.32（8）/20.53（8）	21.64	1~8	10	大部	长焰煤-不黏煤
	台北凹陷北部七泉湖一带	1~3	28.33~67.24（22）/46.60（22）	2	28.29~45.33（20）/35.4（20）	23.2	3~11	290	大部	长焰煤-不黏煤
	台北凹陷东北部柯柯亚一带	8	4~31.85/18	6				150	大部	
	台北凹陷南部七克台-底湖一带	1~4	11.03~28.38（12）/18.38（12）	3	9.82~27.3（12）/16.99（12）	3.7	1~5	251	大部	长焰煤-不黏煤
	艾丁湖斜坡带西部伊拉湖区	1	1.28~1.49（2）/1.39（2）	1	1.28~1.49（2）/1.39（2）	0.5	0	58	大部	长焰煤-褐煤
	艾丁湖斜坡带东部艾丁湖区	1~6	1.5~24.27（9）/7.79（9）	1~6	1.5~24.27（9）/7.37（9）	1.9	0~2/0~1	326	全区	长焰煤
	艾丁湖斜坡带中部区	1~5	20.15~34.63（10）/47（10）	1~5	19.81~30.56（10）/26.27（10）	6.5	0~3/0~2	192	全区	长焰煤-褐煤
	综合	1~9	0.25~67.24（278）/20.25（278）	0~9	0.9~45.33（217）/17.01（217）	9.1	0~11	1397	大部	长焰煤/褐煤/不黏煤

表 5.3　吐哈盆地南部隆起带各煤组特征一览表

煤组	赋煤单元	含煤层数	煤层总厚/m 范围(点数)/平均	可采层数	可采总厚/m 范围(点数)/平均	含煤系数/%	主要煤层合并层数 范围/一般	可采性 面积/km²	程度	煤类
C组煤	库木塔格区	1~15	2.19~162.09 (4) / 82.38	1~15	1.87~153.21 (4) / 76.40	21.4	1~27	202	全区	长焰煤、褐煤
	库木塔格南区	14	14.15	4	10.99	5.8	6	17	全区	长焰煤
	沙尔湖	23	26.97	12	19.78	4.8	2	61	全区	长焰煤、褐煤
	沙尔湖总体规划区	1~25	1.30~276.07 (28) / 98.34	1~23	1.30~267.42 (28) / 96.82	22.0	0~29 / 6~10	490	全区	长焰煤、褐煤
	大南湖西区	3~13	7.67~59.93 (8) / 23.43	2~10	7.67~59.93 (8) / 19.88	6.8	0~9 / 2~6	813	全区	长焰煤、不黏煤
	大南湖东区	1~31	0.92~162.68 (15) / 38.84	1~22	1.5~149.95 (14) / 39.37	3.9	0~6 / 2~4	689	全区	长焰煤、褐煤
	大南湖中部	1~29	36.47~143.39 (35) / 93.20	1~25	28.48~133.12 (35) / 79.28	19.0	0~6 / 0~3	638	全区	长焰煤、褐煤
	骆驼圈子	2~9	2.21~9.41 (3) / 6.74	2~3	2.21~7.44 (3) / 4.98	1.2	0~1	45	全区	长焰煤
	梧桐窝子	12~15	6.3	3~7	3.76	0.4		150	局部	
	野马泉	22	15.37			3.7		305		
	综合	1~31	0.92~276.07 (97) / 74.21	1~25	1.30~267.42 (95) / 68.96	16.5	0~29	3410	全区	长焰煤/褐煤/不黏煤

表 5.4　吐哈盆地哈密坳陷各煤组特征一览表

煤组	赋煤单元	含煤层数	煤层总厚/m 范围(点数)/平均	可采层数	可采总厚/m 范围(点数)/平均	含煤系数/%	主要煤层合并层数 范围/一般	可采性 面积/km²	程度	煤类
西山窑组组煤（C组煤）	哈密凹陷西北部三道岭一带	0~7	2.20~101.14 (169) / 31.25	1~4	2.20~83.94 (142) / 28.19	6.23	2~20 / 0~5	370	大部	不黏煤
	哈密凹陷中南部	23	30							

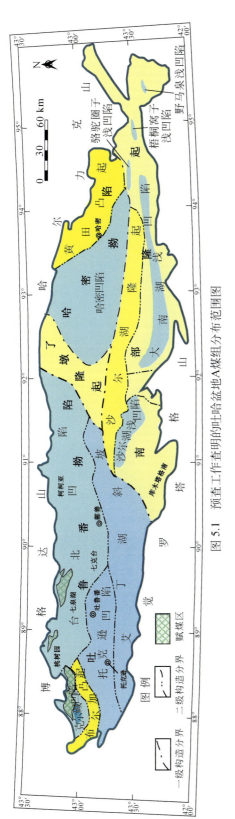

图 5.1 预查工作查明的吐哈盆地A煤组分布范围图

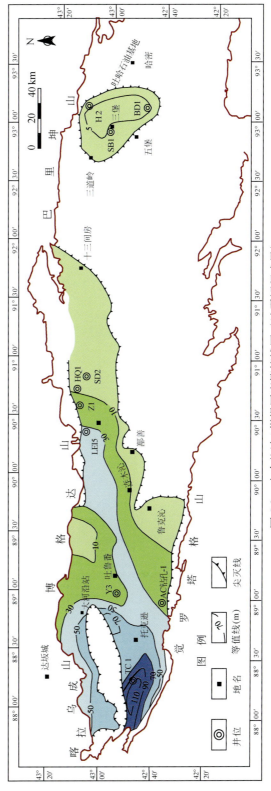

图 5.2 吐哈盆地A煤组厚度等值线图（地震解释成果）

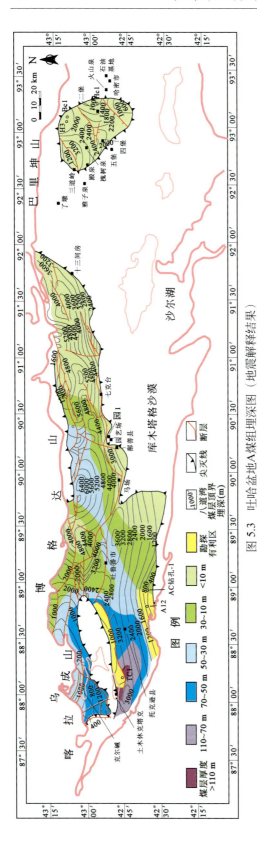

图 5.3　吐哈盆地 A 煤组埋深图（地震解释结果）

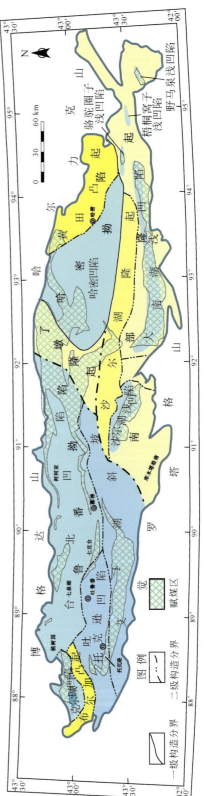

图 5.4　预查工作查明的吐哈盆地 C 煤组分布范围图

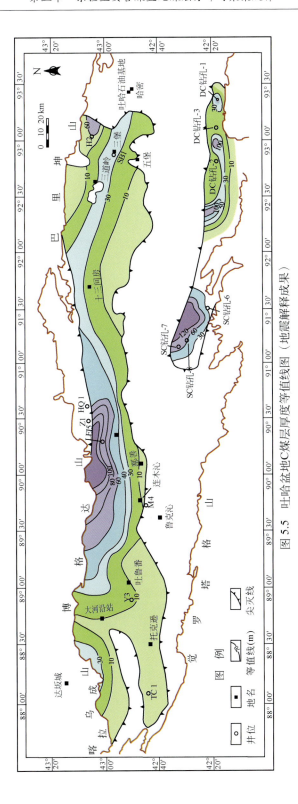

图 5.5　吐哈盆地C煤层厚度等值线图（地震解释成果）

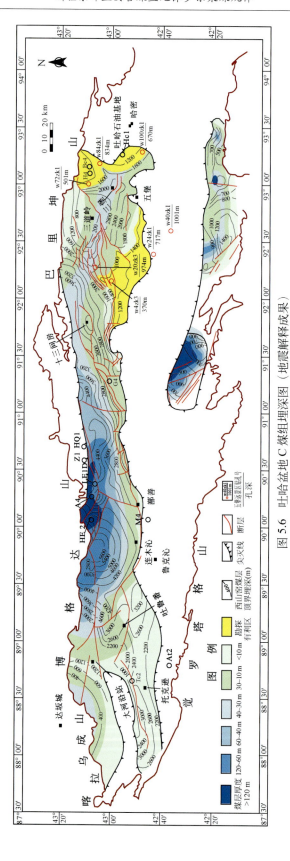

图 5.6　吐哈盆地 C 煤组埋深图（地震解释成果）

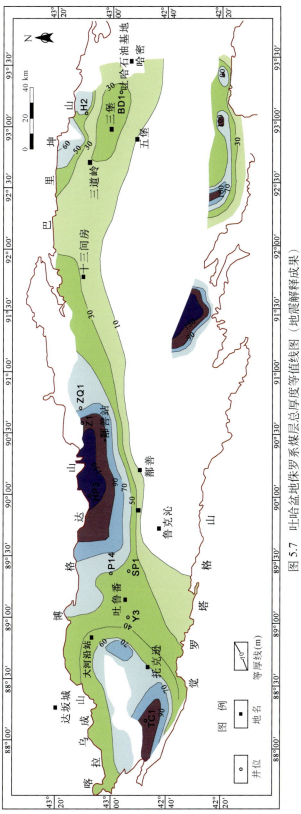

图 5.7　吐哈盆地侏罗系煤层总厚度等值线图（地震解释成果）

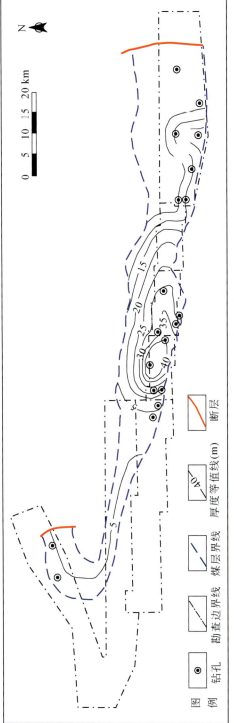

图 5.8 艾丁湖斜坡带 C 煤组厚度等值线图

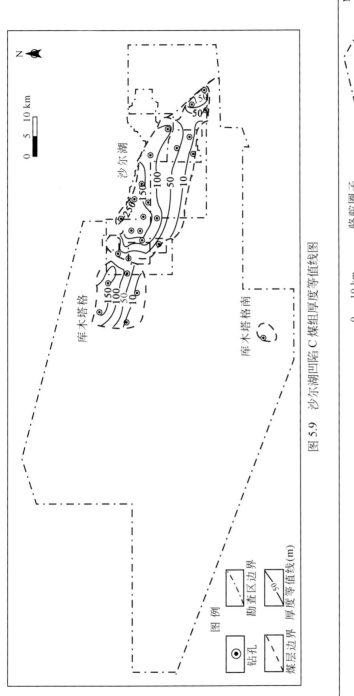

图 5.9　沙尔湖凹陷 C 煤组厚度等值线图

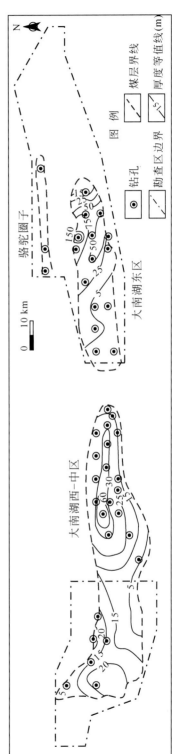

图 5.10　大南湖凹陷 C 煤组厚度等值线

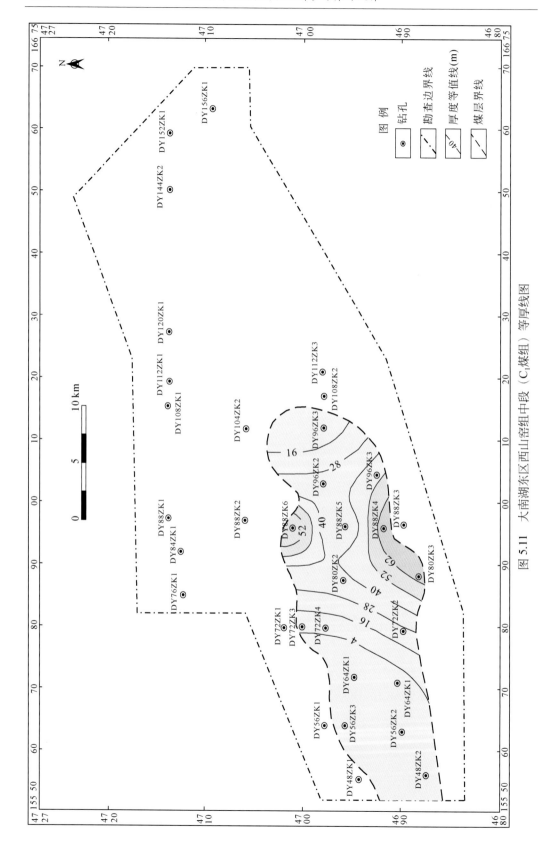

图 5.11　大南湖东区西山窑组中段（C₁煤组）等厚线图

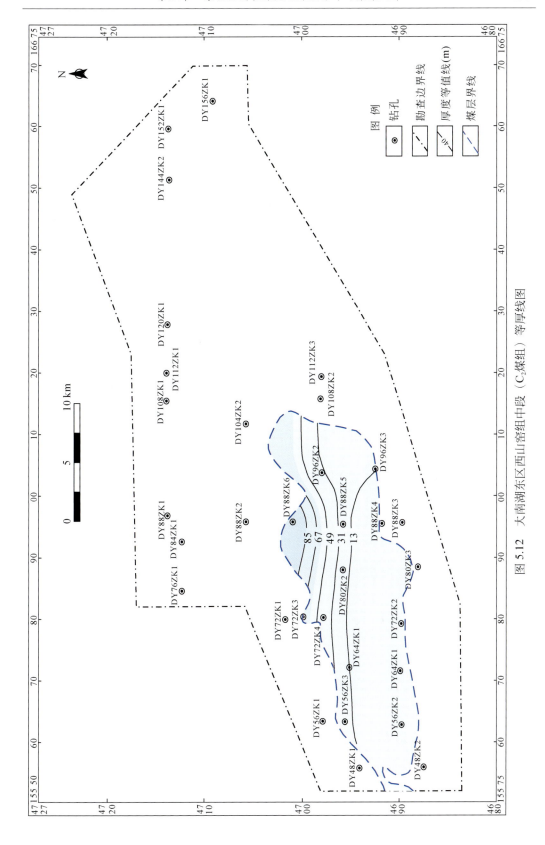

图 5.12　大南湖东区西山窑组中段（C$_2$煤组）等厚线图

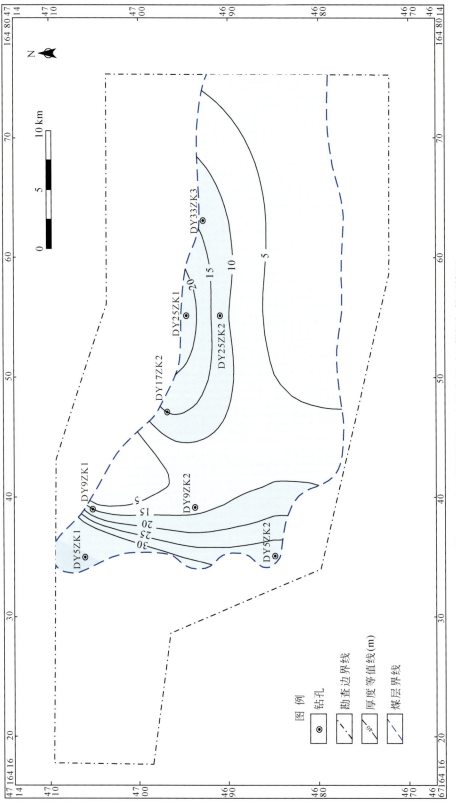

图 5.13　大南湖西区西山窑组中段（C₁煤组）等厚线图

一、吐哈盆地八道湾组煤（A 煤组）分布

A 煤组含煤性变化较大，主要分布于吐鲁番拗陷内，并以托克逊凹陷最好，台北凹陷次之；哈密拗陷较差，呈现出自西向东含煤性逐渐降低，煤层层数、厚度逐渐降低的趋势。A 煤组埋深 2000 m 以浅的区域主要集中在克尔碱凹陷和台北凹陷北部的桃树园–七泉湖一带，面积约 490 km²。克尔碱凹陷含煤层数较多，厚度较大，厚 4.1～89.2 m，平均 29.6 m；台北凹陷北部的桃树园–七泉湖一带，含煤层数较少，厚度较小，厚 4.0～12.7 m，平均 9.2 m。A 煤组埋深均大于 2000 m，主要集中在台北凹陷西部的中南部和托克逊凹陷，含煤层数多，厚度大，煤层最大厚度可达 120 m 以上，总体变化趋势为由南向北煤层层数减少、厚度渐薄。

吐哈盆地 A 煤组煤层平均总厚 9.2～29.6 m，含煤系数 2.6%～9.6%。一般由一层全区可采的厚煤层和 2～3 层大部分可采的中厚–厚煤层以及若干薄煤层组成，局部由一层厚–特厚煤层和若干层薄–中厚煤层组成，煤层较分散。煤组上部主要为砂砾岩、砂岩、泥岩不均匀互层，煤层间距较大，一般为 30～70 m。煤组下部为砾岩、砂砾岩夹粉细砂岩，下部煤层间距 9～32 m，煤层间岩性多为粉细砂岩、泥岩，局部为砂砾岩、砾岩。

（一）克尔碱凹陷

含煤 1～17 层，一般由一层全区可采的厚煤层和 2～3 层大部分可采的中厚–厚煤层以及若干层薄煤层组成，各煤层平均间距 9～52 m，煤层间岩性以粉细砂岩、泥岩为主，中粗砂岩次之，局部为砂岩、砂砾岩。含煤总厚 4.1～89.2 m，平均厚 29.6 m，最大单煤层厚度为 31.3 m；可采面积约为 240 km²。东疆预查钻孔中有可采点 127 个，含可采煤层 1～8 层，可采总厚 1.5～63.5 m，平均厚 27.4 m。煤组上部主要为砂砾岩、砂岩泥岩的不均匀互层，下部为砾岩、砂砾岩夹粉细砂岩、泥岩。北部主要煤层为一层全区可采的厚煤层和 2～3 层大部分可采的中厚–厚煤层，南部为一层全区可采的厚煤层和一层大部分可采的薄–中厚煤层；结构简单–复杂，含夹矸 0～5 层，较北部含夹矸略少；厚度沿走向变化较大，西部煤层较厚，向东煤层厚度逐渐变薄尖灭。

（二）台 北 凹 陷

埋深 2000 m 以浅的煤层主要分布在台北凹陷北部的桃树园–七泉湖一带，面积约 250 km²，在台北凹陷核部赋存较深。含煤 1～3 层，一般由为一层全区可采的厚煤层和 1～2 层薄煤层组成，煤层间距较小，煤层间岩性以粉细砂岩、泥岩为主，含煤总厚 4.0～12.7 m，平均厚 9.2 m，最大单煤层厚度为 12.7 m。东疆预查钻孔中有可采点 5 个，含可采煤层 1 层，厚 2.7～12.7 m，平均厚 7.6 m。煤组上部为深灰色泥岩、含砾粗砂岩，下部以泥岩为主。总体变化趋势为东部七泉湖优于西部桃树园，在倾向上由

浅至深变薄–尖灭。在桃树园一带，面积约 60 km²，含可采煤层 1 层，厚 2.73 ~ 7.3 m，平均厚 5.3 m。煤层沿走向厚度变化较稳定，局部因分叉而变薄；在七泉湖煤一带，可采面积 190 km²，含可采煤层 1 层，可采总厚 2.7 ~ 12.7 m，分为上部煤分层（厚 3 ~ 4 m，平均 3.4 m）和下部煤分层（厚 1 ~ 3.5 m，平均厚 2.3 m），中夹厚约 4 m 的砂岩层，沿走向厚度变化较小，西部略厚。台北凹陷核部含煤 20 余层，总厚大于 80 m（台参 1 井）。

二、吐哈盆地西山窑组煤（C 煤组）分布

C 煤组大面积赋存于吐鲁番拗陷、哈密拗陷、南部隆起带，面积约 6480 km²。西山窑组含煤地层平均厚约 400 m，C 煤组总厚 0.25 ~ 309 m，平均厚 33.3 m，含煤系数为 8.3%。就垂向分布而言，C 煤组自下而上可以划分为多个含煤段，但整体是下厚上薄。就平面分布而言，台北凹陷 C 煤组分布最广、面积最大，沙尔湖和大南湖分布范围均较小。就煤层厚度而言，C 煤组厚度变化的总趋势为盆地中间厚，东西两端较薄；南部隆起带含煤性最优，最大厚度可达 309 m，哈密拗陷次之，最大厚度 101 m，吐鲁番拗陷稍差，最大厚度 67 m；煤层厚度大于 100 m 的富煤中心多集中在沙尔湖、大南湖地区和台北凹陷北部，并以沙尔湖矿区最好，次为大南湖矿区和台北凹陷；大于 50 m 小于 100 m 的聚煤中心位于北部凹陷七泉湖西和鄯善东一带。

（一）吐鲁番拗陷

C 煤组在吐鲁番拗陷主要分布于克尔碱凹陷、台北凹陷（北部的桃树园–七泉湖–柯柯亚一带，南部七克台–底湖一带）、艾丁湖斜坡带三个构造单元内，最大埋深大于 2000 m，2000 m 以浅面积 2700 km²。含煤 1 ~ 9 层，一般由 1 ~ 2 层厚—特厚煤层和 1 ~ 7 层薄—中厚煤层组成，煤层较集中，煤层平均间距变化较大，煤层间岩性以粉细砂岩、泥岩为主，局部为中粗砂岩。含煤总厚 0.25 ~ 67.2 m，煤层平均总厚 20.3 m；可采煤层 0 ~ 9 层，可采煤层总厚 0.90 ~ 45.3 m，平均厚 17.0；最大单煤层厚度 30.2 m，含煤系数 9.1%。含煤总体变化趋势为北部以七泉湖为赋煤中心向东西两侧煤层层数增加，厚度减小，南部沿倾向由浅至深厚度渐薄。煤组上部岩性多为砂砾岩与粉细砂岩、泥岩互层，下部以粉细砂岩与泥岩互层为主，夹中粗砂岩、砂砾岩。各次级凹陷 C 煤组分布特征如下。

克尔碱凹陷：含煤 1 ~ 9 层，多由一层厚—特厚煤层和若干层薄—中厚煤层组成，间距 10 ~ 36 m，煤层间岩性以粉细砂岩、泥岩为主。含煤总厚 0.25 ~ 28.9 m，平均厚 17.3 m；可采煤层 0 ~ 4 层，可采总厚 0.9 ~ 26.0 m，平均厚 14.6 m；最大单煤层厚度 28.9 m。主要煤层西部为一层厚—特厚煤层，结构简单—复杂，含夹矸 0 ~ 10 层。煤层最大埋深大于 2000 m，2000 m 以浅面积约 220 km²，煤层向东逐渐变薄至不可采，沿倾向由浅到深厚度变薄。煤组上部岩性以黄褐色、灰绿色砾岩、砂砾岩、粗中砂岩为主，夹灰黑色泥岩、粉砂岩；下部多为粉细砂岩与泥岩互层。

台北凹陷：含煤 1~9 层，主要由两层厚—特厚煤层和若干层薄—中厚煤层组成，煤层间距较小，煤层间岩性以粉细砂岩、泥岩为主。含煤总厚 4.0~67.2 m，平均厚 36.4 m；含可采煤层 2~9 层，可采总厚 4.0~45.3 m，平均厚 26.9 m。主要煤层为两层厚—特厚煤层（俗称南大槽煤和北大槽煤），结构简单—复杂，含夹矸 1~7 层。煤层最大埋深大于 2000 m，2000 m 以浅面积约 830 km²。煤层总体趋势为北部以七泉湖为中心向西部的桃树园分叉，煤层层数增加，总厚度减少；东部的柯柯亚煤层层数减少，厚度略低；南部七克台–底湖一带沿走向由西向东变薄，沿倾向由浅到深变厚。煤组上部岩性多为粉细砂岩夹砂砾岩、中粗砂岩，下部多为粉细砂岩与泥岩互层。

台北凹陷西北部的桃树园含煤区，面积约 10 km²。含煤 1~9 层，含煤总厚 16.4~53.3 m，平均厚 37.9 m；含可采煤层 3~9 层，其中全区可采为 5 层，大部可采 4 层，可采总厚 10.8~27.3 m，可采煤层平均厚 20.5 m。该煤组自东向西煤层逐渐增厚，夹矸平均层数逐渐减少；煤层顶板以细砂岩、粉砂岩、泥岩为主；底板以粉砂岩、泥岩为主。

台北凹陷北部七泉湖区含煤区，面积约 290 km²。含煤 1~3 层，含煤总厚 28.3~67.2 m，平均厚 46.6 m；含可采煤层 2 层，可采总厚 28.3~45.3 m，可采煤层平均厚 35.4 m。煤层发育较为稳定，沿走向由西向东有变薄趋势，沿倾向由浅到深有变厚趋势，结构趋于复杂，含夹矸 3~11 层。煤层顶板为细砂岩、粉砂岩、泥岩；底板以灰黑色粉砂岩、泥岩为主。

台北凹陷东北部柯柯亚区含煤区，面积约 150 km²。含煤 8 层，含煤总厚 4.0~31.9 m；含可采煤层 6 层，可采煤层平均总厚约 18 m。煤层发育较为稳定，结构简单—复杂。煤层顶板多为粉砂岩、泥岩，底板以粉砂岩、泥岩、碳质泥岩为主。

台北凹陷南部七克台–底湖含煤区，面积约 380 km²。含煤 1~4 层，含煤总厚 11.0~28.4 m，平均厚 18.4 m；含可采煤层 3 层，可采总厚 9.8~27.3 m，可采煤层平均总厚 17.0 m。煤层发育较为稳定，沿走向由西向东有变薄趋势，沿倾向由浅到深有变厚趋势，结构也趋于简单，含夹矸 1~5 层。煤层顶板以灰色细砂岩、粉砂岩为主，底板为泥质粉砂岩、粉砂质泥岩、泥岩。

艾丁湖斜坡带：煤层最大埋深大于 2000 m，2000 m 以浅含煤面积约 1650 km²。含煤 1~6 层，主要由 1~2 层厚—特厚煤层和 1~4 层薄—中厚煤层组成，结构简单，大部分含夹矸 0~2 层；最大煤层间距达 300 m，一般 20~50 m，煤层间岩性以粉细砂岩、泥岩为主，局部夹砂砾岩。含煤总厚 1.28~34.6 m，平均厚 12.3 m，最大单煤层厚度 30.2 m；可采煤层 1~6 层，可采总厚 1.3~30.6 m，平均厚 11.4 m。煤组上部岩性多为粉细砂岩夹砂砾岩、中粗砂岩；煤组下部多为粉细砂岩与泥岩互层。艾丁湖斜坡带中南部（艾丁湖二、三区）为富煤中心；向西至伊拉湖，可采煤层层数减少，厚度降低，主要煤层渐变为一层中厚—厚煤层，结构简单；向东渐薄，在 216 线出现次一级富煤中心，至迪坎儿煤层尖灭，沿倾向由南向北逐渐分叉变薄。

（二）哈 密 拗 陷

本次地震解释的哈密拗陷 A 煤组主要分布于二堡、三堡、四堡、槐树泉和三道岭一带，煤厚约 5 m，埋深大多大于 2000 m，在二堡南部和东南部、三道岭一带煤层埋深小于 2000 m。

哈密拗陷 C 煤组主要分布于东北部的三道岭一带，面积约 370 km²。煤层最大埋深大于 2000 m，2000 m 以浅面积约 370 km²。三道岭一带煤层埋深小于 2000 m，含煤 1 ~ 7 层，一般由一层厚—特厚煤层和 2 ~ 3 层中厚煤层以及 3 ~ 4 层薄煤层组成，煤层较集中，间距一般为 0.9 ~ 29.2 m，煤层间岩性为砂砾岩、中粗砂岩粉细砂岩、泥岩，局部夹菱铁矿层或结核。含煤总厚 2.2 ~ 101.1 m，平均总厚 1.95 ~ 46.6 m，含煤系数 3.7% ~ 23.2%；含可采煤层 1 ~ 4 层，可采总厚 2.2 ~ 83.9 m，平均厚 28.2 m。煤组上部岩性一般以粉细砂岩为主，局部为中、粗砂岩、砂砾岩；煤组下部以粉细砂岩与泥岩互层为主，夹中粗砂岩、砂砾岩。富煤中心在西山复背斜南翼东段，南翼东段的含煤性好于南翼西段，南翼含煤性好于北翼。哈密拗陷中南部 C 煤组埋藏较深，含煤 23 层，含煤总厚约 30 m。

（三）南部隆起带

南部隆起带 C 煤组主要分布于沙尔湖浅凹陷和大南湖浅凹陷，在骆驼圈子浅凹陷、梧桐窝子浅凹陷、野马泉浅凹陷分布面积较小，面积约 3410 km²。含煤 1 ~ 31 层，最大埋深 1600 m，一般由 1 ~ 2 层全区可采的厚—特厚煤层和若干薄—中厚煤层组成，局部 4 层厚—特厚煤层，煤层较集中，含夹矸 0 ~ 29 层，结构简单—极复杂；煤层间岩性以粉细砂岩、泥岩为主，局部为中粗砂岩、砂砾岩。含煤总厚 0.92 ~ 309 m，平均厚 74.2 m，含煤地层平均厚约 450 m，含煤系数 16.5%；含可采煤层 1 ~ 25 层，可采总厚 1.30 ~ 267 m，平均厚 69.0 m。煤组上部岩性以灰绿色粉砂岩、泥岩为主，局部为中粗砂岩、砂砾岩；煤组下部以灰白色中粗砂岩，灰色粉砂岩、泥岩为主。沙尔湖、大南湖中部、西部和东部为富煤中心，围绕富煤中心向外煤层厚度变薄；煤层厚度变化较大，沙尔湖和大南湖中部厚度最大，向东变薄。各凹陷的煤层分布特征如下。

沙尔湖浅凹陷：位于南部隆起带西段，可分为库木塔格区、库木塔格南区和沙尔湖区，面积约 770 km²。含煤 1 ~ 23 层，最大埋深 910 m，一般由一层全区可采的巨厚煤层和若干层薄—中厚煤层组成，煤层较集中，间距一般 5 ~ 30 m。含煤总厚 1.3 ~ 309 m，平均厚 95.7 m，最大单煤层厚度 217 m；含可采煤层 1 ~ 15 层，可采总厚 1.3 ~ 276 m，平均厚 89.6 m。主要煤层为一层全区可采的巨厚煤层，含夹矸 0 ~ 29 层，一般 6 ~ 10 层，结构简单—极复杂。煤组上部岩性以灰绿色粉砂岩、泥岩为主；下部以灰白色中粗砂岩为主，煤层间岩性以粉砂岩、泥岩为主，局部为中粗砂岩、砂砾岩。沙尔湖西部、库木塔格为富煤中心，富煤中心外围煤层变薄；沙尔湖中北部煤层厚度最大，向东西两侧变薄；沿倾向由北向南逐渐分叉变薄至尖灭。

库木塔格区位于沙尔湖浅凹陷西北部，面积约 200 km²。含煤 1 ~ 15 层，最大埋深约 910 m，一般由一层全区可采的巨厚煤层和若干层薄—中厚煤层组成，煤层较集中，间距一般为 5 ~ 20 m。含煤总厚 2.2 ~ 162 m，平均厚 82.4 m，最大单煤层厚度 143.5 m；可采煤层 1 ~ 15 层，可采总厚 1.87 ~ 153.2 m，平均厚 76.4 m。煤层厚度总体为北厚南薄，沿倾向由浅至深逐渐变薄至尖灭。主要煤层为全区可采的巨厚煤层，含夹矸 0~27层，结构简单—极复杂。煤组上部岩性以灰绿色粉砂岩、泥岩为主；下部以灰白色中粗砂岩为主，煤层间岩性以粉砂岩、泥岩为主，局部为中粗砂岩煤层。

库木塔格南区位于沙尔湖浅凹陷西南部，面积约 17 km²，含煤 14 层，最大埋深500 m，为薄—中厚煤层，煤层间距一般 20~30 m，含煤总厚 14.15 m，最大单煤层厚度为 2.5 m；可采煤层 5 层，可采总厚 11.0 m。主要煤层为两层中厚煤层，含夹矸 0~1 层，结构简单。煤组上部岩性以灰绿色粉砂岩、泥岩为主；下部以灰白色中粗砂岩为主，煤层间岩性以粉细砂岩、泥岩、碳质泥岩为主，局部为中粗砂岩。

沙尔湖区位于沙尔湖浅凹陷东部，面积约 550 km²。含煤 1~25 层，最大埋深900 m，一般由一层全区可采的巨厚煤层和若干层薄—中厚煤层组成，煤层较集中，间距一般 5~30 m。含煤总厚 1.3~309 m，平均厚 98.3 m，最大单煤层厚度 217 m。可采煤层 1~23 层，可采总厚 1.3~267 m，平均厚 96.8 m。煤层厚度总体北厚南薄，沿倾向北部由浅至深逐渐变薄，南部由浅至深逐渐变厚。主要煤层为全区可采巨厚煤层，含夹矸 0~29 层，结构简单—极复杂。煤组上部岩性以灰绿色粉砂岩、泥岩为主；下部以灰白色中粗砂岩为主，煤层间岩性以粉细砂岩、泥岩为主，局部为中粗砂岩、砂砾岩。

大南湖浅凹陷：位于南部隆起带中段，可分为大南湖西区和东区，面积约 2140 km²。含煤 1~31 层，最大埋深 1700 m，一般由 1~4 层厚—特厚煤层和若干层薄—中厚煤层组成，煤层较集中，间距为 10~30 m，含煤总厚 0.92~163 m，平均厚 69.5 m，最大单煤层厚度 25.8 m；可采煤层 1~25 层，可采总厚 1.5~150 m，平均厚 61.4 m。主要煤层为 1~4 层厚—特厚煤层，含夹矸 0~9 层，一般 0~4 层，结构简单—较简单。煤组上部岩性以灰绿色粉砂岩、泥岩为主；下部以灰白色中粗砂岩为主。煤层间岩性以粉细砂岩、泥岩为主，局部为中粗砂岩、砂砾岩。煤层厚度总体北翼大于南翼，大南湖凹陷中西部和东部（DY88 线）为富煤中心，向外围变薄。

大南湖西区面积约 1450 km²。含煤 1~29 层，最大埋深 1200 m，由 1~2 层厚—特厚煤层和若干层薄—中厚煤层组成，局部分叉由若干层薄—中厚煤层组成，煤层间距10~20 m，含煤总厚 7.7~143 m，平均厚 80.2 m，最大单煤层厚度 23.4 m；可采煤层1~25 层，可采总厚 7.7~133 m，平均厚 68.2 m。主要煤层一般为 1~2 层特厚煤层和6~10 层中厚–厚煤层；其中西侧变化较缓，延伸约 60 km，主要煤层为一层特厚煤层，结构简单—较简单，大部分含夹矸 0~4 层；东侧变化急剧，向东迅速尖灭。煤组上部岩性以灰绿色粉砂岩、泥岩为主；下部以灰白色中粗砂岩为主。煤层间岩性以粉细砂岩、泥岩为主，局部为中粗砂岩、砂砾岩。

大南湖东区面积约 690 km²，含煤 1~31 层，最大埋深 1700 m，由一层厚—特厚煤层和若干层薄—中厚煤层组成，局部含 2~4 层特厚煤层，煤层间距 10~60 m，含煤总厚 0.92~163 m，平均厚 38.8 m，最大单煤层厚度 25.8 m；可采煤层 0~22 层，可采总厚 1.5~150 m，平均厚 39.4 m。主要煤层为 1~4 层厚—特厚煤层，结构简单—复杂，含夹矸 2~5 层；其中西侧变化较缓，延伸约 45 km；东侧变化急剧，向东迅速尖灭。煤组上部岩性以灰绿色粉砂岩、泥岩为主；下部以灰白色中粗砂岩、砂砾岩、砾岩为主。煤层间岩性以粉细砂岩、泥岩为主，局部为粗砂岩、砂砾岩和砾岩。

骆驼圈子浅凹陷：位于南部隆起带东段，面积约 45 km²。含煤 2～9 层，最大埋深700 m，均为薄—中厚煤层，煤层较集中，间距 10～30 m，含煤总厚 2.2～9.4 m，平均厚 6.7 m，最大单煤层厚度 6.5 m；可采煤层 2～3 层，可采厚度 2.2～7.4 m，平均厚5.0 m。煤组上部岩性为砂砾岩、粉砂岩；下部为灰白色砂砾岩、中粗砂岩。煤层间岩性以中粗砂岩、泥岩为主，局部为粉细砂岩和砂砾岩。煤组厚度变化较小。

梧桐窝子浅凹陷：位于南部隆起带东段，骆驼圈子凹陷东部，面积约 150 km²。含煤 12～15 层，煤层总厚 6.7 m，可采煤层 3～7 层，平均厚度 3.76 m。

野马泉浅凹陷：位于南部隆起带东段，梧桐窝子凹陷东部，面积约 305 km²。含煤22 层，总厚 15.4 m，煤质变化较大。

三、吐哈盆地侏罗系煤层聚集的控制因素

煤层发育受古气候和古植物、古构造、古地理等地质条件的控制。有利的古气候为古植物的发育提供条件，大量古植物发育是成煤的物质基础；在具备成煤古气候和古植物的前提下，盆地基底沉降和沉积环境是控制煤层空间分布的决定性因素。吐哈盆地早、中侏罗世气候温暖潮湿，雨量充沛，有利于植物生长，为形成巨厚煤层奠定了物质基础。稳定的构造沉降背景为泥炭堆积的可容空间变化速率与泥炭沉积速率保持平衡提供了重要保障，有利于泥炭的堆积和保存。八道湾组和西山窑组的聚煤作用强度明显受同沉积构造和沉积环境双重因素的控制。

（一）吐哈盆地侏罗纪成煤期的构造格局与聚煤作用

侏罗系含煤岩系的形成与演化既受西北地区大地构造环境的影响与控制，也受北侧博格达山和南侧觉罗塔格山隆升的影响和控制。

在三叠纪印支运动期间，整个西北地区总体处于一种挤压构造环境，但印支运动后的早中侏罗世期间，整个西北地区总体处于引张构造环境（葛肖虹等，1995）。据博格达山顶部残留的早侏罗世八道湾期砾岩、博格达山两侧八道湾组的砾石的分布及古流方向可知，准噶尔盆地、吐哈盆地、三塘湖等盆地在早侏罗世是一个连片分布的沉积大区。早中侏罗世期间，觉罗塔格隆起区为吐哈盆地的主要隆起区，盆地内次级凹陷和凸起发育，并成为早、中侏罗世含煤建造的基底。博格达山大规模隆升的时间为中侏罗世西山窑组沉积之后（薛良清等，2000），并成为吐哈盆地北部的重要物源。

燕山期，吐哈盆地构造活动的主要表现为稳定沉降和间歇性振荡，盆缘断裂、盆内断裂以及中央隆起带是控制侏罗系聚煤规律的主要因素。盆缘断裂控制含煤盆地的范围和几何形态，南缘为南东东—东西—北西西向弧形展布的博罗科努—康吉尔—星星峡深断裂，北缘和西北缘为北东东向展布的博格达断裂和东西展布的喀拉乌成断裂。盆内存在着北东—南西向和北西—南东向两组断裂（图 5.14），这两组断裂控制着盆地菱形断块基底的沉降活动，形成了北东—南西向和北西—南东向两组次级凸凹带，次级凹

陷带的相交部位常构成次级沉积中心，如台北凹陷西部、托克逊凹陷西部、哈密凹陷等。此外，吐哈盆地中央长期存在一条由大南湖北侧至鄯善呈近东西向展布的次一级隆起带，该隆起带不是主要剥蚀区，可能为水下隆起，它对盆地南部和北部的沉积分异以及全区大面积聚煤作用起到了重要作用。该隆起带北侧的七泉湖-三道岭一带、南侧的艾丁湖-大南湖一带的有利聚煤条件皆与此隆起带有关。隆起带与拗陷带交汇处的内侧拗陷区往往是有利的成煤场所，如东部野马泉地区、西部艾维尔沟一带都处于该构造古地理环境内，充足的碎屑补给、隆起与拗陷相互制约，使沉积速率与拗陷速度易达成平衡，为泥炭堆积和赋存提供了良好的构造和古地理条件，由此而形成较大的富煤带。吐哈盆地次级隆起与次级凹陷交互出现使得吐哈盆地古地理环境较复杂，相带分布不具备环状结构，煤层在平面上的连续性稍差。八道湾组沉积中心分别位于艾维尔沟-克尔碱一带、柯柯亚-七克台附近、野马泉一带，聚煤中心位于艾维尔沟、七克台、三道岭及野马泉。西山窑组沉积中心分别位于艾维尔沟、柯柯亚、野马泉、艾丁湖、沙尔湖和大南湖，聚煤中心位于克尔碱、桃树园子-柯柯亚、七克台以东、艾丁湖、沙尔湖、大南湖和野马泉。此外，吐哈盆地侏罗纪同沉积构造对厚煤层的形成也具有十分重要的作用（见本节后面关于厚煤层构造成因部分）。

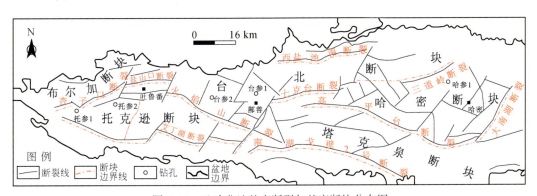

图5.14　吐哈盆地基底断裂与基底断块分布图

（二）吐哈盆地侏罗系沉积的物源体系

吐哈盆地侏罗系沉积相、岩石粒度变化、古水流和物源分析等资料表明：①觉罗塔格推覆体是吐哈盆地侏罗纪沉积的主要物源区，从早侏罗世的八道湾组一直持续到晚侏罗世早期。如盆地中部的中侏罗世三间房组及七克台组沉积碎屑粒度由南向北逐渐变细，古流向参数显示沉积物搬运方向主要由南向北；晚侏罗世早期沉积物也主要来自南部邻近地区。②奇台古陆是盆地北部重要物源区，沉积物搬运方向由北向南，鄯善的古流向为188°、艾维尔沟为193°。③博格达山作为物源区的情况有所不同，在西山窑组沉积前，博格达山的局部隆起（如在桃树园地区）仅是盆地北部次要的物源区；在西山窑组沉积之后，博格达山成为盆地北部的重要物源区；自晚侏罗世，博格达山发生强烈褶皱隆起，构成吐哈盆地的主要物源区，如盆地北部边缘发育大量冲积扇相粗砾岩，喀拉扎组厚度由北向南逐渐减薄，碎屑粒度逐渐变细（陶明信，1994；邵磊等，1999a，1999b）；在白垩纪、古近-新近纪，博格达山继续隆升（古近-新近纪隆升强烈）成为盆地的主控物源区。沈传波等（2006）认为博格达山晚侏罗世末—早白垩世隆升具有四个主要演化阶段，起始时间分别为150～106 Ma、75～65 Ma、44～24 Ma、13～7 Ma，其中44～24 Ma之前，博格达山南、北缘隆升速率近于一致。之后，博格达山的隆升转为区段性，南、北缘形成差异隆升。④在吐哈盆地盆地东部的哈密坳陷，尽管盆地南部觉罗塔格山是盆地的物源区，但盆地北部的哈尔里克山一直是持续剥蚀区和重要物源区，古流向在坳陷北侧总是由北向南。

（三）吐哈盆地成煤期沉积环境与聚煤作用

吐哈盆地盆缘断裂、盆内断裂和中央隆起带控制了侏罗纪古地理的总体分布，构造-古地貌背景是控制层序发育和相带展布的主要因素，早期八道湾组—西山窑组三段为缓坡浅水沉积背景，西山窑组四段—七克台组为具明显沉积坡折的沉积背景。吐哈盆地中下侏罗统总体是浅水湖盆背景基准面上升条件下形成的不同级别层序的有序叠加，可划分出辫状河和辫状河三角洲、曲流河和曲流河三角洲、扇三角洲、湖泊等沉积体系。沉积相在纵向发育上呈现三个阶段：早期的辫状河流相-辫状河三角洲相、中期的曲流河-曲流河三角洲、扇三角洲和滨浅湖相以及晚期的滨浅湖相分别占主导地位。沉积相在横向展布上呈现三个区带：南坡发育辫状河三角洲-曲流河三角洲，北坡发育辫状河三角洲-扇三角洲，中央湖盆区长期发育滨浅湖相。侏罗系煤层大多形成于最大湖泛面附近的湖侵体系域末期和高位体系域早期，该时期存在较大的可容空间增加速率与较大的泥炭堆积速率之间的平衡，有利于厚煤层的聚集。煤层厚度与砂砾岩含量两者呈负相关关系，即砂砾岩含量越小，煤层厚度越大。有利的聚煤环境是沉降速率中等、陆源碎屑供给相对较少的湖湾以及三角洲平原地区。托克逊凹陷八道湾组为三角洲平原亚相，沙尔湖、大南湖、台北凹陷的七泉湖-鄯善一带和哈密坳陷的三道岭地区西山窑组为湖湾和三角洲平原亚相，上述地区煤层较厚，具体如下。

早侏罗世早期（八道湾期），吐哈盆地重新沉降，湖盆面积较小，湖盆主体为一浅水缓盆，盆缘断裂活动较强烈，地形高差大。沉积中心则集中在盆地西端，含煤岩系厚达1628～3440 m，反映了当时断裂活动性强、沉降幅度大、沉积速度快等特征。克尔碱凹陷和台北凹陷北部桃树园-七泉湖一带，物源主要来自北侧博格达山局部隆起和奇台隆起，地形坡度较大，盆缘断裂活动较频繁，基准面出现了数次小幅度的升降（聚煤旋回），导致该区域煤层沿走向时断时续，沿倾向展布较短，具有层数多，厚度小等特点。托克逊凹陷和台北凹陷南部物源来自南侧觉罗塔格山隆起，距盆缘断裂较远，受盆缘断裂活动影响较小，地形坡度较小，具有较好的聚煤条件，为早侏罗世早期的富煤中心。盆地南缘受隆起影响，盆地南部的大南湖、沙尔湖及艾丁湖一带缺失八道湾组沉积；东部的野马泉、梧桐窝子一带含煤性差。含煤岩系以粗碎屑岩为特征，主要为灰色、灰白色、浅灰色砾岩、含砾中粗粒砂岩、细砂岩、粉砂岩及灰黑、黄绿色砂质泥岩夹碳质泥岩和煤层。冲积河流相普遍发育，以辫状河–辫状河三角洲及曲流河三角洲沉积为主，随基准面上升，沉积物堆积可容纳空间的增大，河道砂体呈明显的退积叠加样式。煤层主要分布于克尔碱凹陷、托克逊凹陷、台北凹陷及哈密拗陷，聚煤中心为艾维尔沟、克尔碱、桃树园子、柯柯亚、七克台、三道岭和野马泉等（艾维尔沟有可采煤层 12 层，较稳定，煤质好；在克尔碱，煤层层数由西向东减少且多变薄尖灭）。

中侏罗世早期（西山窑期），吐哈盆地在经历三工河期湖盆扩张充填基础上沉积了西山窑组。盆缘构造活动相对平静，地形坡度较平缓，西山窑组沉积范围较三工河组大，逐步扩大至盆地南部的觉罗塔格隆起北缘，吐鲁番拗陷南部艾丁湖斜坡带、南部隆起带上的沙尔湖凹陷、大南湖凹陷均接受大面积沉积。西山窑组主要为曲流河三角洲和滨浅湖沉积，沉积物一般偏细，主要由深灰色、浅灰色砂岩、含砾砂岩、粉砂岩及灰绿色泥岩和灰黑色泥岩、碳质泥岩和煤层等组成；煤层主要分布于克尔碱、七克台以东地区、三道岭地区、南部艾丁湖–沙尔湖–大南湖一带、东部野马泉、梧桐窝子一带，富煤带主要分布在艾丁湖、沙尔湖和大南湖，以东部大南湖最厚。

西山窑期，盆地北部东西全面贯通，托克逊凹陷和台北凹陷连为一体，北坡辫状河沉积退缩至盆地边缘物源区附近，南坡辫状河三角洲体系向盆地推进作用明显。托克逊凹陷西山窑组厚度为 500～770 m，最大沉降区位于南部；台北凹陷西山窑组最大厚度约 1300 m，由西向东具变厚趋势（鄯勒地区以东厚度一般在 700 m 以上，最厚的鄯勒地区达 1000 m 以上），台北凹陷西部具北厚南薄趋势；哈密拗陷西山窑组厚度200～673 m。吐鲁番拗陷北部物源位于北侧博格达山和奇台隆起，地形坡度较早侏罗世早期变缓，三角洲沉积增加，故该期聚煤作用较早侏罗世有利，聚煤中心位于克尔碱、桃树园子–柯柯亚、七克台以东一带，煤层沿倾向展布较早侏罗世长，走向上也出现少量较连续煤层，但因其距盆缘断裂较近，受其活动影响，煤层含夹矸层数较多，结构较复杂。台北凹陷南部七克台–底湖一带，处于盆地腹部，三角洲沉积下部形成两层厚—特厚煤层，但因泥炭沼泽发育过程中水体活动频繁，造成煤层结构复杂，稳定性较差。吐鲁番拗陷南部艾丁湖斜坡带三角洲体系向盆地推进作用明显，为面积较大聚煤中心，沿走向、倾向延伸均较长，富煤中心位于斜坡带中北部。三道岭、艾维尔沟因构造上升，聚煤作用有所减弱。

盆地南部隆起带的沙尔湖凹陷和大南湖凹陷形成后，经历了若干次小幅升降，形成了沙尔湖、大南湖、野马泉等独立的聚煤中心。沙尔湖–大南湖西山窑组厚 250～880 m，最大厚度分别在沙尔湖和大南湖两个次级凹陷中心。南部隆起带西段沙尔湖凹陷为曲流河三角洲平原聚煤，因该区古构造活动极为平静，泥炭沼泽环境长期发育，故而形成煤层具有层数少、厚度大的特点，最大厚度可达 309 m，煤层厚度沿走向变化较小，沿倾向变化较大，富煤中心位于凹陷北部三角洲，其西南部（库木塔格南）为滨浅湖沉积，仅在湖湾处小范围内形成厚度较薄煤层。南部隆起带中段大南湖凹陷构造活动也极为平静，发育三角洲沉积，聚煤条件最为有利，赋煤面积和总厚度均较大，富煤中心位于凹陷中部。南部隆起带东段骆驼圈子浅凹陷、梧桐窝子浅凹陷、野马泉浅凹陷，由于距盆缘断裂较近，受盆缘断裂活动影响较大，聚煤作用延续时间较短，形成煤层层数较多、厚度较小、煤质变化较大。

中侏罗世晚期，吐哈盆地的基准面再次上升，湖盆水体加深，南部辫状河三角洲体系向盆地边缘退缩，北部辫状河三角洲体系明显向盆地推进。古气候和沉积环境不再利于煤层聚集。

总之，吐哈盆地侏罗系含煤性具有如下特点：南部隆起带含煤性好于吐鲁番拗陷，吐鲁番拗陷好于哈密拗陷；南部隆起带中西部好于其东部，北缘好于南缘；吐鲁番拗陷南部好于北部；哈密拗陷北部好于南部；C 煤组含煤性好于 A 煤组；吐鲁番拗陷西北部 A 煤组含煤性好于 C 煤组，吐鲁番拗陷东北部 C 煤组含煤性好于 A 煤组。含煤岩系的后期改造在下一章论述。

四、吐哈盆地巨厚煤层成因

吐哈盆地赋存有巨厚的侏罗系煤层，现简要论述吐哈盆地侏罗系巨厚煤层的成因。国内外学者对巨厚煤层的成因也进行过许多研究，并提出了多种不同的成因模式，世界范围内超厚煤层分布情况见表 5.5。不同学者通过很多方法计算从泥炭到烟煤的压缩比，并得出了不同结果，一般而言，泥炭、褐煤、烟煤的压缩比为 6∶3∶1。1986 年 Winston 记录了泥炭与刚过渡到煤物质时不同组织的压缩比，石松周皮为 7∶1，根座属小根为 30∶1，科达木木材为 3.3∶1。据此对德国莱茵盆地计算表明，该盆地 49/71 号钻孔煤层厚度为 101 m，计算得出当时泥炭的原始厚度为 268 m。若以 1∶2.5 压缩比来计算，吐哈盆地沙尔湖浅凹陷总厚为 309 m，煤层的原始泥炭厚度应为 753 m，217 m 单层煤层厚度的原始泥炭厚度至少应为 544 m。若以一般认为的 6∶1 来计算，则上述煤层总厚和单层煤层厚度的原始泥炭厚度分别为 1806 m 和 1304 m。如此之大的原始泥炭厚度暗示当时沙尔湖凹陷西山窑组中段沉积时持续沉降深度很大，需要持续而稳定沉降。

在西山窑期，沙尔湖浅凹陷、大南湖浅凹陷为吐哈盆地南部隆起带上相对稳定的沉积凹陷，两个凹陷内都发育几个次级小洼陷，据侏罗系底部埋深可知这些凹陷深度也较大，大多达 1000 m 以上，甚至 1800 m（图 5.15，图 5.16）。沙尔湖凹陷的基底为由古生界火山碎屑岩、碳酸盐岩及海西期中、酸性侵入岩组成的刚体硬块。自侏罗纪西山窑期，除盆地边缘的同沉积断裂活跃外，两个凹陷具有持续稳定的沉降条件，并接受了侏罗系、古近系、新近系、第四系沉积。侏罗纪以来，沙尔湖凹陷、大南湖凹陷与吐哈盆地主体湖盆并未完全沟通，为相对独立的凹陷，凹陷主要为滨浅湖环境，在凹陷周缘发育三角洲环境，成为聚煤的良好场所。西山窑组沉积早期，湖区周缘发育退积水进型扇三角洲，不利于泥炭沼泽化发育，仅形成一些薄煤层。在西山窑组中晚期，由于北部三角洲沉积的推进，凹陷北部大面积泥炭沼泽化，形成了面积和厚度大的煤层，特别是在盆地一侧持续发育的同沉积断层的控制下，形成了巨厚煤层（图 5.17—图 5.19）。西山窑组末期，盆地逐渐抬升，气候干旱，聚煤作用终止。

表 5.5 世界范围内超厚煤层分布

国家	煤田或矿区	时代	特厚煤层情况	煤种
原苏联	爱基巴斯杜斯煤田	C_1	下石炭统卡拉干达组下部的一个复煤层组，厚 180~260 m。其中有四个煤层，由上而下，一煤平均厚 22 m，二煤平均厚 32 m，三煤平均厚 83~92 m，四煤平均厚 16 m	肥煤、气肥煤
法国	Cevennes 盆地	C_3	主煤层（Sans-Nom 煤层）最厚达 40 m	
法国	Montceau 盆地	C_3	20 层煤层，第 I 号煤层最厚达 100 m	
原苏联	通古斯煤田西南部科库伊矿区	P_1	下二叠统含煤地层含可采煤层 25 层，最上部的厚煤层厚度达 60~70 m	气煤（局部肥煤）
原苏联	齐良宾煤田科尔金矿区	T_3	矿区南翼浅部煤厚 200 m，沿倾向分两层，上层厚 50~60 m，下层厚 100~150 m，向北煤层分为 14~17 可采煤层，每层厚 1~12 m	褐煤—烟煤过渡阶段
原苏联	图尔干煤田库什穆隆矿区	J_1	两个含煤组，下部称库什穆隆含煤组，上部称杜兹巴含煤组，共含煤 19 层，主要煤层是下厚煤层，厚 10~50 m，上厚煤层 7~30 m，两煤层间距 10~80 m，均在库什穆隆组内	褐煤
原苏联	图尔干煤田埃金萨矿区	J_1	库什穆隆组含 15 层可采煤层。南部主要可采的厚煤层，平均厚 70 m，向北部分岔成厚 5~6 m 的煤分层。厚煤层之下还有透镜状的三层煤，个别地方厚度达 15~17 m	褐煤
原苏联	麦库边煤田南翼绍普蒂库利矿区	J_2	绍普蒂库利含煤亚组有四层煤。由上而下，一煤厚 21~56 m（纯煤厚 15~40 m），沿倾向煤层分岔并增厚到 128 m；二煤近地表厚 5~26 m（纯煤厚 4~17 m），沿倾向分岔并增厚到 72 m。三—四煤厚 24~40 m；五煤厚 3~6 m；相应纯煤各厚 4~14 m 和 3~5 m	褐煤
中国	鄂尔多斯盆地华亭砚峡井田	J_{1-2}	延安组 4 煤层，最厚 90.13 m，平均 51.5 m	不黏煤
中国	鄂尔多斯盆地彬长矿区	J_{1-2}	延安组 4 煤层，最厚 42.2 m，平均 25 m	不黏煤
中国	吐哈盆地沙尔湖浅凹陷	J_2	西山窑组煤层 25 层，单层煤厚达 217 m，总厚达 309 m	褐煤–长焰煤

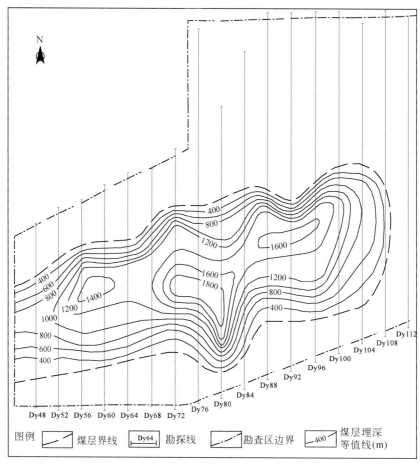

图 5.15 大南湖东部预查区侏罗系底界等深线图

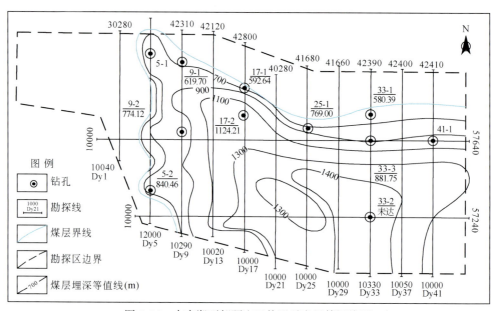

图 5.16 大南湖西部预查区侏罗系底界等深线图

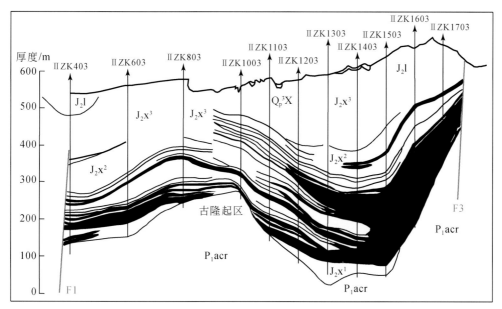

图 5.17 沙尔湖凹陷东部煤层剖面图

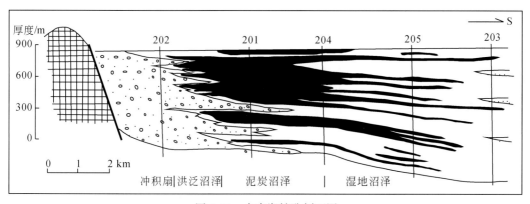

图 5.18 大南湖钻孔剖面图

沙尔湖凹陷西山窑组之上的三间房组虽遭受剥蚀但尚未剥蚀殆尽,之后又沉积了古近系和第四系地层,从而使西山窑组超厚煤层得以保存。中、晚燕山运动和喜马拉雅运动使凹陷整体抬升,含煤岩系埋藏较浅,顶面埋深一般 500~800 m。据新疆鄯善县沙尔湖煤田勘探开发现场指挥部,截止 2011 年年底沙尔湖煤田探明储量约 892 亿 t,位居亚洲第一。

综上所述,沙尔湖凹陷和大南湖凹陷巨厚煤层的形成是有利的古气候、古植物、古构造和古地理等多个因素综合作用的结果。

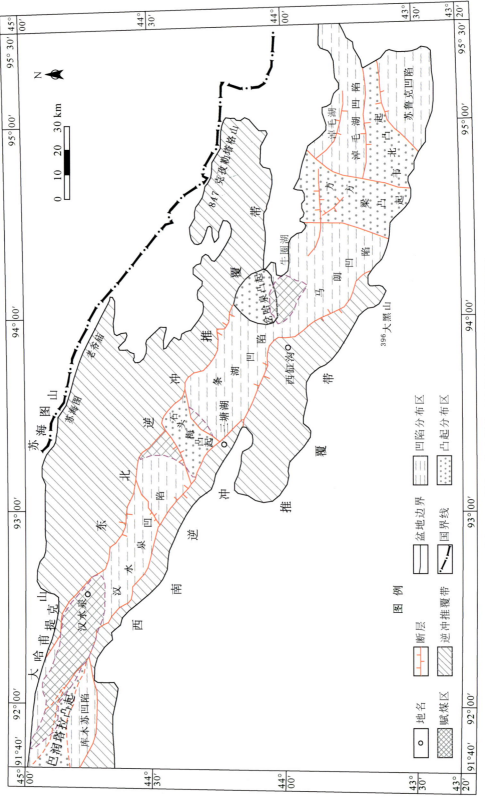

图 5.19 预查工作查明的三塘湖盆地 A 煤组分布范围图

第二节　三塘湖盆地侏罗系煤层分布与聚煤规律

三塘湖盆地的三叠系和侏罗系地层中都有煤层发育，但三叠系和侏罗系头屯河组的煤层均为薄煤层或煤线，煤层主要发育在侏罗系八道湾组（A 煤组）、三工河组（B 煤组）和西山窑组（C 煤组），其中 C 煤组在盆地西部可进一步划分为 C_1、C_2、C_3 三个次一级煤组。A 煤组为局部发育，层位较稳定；B 煤组零星分布，煤层层数及厚度变化较大；C 煤组，全区发育，层位较稳定。含煤地层平均厚约 800 m。

三塘湖盆地煤层主要赋存于中央拗陷带的库木苏凹陷、汉水泉凹陷、石头梅凸起、条湖凹陷、岔哈泉凸起、马朗凹陷、方方梁凸起、淖毛湖凹陷八个二级构造单元内（表 5.6），含煤面积约 5080 km^2，含煤 1~25 层，煤层总厚度 0.34~89.9 m，平均厚 19.2 m，含煤系数为 2.4%。含可采煤层 0~21 层，可采总厚 0.90~81.5 m，平均厚 17.5 m，可采煤层含煤系数为 2.2%。

表 5.6　三塘湖盆地侏罗纪地层含煤特征简表

构造单元	煤组	构造单元	煤组
库木苏凹陷	C 煤组	岔哈泉凸起	C 煤组
汉水泉凹陷	A 煤组、B 煤组、C 煤组	马朗凹陷	C 煤组
石头梅凸起	A 煤组、C 煤组	方方梁凸起	C 煤组
条湖凹陷	A 煤组、C 煤组	淖毛湖凹陷	C 煤组

根据本项目地震反演的煤层分布图并结合预查报告的资料，现简要论述三塘湖盆地侏罗系八道湾组和西山窑组煤层的分布特征和聚集规律。

一、三塘湖盆地八道湾组煤层（A 煤组）分布

三塘湖盆地八道湾组含煤地层平均厚约 350 m，含煤系数 4.7%，含煤面积约 1440 km^2，可采性面积指数 29%，为局部可采煤组。煤层总厚 0.71~57.6 m，平均厚 17.8 m，最大单煤层厚度 43.6 m；含可采煤层 0~5 层，可采总厚 0.90~50 m，平均厚 16.5 m。A 煤组结构如表 5.7 所示。

三塘湖盆地八道湾组仅在条湖凹陷及以西地区发育，因此，八道湾组煤层（A 煤组）也主要分布在上述地区。具体而言，A 煤组分布在汉水泉凹陷西北部，石头梅凸起、条湖凹陷、岔哈泉凸起南部–马朗凹陷西北部（图 5.19，图 5.20）。该煤组在盆地各构造单元含煤性变化较大，在盆地西端汉水泉凹陷西北部，含煤层数多，厚度大，变化小，一般 15.2~57.6 m，平均 31.2 m，仅 ST8ZK2 孔因剥蚀煤层厚度较薄，厚 1.4 m。汉水泉凹陷富煤中心分布在西部 ST40ZK1 井附近，最厚达 50 m 以上（图 5.20）。在盆地中部石头梅凸起西北部和岔哈泉凸起南部–马朗凹陷西北部含煤层数少，厚度小，煤层总厚 0.71~10.7 m，平均厚 4.7 m；总体变化趋势为西厚东薄，沿倾向由浅至深逐渐变薄。条湖凹陷富煤中心在条 12 井附近，最大厚度约 50 m（图 5.20）。本次地震解释出的 A 煤组最大埋深在汉水泉凹陷为 1500 m，在条湖凹陷为 2100 m。

表5.7 三塘湖含煤盆地各煤组特征一览表

煤组	构造单元	含煤层数 两级值	煤层总厚/m 两级值 / 平均(点数)	可采层数 两级值	可采总厚/m 两级值 / 平均(点数)	含煤系数/% 平均	主要煤层含矸层数 两级值 / 一般	可采性 面积/km²	可采性 程度	煤类
A	汉水泉凹陷	1~6	$\frac{1.35~57.58}{35.21(6)}$	1~5	$\frac{1.35~50.18}{29.60(6)}$	7.4	$\frac{6~12}{6~10}$	650	局部	长焰煤 气煤
	石头梅凸起	3~6	$\frac{2.70~6.91}{4.41(4)}$	1~4	$\frac{0.90~6.91}{3.05(4)}$	1.5	$\frac{0~2}{0~1}$	685	大部	长焰煤
	马朗凹陷	1~5	$\frac{0.71~10.72}{4.89(4)}$	0~3	$\frac{1.40~7.05}{4.23(2)}$	2.8	$\frac{0~3}{0~1}$	105	局部	长焰煤
	综合	1~6	$\frac{0.71~57.58}{17.75(14)}$	0~5	$\frac{0.90~50.18}{16.52(12)}$	4.7	0~12	1440	局部	长焰煤 气煤
B	汉水泉凹陷	1~14	$\frac{0.91~13.85}{4.89(6)}$	0~5	$\frac{0.91~6.38}{3.27(6)}$	1.3	0~1		不可采	长焰煤
	马朗凹陷	1~2	$\frac{0.35~1.23}{0.63(4)}$	0~1	0.87	0.6	0		不可采	长焰煤
	综合	1~14	$\frac{0.35~13.85}{3.19(10)}$	0~5	$\frac{0.87~6.38}{2.93(7)}$	1.6	0~1		不可采	长焰煤
C	库木苏凹陷	4~14	$\frac{12.89~32.2}{22.19(7)}$	2~13	$\frac{10.09~27.43}{17.66(7)}$	3.7	$\frac{0~5}{0~2}$	320	全区	长焰煤 不黏煤
	汉水泉凹陷	2~14	$\frac{1.33~32.99}{19.45(13)}$	0~14	$\frac{1.16~28.4}{17.14(12)}$	3.2	$\frac{0~9}{2~5}$	1325	全区	长焰煤 不黏煤
	石头梅凸起	1~14	$\frac{3.22~50.11}{19.14(28)}$	1~8	$\frac{2.43~49.69}{17.95(28)}$	4.8	$\frac{0~4}{0~2}$	780	全区	长焰煤 不黏煤
	条湖凹陷	6~12	$\frac{10.89~45.99}{22.33(6)}$	3~8	$\frac{7.4~40.71}{18.09(6)}$	3.7	$\frac{0~4}{1~3}$	950	全区	长焰煤
	岔哈泉凸起	1~9	$\frac{16.53~51.53}{34.70(5)}$	1~7	$\frac{16.53~50.99}{33.99(5)}$	6.9	$\frac{0~4}{0~2}$	130	全区	长焰煤 不黏煤
	马朗凹陷	1~14	$\frac{3.20~43.85}{18.14(10)}$	1~12	$\frac{1.0~42.90}{15.91(10)}$	3.6	$\frac{0~6}{2~4}$	575	全区	长焰煤 不黏煤
	方方梁凸起	1~9	$\frac{0.34~40.27}{19.38(126)}$	0~4	$\frac{0.85~36.82}{17.84(122)}$	6.4	$\frac{0~2}{}$	260	全区	长焰煤
	淖毛湖凹陷	1~14	$\frac{0.85~30.28}{13.87(48)}$	1~5	$\frac{0.85~27.17}{12.56(48)}$	2.3	$\frac{0~3}{}$	310	全区	长焰煤
	综合	1~14	$\frac{0.34~51.53}{18.69(243)}$	0~14	$\frac{0.85~50.99}{17.01(238)}$	4.2	$\frac{0~9}{0~3}$	4650	全区	长焰煤 不黏煤

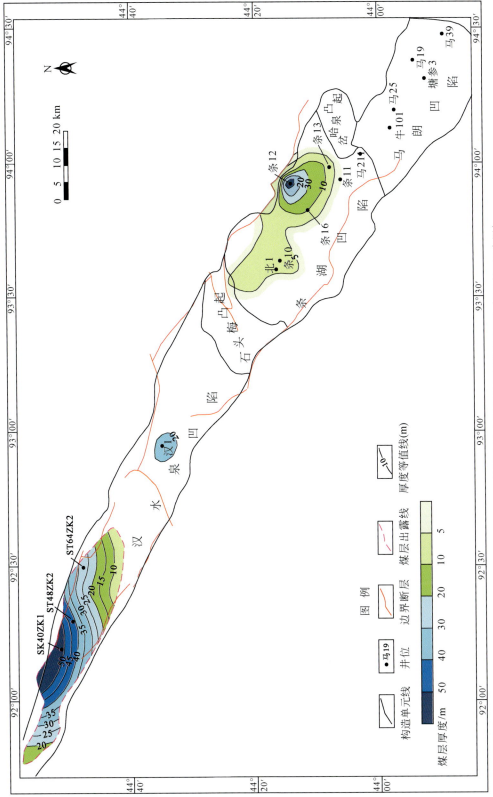

图 5.20　三塘湖盆地 A 煤组的厚度等值线图（地震解释成果）

就垂向而言，A 煤组含煤 1~6 层，一般由一层结构复杂的特厚煤层和若干层薄—中厚煤层组成，局部由 2~5 层薄—中厚煤层组成；煤层较集中，间距 5~57 m，一般 10~20 m；A 煤组主要发育在八道湾组的中部和中下部，呈多层发育，单层厚度不一。A 煤组上部岩性以灰色粉砂岩、泥岩为主，局部为中粗砂岩、砂砾岩；A 煤组下部岩性以灰白色中粗砂岩为主。煤层间岩性在东部以中粗砂岩、砂砾岩为主，局部为粉细砂岩、泥岩；在西部以粉砂岩、泥岩为主。

（一）汉水泉凹陷

含煤面积约 650 km²，最大埋深 1700 m。含煤 1~6 层，含煤总厚 1.4~57.6 m，平均厚 35.2 m，最大单煤层厚度为 43.6 m。可采煤层 1~5 层，可采总厚 1.4~50.2 m，平均厚 29.6 m。煤组厚度总体沿走向为中部厚两侧薄，沿倾向由浅至深逐渐变薄。煤组由一层结构复杂的特厚煤层和若干层薄—中厚煤层组成，煤层较集中，间距一般为 10~20 m；主要煤层为一层发育较稳定的特厚煤层，结构复杂，一般含夹矸 6~12 层。煤组上部岩性为灰白色中粗砂岩，灰色粉细砂岩、泥岩，下部以灰白色中粗砂岩、砂砾岩为主。煤层间岩性以中粗砂岩、砂砾岩为主，局部为粉细砂岩、泥岩。

（二）石头梅凸起

含煤面积约 685 km²，最大埋深 2000 m。本次地震解释没有在石头梅凸起发现煤层。预查工作查明该凸起西北部含煤 3~6 层，含煤总厚 2.7~6.9 m，煤组厚度总体变化较小，平均厚 4.4 m，最大单煤层厚度为 3.8 m；可采煤层 1~4 层，可采总厚 0.90~6.9 m，平均厚 3.1 m；主要煤层为一层薄—中厚煤层，结构简单。该凸起的 A 煤组均由薄—中厚煤层组成，煤层较集中，间距一般 5~10 m；煤组上部和下部岩性均一，多为灰色粉砂岩、泥岩；煤层间岩性以粉细砂岩、泥岩为主，局部为中粗砂岩。

（三）岔哈泉凸起南部–马朗凹陷西北部

含煤面积约 105 km²，最大埋深 1900 m。本次地震解释没有在岔哈泉凸起和马朗凹陷发现煤层。预查工作查明岔哈泉凸起南部–马朗凹陷西北部含煤 1~5 层，含煤总厚 0.71~10.7 m，平均厚 4.9 m，最大单煤层厚度 3.0 m；可采煤层 0~3 层，可采总厚 1.4~7.1 m，平均厚 4.2 m。煤组厚度总体为西厚东薄。该地区 A 煤组均由薄—中厚煤层组成，煤层较集中，间距一般 5~10 m，煤层间岩性以粉细砂岩、泥岩为主；主要煤层为一层薄–中厚煤层，结构简单。煤组上部和下部岩性均一，多为灰色粉砂岩、泥岩。

二、三塘湖盆地三工河组煤层（B 煤组）分布

预查工作查明 B 煤组主要赋存于三工河组中部，含煤地层平均厚约 200 m，含煤系

数 1.6%。煤层总厚 0.35~13.4 m，最大单煤层厚度 2.5 m，平均 3.2 m；含可采煤层 0~5 层，可采总厚 0.87~6.4 m，平均厚 2.9 m。煤组上部岩性以粉细砂岩与泥岩互层为主，下部多为中粗砂岩、粉细砂岩、泥岩，局部为砾岩、砂砾岩；煤层间岩性以粉细砂岩、泥岩为主，局部为中粗砂岩。

就平面而言，B 煤组主要分布于盆地西端的汉水泉凹陷西北部，含煤 1~14 层，含煤总厚 0.91~13.9 m，平均厚 4.9 m，最大单煤层厚度为 2.5 m；含可采煤层 0~5 层，可采总厚 0.91~6.4 m，平均厚 3.3 m。B 煤组由若干层薄—中厚煤层组成，煤层薄，厚度变化大，煤层较集中，间距一般 15~35 m，层位不稳定，以不可采煤层为主。煤组上部岩性以粉细砂岩与泥岩互层为主，下部多为中粗砂岩、粉细砂岩、泥岩，局部为砾岩、砂砾岩；煤层间岩性以粉细砂岩、泥岩为主，局部为中粗砂岩。在 ST40 线含煤层数最多，厚度最大，向两侧层数较少，厚度变薄。

在盆地中东部马朗凹陷仅局部零星发育，含煤 1~2 层，含煤总厚 0.35~1.2 m，平均厚 0.63 m，最大单煤层厚度为 0.87 m。

三、三塘湖盆地西山窑组煤层（C 煤组）分布

三塘湖盆地西山窑组煤层（C 煤组）普遍发育，聚煤区域较八道湾组大，由盆地边缘向盆地腹部推进，几乎覆盖整个盆地。三塘湖盆地西山窑组平均厚约 450 m，煤层主要发育在西山窑组中部和中下部，在条 2 和条 10 井区分布在西山窑组中部和中上部。含煤 1~14 层，煤层总厚 0.34~51.5 m，平均厚 18.7 m，最大单煤层厚度 50.1 m；可采煤层 0~14 层，可采总厚 0.85~51.0 m，平均厚 17.0 m。C 煤组一般由一层结构复杂的特厚煤层和若干层薄—中厚煤层组成，局部特厚煤层分叉为若干层薄—中厚煤层，煤层间距一般 5~50 m；在盆地西部库木苏凹陷和汉水泉凹陷西北部，含煤层数较多，间距较大，最大可达 280 m；在盆地中东部各构造单元内，煤组出现多次分叉、合并，煤层层数和间距均变化较大。C 煤组上部岩性多为砂砾岩与粉细砂岩、泥岩互层；下部以粉细砂岩与泥岩互层为主，夹中粗砂岩、砂砾岩；煤层间岩性以粉细砂岩、泥岩为主，局部为中粗砂岩、砾岩、砂砾岩。据煤层组合特征可将 C 煤组自下而上依次划分为 C_1、C_2、C_3 三个次级煤组，C_1 与 C_2 间距较小，C_2 与 C_3 间距较大，以一套厚 150~280 m 的中粗砂岩夹砂砾岩、砾岩层分开。C_1、C_2 煤组为 C 煤组的主要煤层，主要分布于盆地中央坳陷带各二级构造单元内的西山窑组下部，含煤 1~14 层，含煤总厚 0.34~51.5 m，平均厚 18.2 m。C_3 煤组主要分布于盆地西北部的库木苏凹陷内，含煤 1~4 层，含煤总厚 0.25~11.1 m，平均厚 2.0 m；C_3 煤组在汉水泉凹陷、条湖凹陷、马朗凹陷仅零星发育，均不可采。

就平面而言，C 煤组主要分布于盆地中央坳陷带的库木苏凹陷、汉水泉凹陷、石头梅凸起、条湖凹陷、岔哈泉凸起、马朗凹陷、方方梁凸起、淖毛湖凹陷八个次级构造单元内（图 5.21），赋煤面积约 4930 km²，推测 2000 m 以浅赋煤面积约 4650 km²。C 煤组在盆地各构造单元内平均厚度变化不大，在 13.9~34.7 m，一般 18.1~22.3 m。C 煤组分布总体趋势为中西部好于东部，淖毛湖一带北部好于南部（图 5.22，图

5.23）；汉水泉凹陷西北部、石头梅凸起、条湖凹陷、岔哈泉凸起、方方梁凸起、淖毛湖凹陷为聚煤中心，向其外围分叉变薄；汉水泉凹陷、条湖凹陷和淖毛湖凹陷存在多个厚度中心；条湖凹陷和马朗凹陷 C 煤组均在凹陷中部较厚，凹陷边缘较薄（图 5.22，图 5.23）；岔哈泉凸起及周边、条湖凹陷中央以及淖毛湖凹陷北部 C 煤组厚度最大，向东西两侧略薄。条湖凹陷北 1 井、ST184ZK1-ST200ZK1 井附近煤层最厚可达 50 m 以上；条湖凹陷条 11 井和 ST104ZK3 附近、淖毛湖凹陷 12ZK2 井附近煤层最厚可达 40 m 以上；汉水泉西部 ST40ZK3 附近煤层最厚可达 30 m 以上；马朗凹陷也存在两个次级厚度中心，但厚度相对较小，约 20 m。

（一）库木苏凹陷

含煤面积约 320 km²，推测最大埋深 800 m。含煤 4～14 层，含煤总厚 12.9～32.2 m，平均厚 22.2 m，最大单煤层厚度 15.1 m；可采煤层 2～13 层，可采总厚 10.1～27.4 m，平均厚 17.7 m。煤组厚度总体变化趋势为沿走向由东向西渐薄，沿倾向变化较小。煤组上部为一层厚—特厚煤层，上部岩性多为中粗砂岩、粉砂岩；煤组下部由一层厚—特厚煤层和若干层薄—中厚煤层组成，岩性为灰色粉细砂岩与泥岩互层；煤组上下部间距一般 150～280 m。主要煤层为两层厚—特厚煤层，结构简单，一般含夹矸 0～2 层。

（二）汉水泉凹陷

煤层埋深 2000 m 以浅的含煤面积约 1325 km²，推测最大埋深 2200 m。含煤 2～14 层，含煤总厚 1.3～33.0 m，平均厚 19.5 m，最大单煤层厚度 17.4 m；可采煤层 0～14 层，可采总厚 1.2～28.4 m，平均厚 17.1 m。总体为西部含煤层数较多，东部较少，总厚度变化较小。在西部由一层厚—特厚煤层和其上 2～3 层薄—中厚煤层以及其下 1～10 层薄—中厚煤层组成；在东部由若干层薄—中厚煤层组成，煤层较集中，间距一般 5～15 m。煤组上部多为中粗砂岩、砾岩夹粉砂岩；下部为粉细砂岩与泥岩互层；煤层间岩性以粉细砂岩、泥岩为主。主要煤层为一层厚—特厚煤层和 2～4 层中厚煤层，结构简单—复杂，一般含夹矸 2～5 层。

（三）石头梅凸起

含煤面积约 780 km²，推测最大埋深 1600 m。含煤 1～14 层，含煤总厚 3.2～50.1 m，平均厚 19.1 m，最大单煤层厚度 43.1 m；可采煤层 1～8 层，可采总厚 2.4～49.7 m，平均厚 18.0 m。煤组厚度总体为南翼厚北翼薄，沿倾向由浅至深渐薄。在西南部，煤组由一层特厚煤层和其下 1～3 层薄—中厚煤层组成；在东南部，煤组由两层厚—特厚煤层和若干层薄—中厚煤层组成；在北部，由 3～5 层薄—中厚煤层组成，煤层较分散，间距一般 10～50 m。煤组上部岩性多为中粗砂岩、粉砂岩，局部为砂砾岩；下部

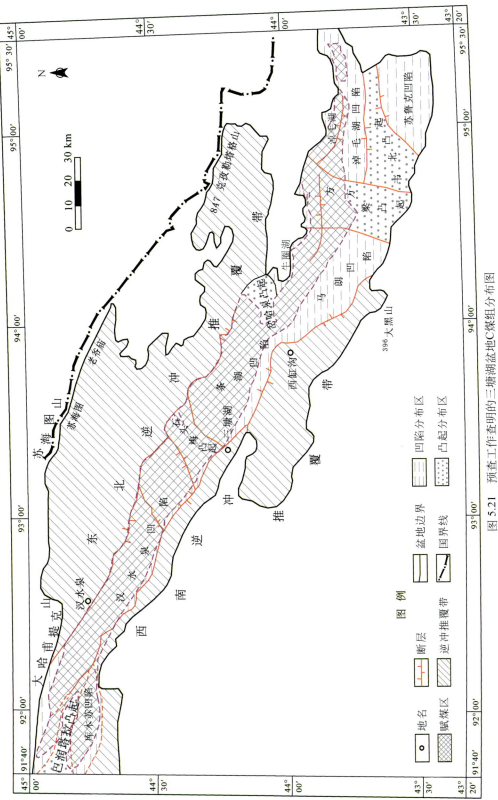

图 5.21　预查工作查明的三塘湖盆地C煤组分布图

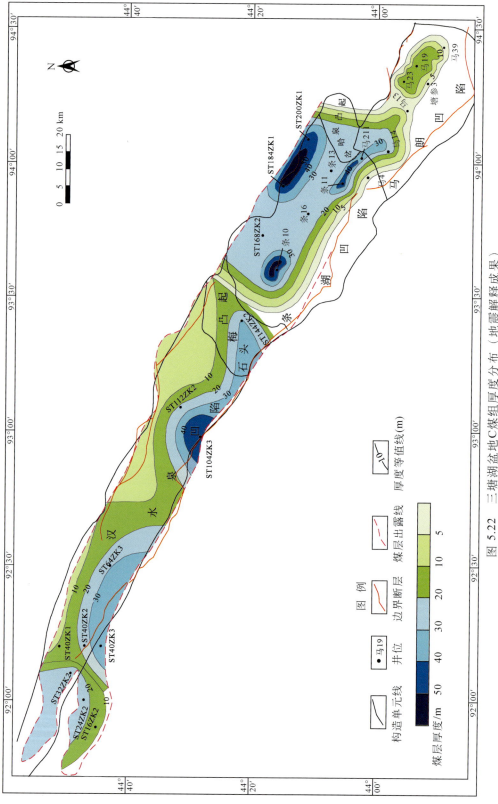

图 5.22　三塘湖盆地 C 煤组厚度分布（地震解释成果）

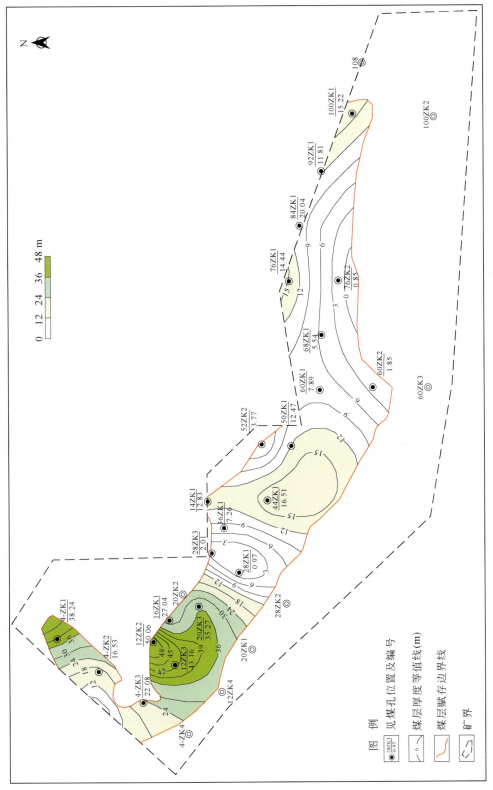

图 5.23　三塘湖盆地淖毛湖凹陷 C 煤组厚度分布图

多为灰色粉砂岩、泥岩；煤层间岩性以粉细砂岩、泥岩为主，局部为灰白色中砂岩。主要煤层为 1~2 层厚—特厚煤层，结构简单，一般含夹矸 0~2 层。

（四）条湖凹陷

煤层埋深 2000 m 以浅的含煤面积约 950 km²，推断最大埋深 2500 m。含煤 6~12 层，含煤总厚 10.9~46.0 m，平均厚 22.3 m，最大单煤层厚度 29.8 m；可采煤层 3~8 层，可采总厚 7.4~40.7 m，平均厚 18.1 m。煤组厚度总体为北缘优于南缘，沿走向由东向西渐薄，沿倾向变化较小。煤组由若干层薄—中厚煤层组成，局部含一层特厚煤层，间距一般 10~30 m；主要煤层为一层中厚—厚煤层，结构简单—较简单，一般含夹矸 1~3 层。煤组上部岩性多为砾岩、砂砾岩、中粗砂岩夹粉细砂岩；下部多为灰色粉砂岩、泥岩；煤层间岩性以灰、深灰色粉细砂岩、泥岩为主。

（五）岔哈泉凸起

含煤面积约 130 km²，推测最大埋深 1200 m。含煤 1~9 层，含煤总厚 16.5~51.5 m，平均厚 34.7 m，最大单煤层厚度 50.1 m；可采煤层 1~7 层，可采总厚 16.5~51.0 m，平均厚 34.0 m。煤组厚度总体沿倾向由浅至深变薄。煤组由一层特厚煤层和其下 1~8 层薄—中厚煤层组成，间距一般 8~18 m，主要煤层为一层特厚煤层，结构简单，一般含夹矸 0~2 层。煤组上部岩性多为砾岩、砂砾岩、中粗砂岩夹粉细砂岩；下部多为灰色粉砂岩、泥岩；煤层间岩性以粉细砂岩、泥岩为主。

（六）马朗凹陷

煤层埋深 2000 m 以浅的含煤面积约 575 km²，推断最大埋深 2300 m。含煤 1~14 层，含煤总厚 3.2~43.9 m，平均厚 18.1 m，最大单煤层厚度 33.7 m；可采煤层 1~12 层，可采总厚 1.0~42.9 m，平均厚 15.9 m。煤组厚度总体沿走向由西向东渐薄，沿倾向由浅至深变薄尖灭。在凹陷西部，煤组由一层特厚煤层和其下 1~13 层薄—中厚煤层组成，主要煤层为一层特厚煤层；在凹陷东部，由若干层薄—中厚煤层组成，间距一般为 5~10 m，主要煤层为 2~3 层中厚煤层，结构简单—较简单，一般含夹矸 2~4 层。煤组上部岩性多为砂砾岩、中粗砂岩夹泥岩；下部多为灰色粉砂岩、泥岩，局部为砂砾岩；煤层间岩性以粉细砂岩、泥岩为主。

（七）方方梁凸起

含煤面积约 260 km²，推测最大埋深 1400 m。含煤 1~9 层，煤层总厚 0.34~40.3 m，平均厚 19.4 m，最大单煤层厚度 36.8 m；可采煤层 0~4 层，可采总厚 0.85~36.8 m，平均厚 17.8 m。煤组厚度总体沿倾向由浅至深变薄尖灭，沿走向由中部向两侧变薄。

煤组由一层特厚煤层和其下 1~8 层薄—中厚煤层组成，间距一般 5~25 m；主要煤层为一层特厚煤层，结构简单，一般含夹矸 0~2 层。煤组上部岩性多为砂砾岩、中粗砂岩夹粉细砂岩；下部多为灰色粉砂岩、泥岩；煤层间岩性以灰色、灰黑色粉细砂岩、泥岩为主，局部为中粗砂岩。

（八）淖毛湖凹陷

含煤面积约 310 km²，推测最大埋深 1300 m。含煤 1~14 层，煤层总厚 0.85~30.1 m，平均厚 13.9 m，最大单煤层厚度 11.4 m；可采煤层 1~5 层，可采总厚 0.85~27.2 m，平均厚 12.6 m。煤组厚度总体沿倾向由浅至深变薄尖灭；沿走向厚度变化不大，但含煤层数由西向东增加。煤组多由一层特厚煤层和其下若干层薄—中厚煤层组成，间距一般 5~20 m；在凹陷西部主要煤层为一层特厚煤层，结构简单—较简单，一般含夹矸 0~3 层。煤组上部岩性多为中粗砂岩夹粉细砂岩；下部多为灰色粉砂岩、泥岩；煤层间岩性以粉细砂岩、泥岩为主。

四、三塘湖盆地侏罗系煤层的埋深及有利勘探区

本研究基于测井资料对三塘湖盆地条湖凹陷和马朗凹陷的煤层按<1000 m、1000~1200 m、1200~1500 m 三个埋深对煤层层位和厚度进行了解释和统计。此外，还采用地震剖面反演的方法对近南北向的地震剖面（ST94-474、line1200、line1795）和近东西向剖面（trace1239、trace1370、trace1306）上的浅部煤层分布特征进行了研究。测井解释和地震剖面反演的结果较吻合。

整个三塘湖盆地浅部煤层主要分布在西山窑组中，八道湾组煤层埋藏较深。对于八道湾组煤层，埋深小于 1000 m 的煤层主要位于汉水泉凹陷西北部的北侧、条湖凹陷的东部；埋深大于 1000 m 的主要位于汉水泉凹陷西北部的南侧（最大埋深约 1500 m）、条湖凹陷除东部外的其他地区（最大埋深约 2100 m）。对于西山窑组煤层，埋深小于 1000 m 的煤层主要位于汉水泉凹陷、条湖凹陷的北部和东部、岔哈泉凸起、马朗凹陷北部的局部地区；埋深大于 1000 m 的煤层主要位于条湖凹陷的中南部、马朗凹陷，最大埋深约 2000 m（图 5.24，图 5.25）。

根据三塘湖盆地八道湾组和西山窑组煤层厚度分布图及埋深图，初步确定了浅部煤层有利勘探区。汉水泉凹陷西北部的八道湾组浅部煤层分布面积约 663 km²，条湖凹陷条 12 井附近的八道湾组浅部煤层分布面积约 84.5 km²。汉水泉凹陷西山窑组煤层大部分埋藏较浅，浅部煤层分布面积约 2086 km²，条湖凹陷北部及东部西山窑组浅部煤层分布面积约 883 km²，马朗凹陷北部局部地区的西山窑组浅部煤层面积约 78.4 km²。

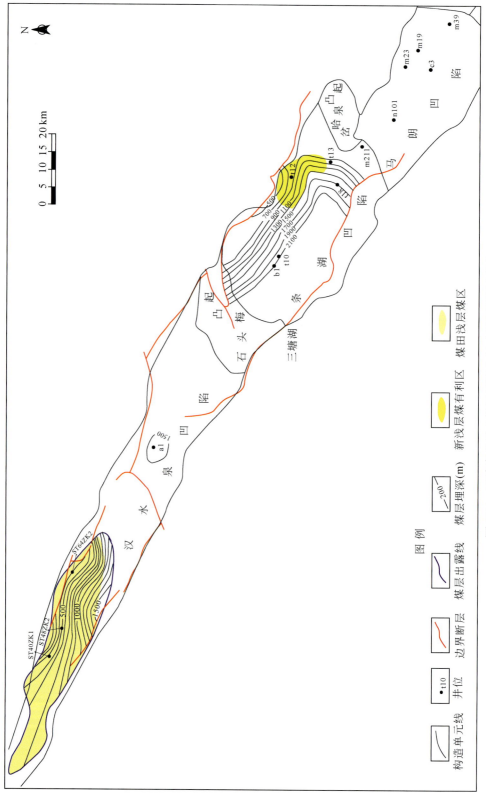

图 5.24　三塘湖盆地 A 煤组埋深分布（地震解释成果）

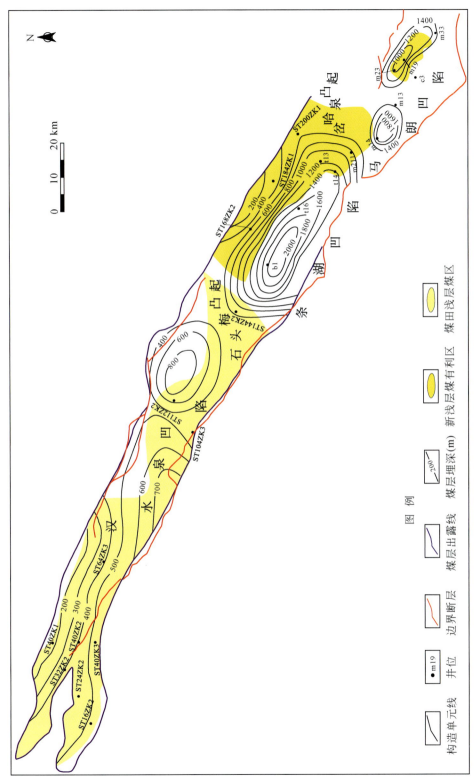

图 5.25　三塘湖盆地 C 煤组埋深分布（地震解释成果）

五、三塘湖盆地侏罗系煤层聚集的控制因素

三塘湖盆地在八道湾期和西山窑期具有温暖潮湿的古气候，为成煤古植物的繁茂提供了条件。在此基础上，控制成煤最重要的地质因素即为古构造及其控制之下的沉积环境。具体而言就是盆地基底沉降和沉积环境的空间配置，前者包括构造活动的强度和频率，后者包括岩相古地理条件和泥炭沼泽类型。这两者最终决定着泥炭堆积的可容空间（泥炭堆积面与沼泽水面间的空间），可容空间变化速率与泥炭堆积速率之间的平衡是聚煤作用的必要条件，这种平衡的持续时间长短决定了煤层厚度，亦即聚煤作用强度。

三塘湖盆地八道湾期和西山窑期聚煤作用强度明显受基底沉降和沉积环境双重因素控制。自晚三叠世以来，三塘湖盆地经历了多次构造运动，断裂构造十分发育（图5.26），八道湾期和西山窑期三塘湖盆地的主要沉降中心（凹陷）均位于各大断裂之间，诸凹陷整体上呈条带状分布，这也控制了煤层的分布格局。其中对聚煤作用和含煤岩系后期改造有重要影响的是晚印支运动、晚燕山运动和喜马拉雅运动。

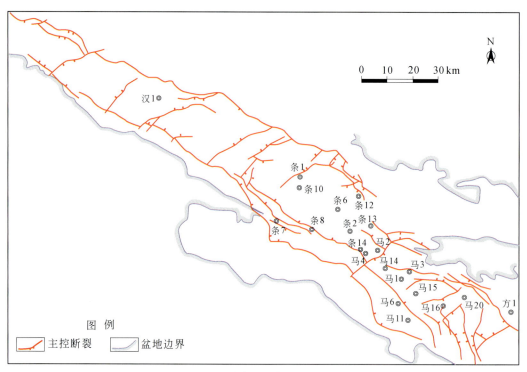

图5.26　三塘湖盆地断裂构造纲要图

在上述构造运动的控制下，盆地的沉积环境控制着煤层的厚度分布。八道湾组和西山窑组的有利聚煤环境为滨湖、曲流河及三角洲，煤层大多分布在最大湖泛面附近的湖侵体系域末期和高位体系域早期，该时期较大的可容空间增加速率与较大的泥炭堆积速率之间保持着平衡，有利于厚煤层聚集。

早侏罗世八道湾期，三塘湖盆地开始下陷，开始了八道湾组的沉积，且气候温暖湿润，植物繁盛，沼泽发育，形成了八道湾组煤层。由于晚印支运动导致三塘湖盆地不均衡抬升，使得条湖凹陷以东地区隆起（除淖毛湖凹陷），三叠系遭受了剥蚀，缺失八道湾组沉积，盆地西部的汉水泉凹陷之西部也缺失八道湾组沉积，只在盆地的条湖凹陷以西至汉水泉凹陷周边凸起区沉积了八道湾组，因此，八道湾组煤层也只分布在条湖凹陷以西包括汉水泉凹陷在内的地区。八道湾组主要聚煤环境为曲流河相和滨湖沼泽相。此外，石头梅凸起和岔哈泉凸起为小型冲积平原沉积，赋煤面积小，煤层层数少，厚度小，沿走向、倾向变化大；条湖凹陷和汉水泉凹陷区北侧边缘地区，为大型冲积平原沉积（物源主要来自北塔山），湖泊水体较浅，泥炭沼泽发育，煤层具有层数少，厚度较大，结构复杂等特点，富煤中心位于冲积平原中部；在凹陷的核部，涉水较深，为浅湖沉积，不具备泥炭沼泽发育条件。

早侏罗世三工河期，盆地下陷加快，基准面较大规模上升，水体迅速加深，湖盆范围明显扩大，浅湖滨相广为发育，盆地很快过渡到浅湖–半深湖的暗色泥岩及粉砂质泥岩，此时沉积速率远小于沉降速率，为水进体系域类型。物源方向可能仍以北部山系为主，但影响较弱，湖盆沉降中心在北部或东北部，沉积中心则在现今盆地中部一带。由于湖盆水体较深，不具备发育较厚煤层的条件，只是局部存在薄煤层和煤线。

中侏罗世西山窑期气候仍为温暖湿润，植物繁盛，盆地沉降速率减慢，基准面下降，湖岸明显收缩，沉积范围较早侏罗世大，整个盆地普遍沉积了西山窑组，沉降中心仍在盆地北部或东北部，沉积物以三角洲体系和滨湖相为主，发育水退体系域的进积准层序组。中央拗陷带各凹陷区在西山窑期进一步填平补齐，有利于大规模泥炭沼泽发育，主要聚煤环境是扇三角洲相和滨湖沼泽相，广泛发育了三角洲平原沼泽沉积，整个盆地普遍发育煤层。各凹陷区内的煤层层数相对较多，总厚度相对略小，富煤中心位于各凸起及周边区域、凹陷边缘地区。

中侏罗世晚期屯河期，随着北塔山全面隆起和基准面的再次上升，盆地出现短期湖侵，发育滨浅湖沉积。古气候逐渐向干旱转变，不利于植物大量生长，成煤物质基础减弱，没有发育重要煤层，在头屯河组仅发育一些煤线或薄煤层，从而结束了早中侏罗世的聚煤作用。

第三节　巴里坤盆地侏罗系煤层分布与聚集规律

一、巴里坤盆地侏罗系煤层分布

巴里坤盆地主要发育八道湾组煤层（A 组煤），主要分布于纸房凹陷、段家地凹陷、石炭窑凹陷三个二级构造单元内。此外，在纸房凹陷三工河组砂岩段上部发育一层厚 1.5 m 的煤层（B 煤组），但含煤稳定性差，分布范围小，不具工业意义。A 组煤总厚 1.0 ~ 155 m，最大单煤层厚度 39.8 m，平均厚 29.3 m；含可采煤层 6 ~ 12 层，可采总厚 28.0 ~ 52.3 m，平均 46.8 m；含煤系数 3.0% ~ 15.7%。

A 煤组上部岩性为浅黄色、灰色粉砂岩、砂质泥岩、细砂岩、黑色的碳质泥岩；

下部以灰色、深灰色粉砂岩、泥岩为主，夹灰白色中粗砂岩及砂砾岩。在西部地区 A 煤组由一层中厚—特厚煤层和 1~2 层薄煤层组成；在东部地区 A 组煤上部由 3 层厚煤层与 4 层薄—中厚煤层组成；中部含厚薄相间的 4 层煤；下部含煤 2 层，多为薄—中厚煤层。巴里坤盆地各次级构造单元 A 煤组发育情况如表 5.8 所示。

表 5.8　巴里坤盆地 A 煤组特征表

构造单元	含煤层数	煤层总厚/m 范围 平均	可采层数	可采总厚/m 范围 平均	含煤系数/%	含矸层数	煤类
石炭窑凹陷	15	13.0~154.7 56	11	28.0~52.3 46.8	9	0~6	气煤、1/3 焦煤
段家地凹陷	1~3	1.0~6.9 3.1	2		3.0		气煤
纸房凹陷	1~2	10.7~40.2 28.7	1		15.7	0~2	长焰煤
综合	1~15	1.0~155 29.3	1~11	28.0~52.3 46.8	9.2	0~6	气煤、1/3 焦煤 长焰煤

　　巴里坤盆地各构造单元含煤性在平面上变化较大。盆地中西部的段家地凹陷、纸房凹陷含煤层数较少，总厚度较低；盆地东部的石炭窑凹陷含煤层数较多，厚度较大，含煤性最好，向西逐渐变薄，含煤性明显减弱，含煤层数由 15 层减少为 3 层，可采煤层由 11 层减少为 1 层。总之，巴里坤盆地东段含煤性好于西段，南缘好于北缘。各构造单元的含煤性具体如下。

　　纸房凹陷含煤 1~2 层，含煤总厚 10.7~40.2 m，平均厚 28.7 m，最大单煤层厚度 39.8 m。含可采煤层一层，北部可采煤层厚 10.5~39.8 m，平均 25.9 m，南部 6.6~9.2 m，平均 7.63 m；煤层结构简单，含夹矸 0~2 层。煤组由一层厚—特厚煤层和一层薄煤层组成，煤层间距 25~55 m，煤层间岩性以粉砂岩、泥岩为主。段家地凹陷含煤 1~3 层，含煤总厚 1.0~10.6 m，平均厚 3.1 m，最大单煤层厚度 6.9 m。煤组由一层中厚—厚煤层和 1~2 层薄煤层组成，煤层间距一般 10~25 m，煤层间岩性以粉砂岩、泥岩为主。

二、巴里坤盆地侏罗系煤层聚集的控制因素

　　中石炭世末期，在周边海槽闭合碰撞的挤压应力场中形成了巴里坤盆地雏形，盆地由多个小山间盆地雁行排列组成，整体呈北西-南东向展布；基底由中酸性火山岩、火山碎屑岩组成。从二叠纪中、晚期开始，盆地不断下降接受沉积；缺失下三叠统沉积，中上三叠统与八道湾组平行不整合接触。早侏罗世，温暖潮湿古气候有利于植物大量生长，在巴里坤盆地形成了浅水背景下的八道湾组含煤建造；随后盆地快速下降，沉积了巨厚的三工河组粗碎屑岩。中侏罗世，由于地壳上升，巴里坤盆地不再接受沉

积，缺失了中、晚侏罗世沉积。新生代，盆地下降接受了古近系、新近系和第四系沉积。目前，巴里坤盆地聚煤研究资料较少。

早侏罗世，巴里坤盆地石炭窑凹陷下降幅度较大，沉积的含煤地层较厚，期间小幅度频繁升降，形成的煤层层数多。纸房凹陷和段家地凹陷早侏罗世相对稳定，沉积速率低，含煤地层薄，形成煤层单一，厚度不大。河口三角洲及湖泊滨岸地带聚煤作用最为有利，向湖心地带煤层逐渐分叉变薄尖灭；湖泊沼泽化后，在湖心地带形成了厚度较大的煤层。

第六章 东疆主要含煤盆地后期改造与赋煤构造

含煤岩系的后期改造作用定型了现今煤层的空间形态，对煤层开发具有重要影响。本研究通过地震反演并结合钻孔资料，绘制了吐哈盆地、三塘湖盆地煤层发育剖面图，以认识吐哈盆地和三塘湖盆地侏罗纪含煤岩系后期构造改造的特点，了解东疆侏罗系煤层的赋存构造或控煤构造样式。

第一节 区域构造运动与含煤岩系后期改造

东疆主要含煤盆地侏罗纪含煤岩系的后期改造作用主要受控于燕山运动和喜马拉雅运动。燕山运动对东疆侏罗纪含煤岩系的改造作用主要由二次褶皱隆起控制，第一次为侏罗纪中后期新疆广大地区的褶皱隆起，普遍出现粗碎屑岩沉积；第二次为晚白垩世末的褶皱隆起。喜马拉雅运动的强烈挤压作用对含煤岩系的改造主要表现为盆地的急剧隆起和抬升，造就了规模巨大的隆起和巨厚的磨拉石建造，深断裂重新活动并派生出推覆构造；新疆"三山夹两盆"的现代地貌景观均为喜马拉雅运动的结果。

一、吐哈盆地侏罗纪含煤岩系的后期改造

吐哈含煤盆地在经历早、中侏罗世的构造相对稳定期后，中侏罗世以后，在燕山构造运动的影响下，盆地北缘断裂活动强烈，各地段均以上升运动为主，沉积范围逐步缩小，沉积建造也由北向南呈山麓冲积相—河流相—湖泊相分带展布。燕山运动末期，区域性地壳抬升和局部逆冲作用使盆内大部分老断层在挤压应力作用下活化逆冲，在台北凹陷内形成大量褶皱，使盆内侏罗系普遍遭受剥蚀，部分含煤建造已遭受剥削，尤其是在边缘和北东向、北西向的凸起构造上。白垩纪及古近-新近纪时期，物源区位于北部，白垩系厚度由北向南逐渐减薄，粒度变细；古近-新近系地层出露于整个盆地，最大地层厚度在盆地北部及中部（陶明信，1994；邵磊等，1999a）。

喜马拉雅期是吐哈盆地含煤岩系后期改造的重要时期，主要表现为强烈挤压作用的喜马拉雅运动以剧烈升降运动和普遍发育各种类型的褶皱断裂为特征。在盆地北部，博格达-哈尔里克基底卷入型走滑断裂以及北东向、北西向系列次生断裂联合控制着盆地北部煤田构造形变。博格达-哈尔里克走滑断裂大多切穿地表至深部地层，为古近-新近纪末期喜马拉雅运动Ⅱ幕的产物。喜马拉雅运动使原来东西向的向斜盆地改变为北东东向斜列展布，并因北缘断裂向南逆冲形成推覆构造，使含煤岩

系向南呈叠瓦状排列。在盆地中部，受中央断裂的影响形成了火焰山隆起及其北侧的呈北西西—东西—北东东向弧形展布的负向褶曲构造带、火焰山–七克台盖层滑脱型走滑断裂，它们对煤层的赋存具有一定保护作用。火焰山–七克台盖层滑脱型走滑断裂使上侏罗统及以上层系沿中下侏罗统煤层向南逆冲滑脱；由于向南挤压应力在横向上的差异，在逆冲前锋带上形成一系列近北东向和北西向横向调节断层。火焰山–七克台走滑断裂主要发育两期，第一期为侏罗纪末期燕山运动Ⅱ幕的产物，终止于白垩系底部；第二期与北部山前带一样，切穿浅层新近系及以上地层而出露地表，为古近–新近纪末期喜马拉雅运动Ⅱ幕的产物（代瑜等，2009）。在南北向强烈挤压应力作用下，吐哈盆地西南部托克逊凹陷南缘东西向断裂强烈向北逆冲。东部的哈密煤田在后期改造作用下形成了南西向的三道岭背斜长垣构造和柳树沟向斜构造。

　　总之，吐哈盆地西部为东西向开阔型向斜构造，属隐覆煤田；东部为隆起区，在哈密市附近为倾向南西的复式鼻状构造，不利于煤层赋存，使部分煤层缺失。盆地南部受博罗科努–阿其克库都克断裂的控制为长期稳定的隆起区，成煤后期构造形变主要体现在斜坡带，斜坡带含煤地层为向北倾的单斜构造，向东西两侧起伏延伸形成北西向开阔型向斜构造，并被北西、北东两组断裂所分解，对煤层破坏较弱。盆地东南端的野马泉煤田受南缘断裂的影响，形成了北东东向并列式狭窄的断陷向斜构造，其中有的地段构造破坏严重，含煤地层陡立，深部发育水平断裂，使煤层层间滑动剧烈。盆地西端的艾维沟地区受北西西向依连哈比尔尕断裂、东西向的喀拉乌成断裂的联合控制，使含煤地层呈北西西向展布、南西向倾斜的紧闭向斜，其西南翼被断层切割使古生代地层向北逆冲在中生代侏罗纪地层之上，为叠瓦状的推覆构造。

二、三塘湖盆地侏罗纪含煤岩系后期改造

　　三塘湖盆地受晚白垩世末晚燕山运动的影响，普遍抬升，盆地进入含煤岩系的后期改造阶段，随后的喜马拉雅运动进一步对含煤岩系进行改造，形成了现今煤层的赋存状态和构造样式。燕山运动和喜马拉雅运动使盆地受强烈挤压作用形成逆掩（冲）断裂带，盆地内部压扭变形，导致盆地白垩系残留地层厚度南厚北薄、地貌南低北高以及南北界山的形成，三塘湖盆地进入了新的山间盆地演化阶段。据地震及重磁等资料，现今三塘湖盆地南北缘均发育向盆内推覆的冲断褶皱系，中部为北西–南东向的中央拗陷；汉水泉凹陷和条湖凹陷主要断裂走向为北西–南东向，次要断裂走向为北东–南西向；淖毛湖凹陷主要断裂走向为北东–南西向和近南北向，次要断裂走向为北西–南东向。图6.1—图6.4分别为三塘湖盆地侏罗系八道湾组、西山窑组顶底构造图。

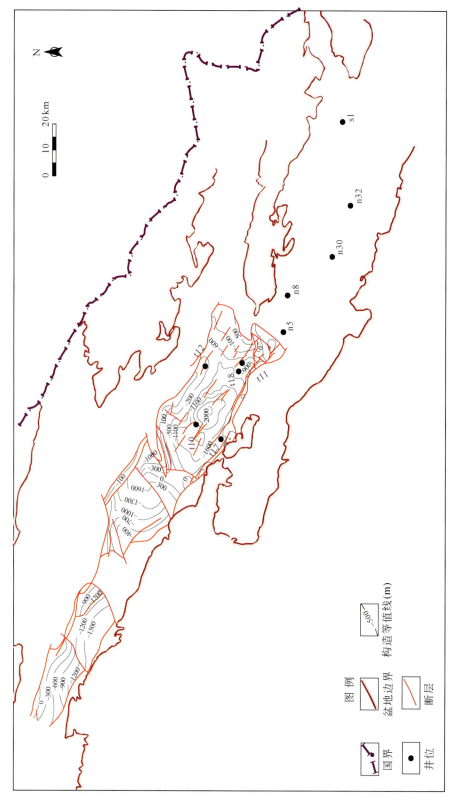

图 6.1　三塘湖盆地八道湾组顶界构造图

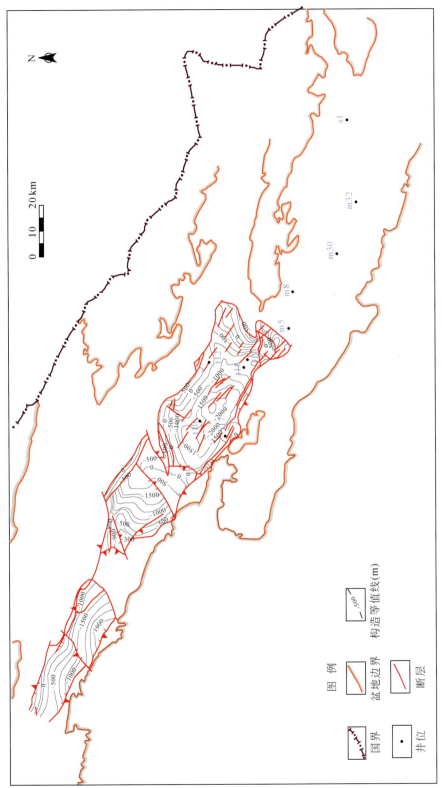

图 6.2 三塘湖盆地八道湾组底界构造图

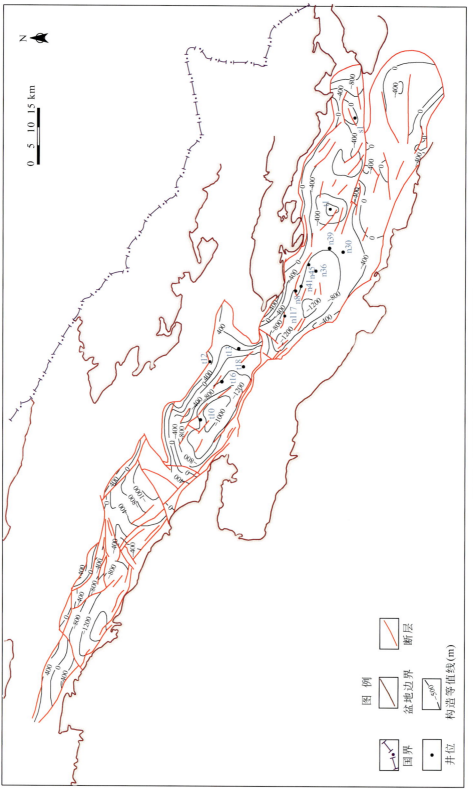

图 6.3　三塘湖盆地西山窑组顶界构造图

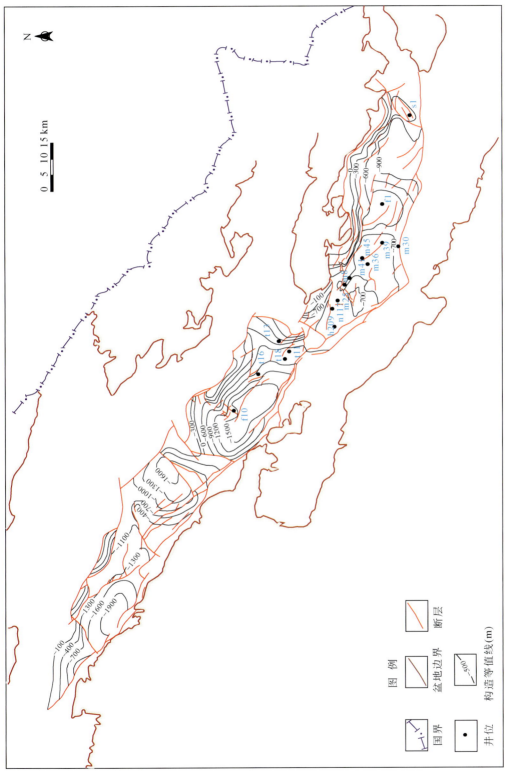

图6.4 三塘湖盆地西山窑组底界构造图

第二节　东疆地区赋煤构造样式与主要煤田构造形态

构造样式是指同一期构造变形或同一应力作用下所形成的某种构造或一组构造的总格局。控煤构造样式是指对煤系和煤层的现今赋存状况具有控制作用的构造样式，它们是区域构造样式中的重要组成部分（曹代勇等，2008）。

新疆陆壳层块结构明显，各构造层界线分明，叠加有序；地块主要表现为差异性升降形成的隆起和拗陷，块与块之间以断裂为界，差异性升降不仅影响着块体自身的发展，也影响着断裂活动，断裂活动又影响着块体的差异性升降；主要断层类型为逆掩断层、逆断层、压性断层、平推走滑断层等，这些断裂活动的强弱直接影响着赋煤构造后期改造的强弱。构造应力来源于差异性升降运动和深断裂的侧向迁移。

自印支运动后，新疆地区除昆仑山-喀喇昆仑山一带外，大部分地区进入了大型内陆盆地形成发展时期，构造运动一直主要表现为差异性升降。自中生代以来，新疆地区进入了陆内叠合盆地发展阶段，后期盆地继承了古生代及以前的构造特点，同时也反映了后期构造的特征，拗陷规模大，沉降和隆起比差大。其中侏罗纪含煤盆地经历了燕山运动、喜马拉雅运动等多期性质不同的构造运动，对含煤岩系进行了较强烈的后期改造作用，在含煤岩系构造样式上留下了上述构造运动的痕迹。

依据目前新疆东部地区的煤田地质资料，并结合本研究绘制的煤层发育剖面图，可将新疆东部主要含煤盆地的控煤构造样式分为挤压型构造样式（图6.5）、伸展型构造样式（图6.6）、同沉积构造样式（图6.7a）、剪切构造样式（图6.7b）四大类（曹代勇等，2008）。煤层发育剖面图（图6.8—图6.24）体现了上述构造样式。总体而言，新疆东部地区赋煤构造以挤压型推覆构造样式为主，表现为褶皱断裂组合和逆冲断裂组合；伸展型构造样式较少，表现为地堑-半地堑或局部应力场导致的规模较小的单斜断块；同沉积型构造样式在吐哈盆地南部大南湖、沙尔湖地区对厚煤层的形成和保存具有重要意义。

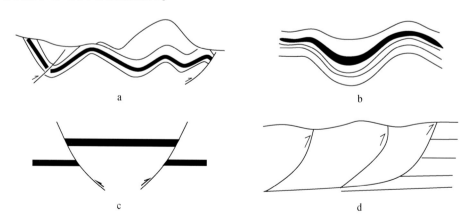

图6.5　挤压型赋煤构造样式

a. 逆冲褶皱构造；b. 类纵弯褶皱；c. 冲起构造；d. 逆冲叠瓦构造

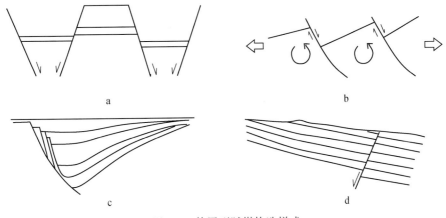

图 6.6 伸展型赋煤构造样式

a. 堑垒构造；b. 掀斜构造；c. 箕状构造；d. 单斜构造

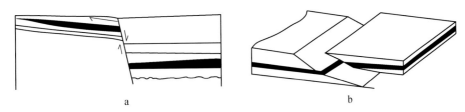

图 6.7 同沉积型赋煤构造样式（a）和正-平移断裂构造（b）

一、赋煤构造样式

（一）挤压型赋煤构造样式

挤压型构造样式包括逆冲褶皱构造、类纵弯褶皱、冲起构造和逆冲叠瓦构造（图 6.5）。

逆冲褶皱构造：由于边界逆冲断层的挤压和逆冲牵引，岩（煤）层发生褶皱变形，褶皱轴向与边界逆冲断层平行。

类纵弯褶皱：岩层受到顺层挤压作用而形成褶皱，一般认为岩层在褶皱前处于初始的水平状态，所以类纵弯褶皱是地壳受水平挤压的结果。

冲起构造：倾向相背的两组逆断层共有上升盘所组成的构造，这类构造多发育于构造对冲的复杂部位，在两侧对冲挤压作用下，形成倾向相背的两组逆冲断层，其共同上升盘煤系抬升变浅，有利于煤炭资源勘探开发。

逆冲叠瓦构造：逆冲叠瓦构造是产状相近、近乎平行排列的一系列由浅至深断面由陡至缓的分支逆冲断层组成的，在深部归为一条主干逆冲断层。

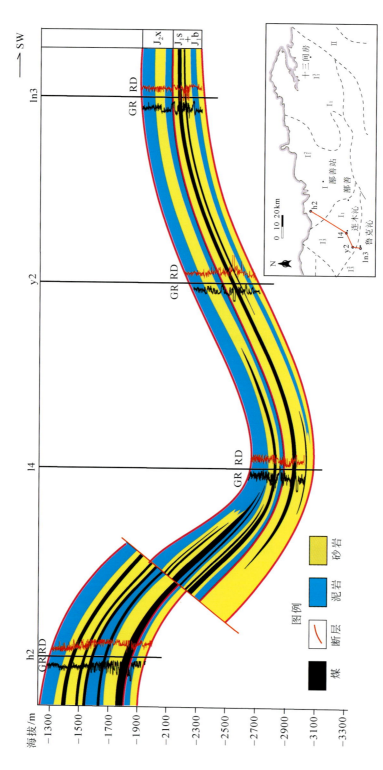

图 6.8　吐哈盆地 h2-l4-y2-ln3 煤层发育剖面图

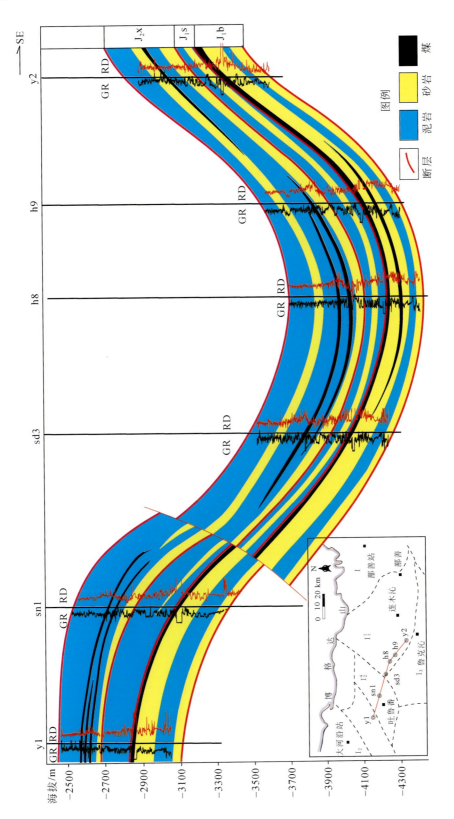

图 6.9　吐哈盆地 y1-sn1-sd3-h8-y2 煤层发育剖面图

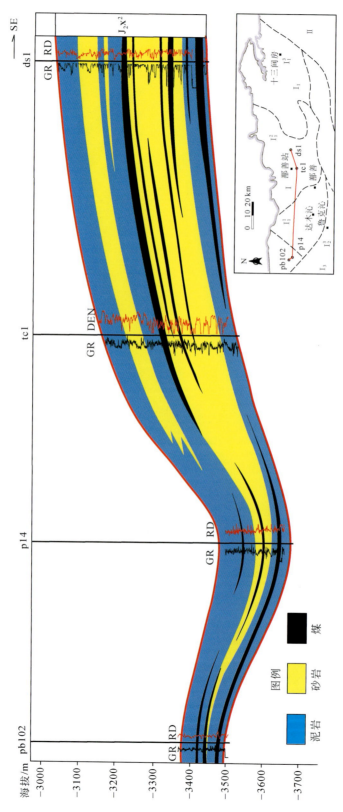

图 6.10　吐哈盆地 pb102-p14-tc1-ds1 煤层发育剖面图

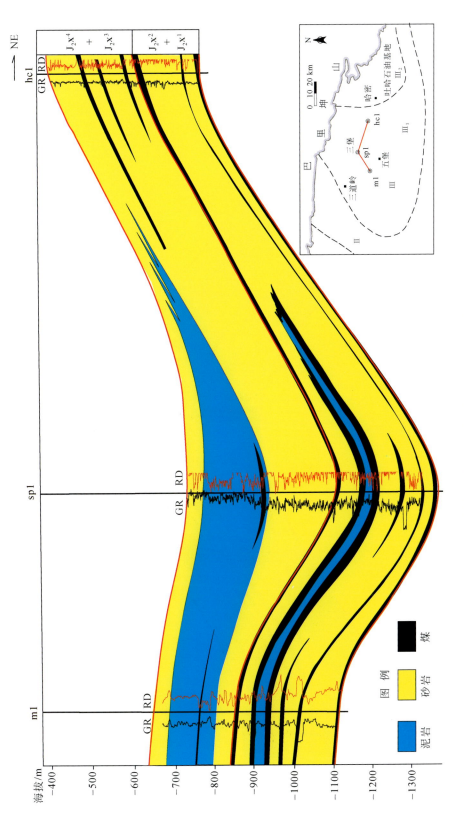

图6.11 吐哈盆地m1-sp1-hc1煤层发育剖面图

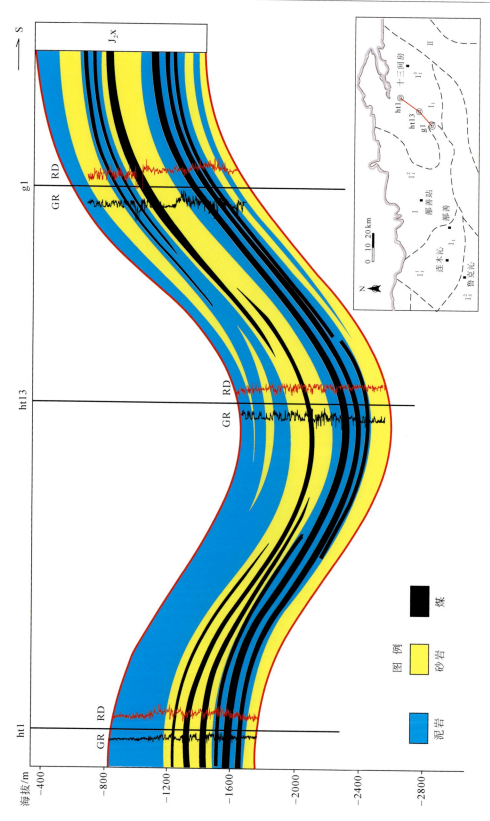

图 6.12　吐哈盆地 ht1-ht13-g1 煤层发育剖面图

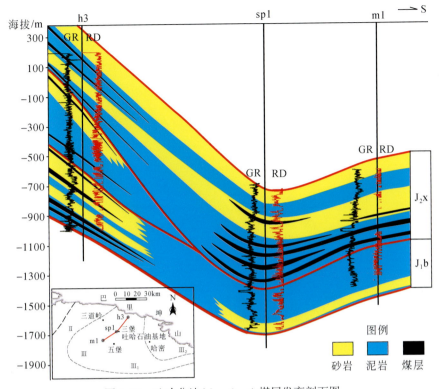

图 6.13 吐哈盆地 h3-sp1-m1 煤层发育剖面图

（二）伸展型赋煤构造样式

伸展型赋煤构造样式主要包括堑垒构造、掀斜构造、箕状构造、单斜构造（图 6.6）。

堑垒构造：平行或近平行排列、相向倾斜或相背倾斜正断层及其所夹持的地层组合而成。相向正断层之间的含煤断块为共同下降盘，构成地堑；相背倾斜正断层之间的含煤断块为共同的上升盘，构成地垒。

掀斜构造：在拉张应力作用下，正断层不均匀运动引起断块旋转，一端倾斜、另一端掀起的断裂断块组合。

箕状构造：如果地堑中的一侧断层发育，形成一侧由主干正断层控制的不对称构造，称其为箕状构造或半地堑。

单斜构造：主体构造形态为地层缓倾斜至中等倾斜的单斜，可以是大型褶皱的一翼构成大型逆冲岩系的一部分，通常被断层切割，但断层对单斜构造形态不具主导控制作用，煤层变形一般不强烈。

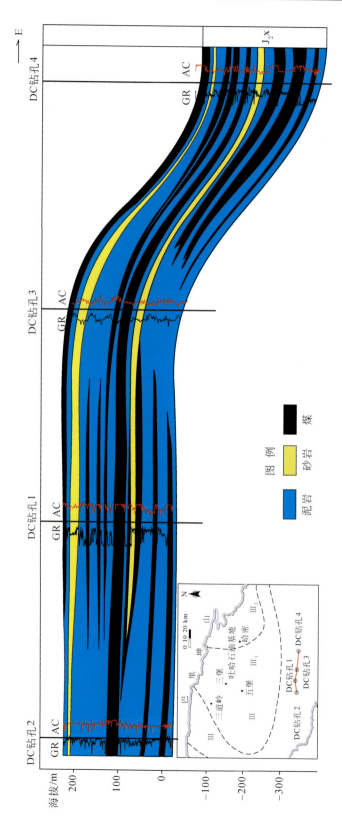

图 6.14　吐哈盆地大南湖矿区DC钻孔 2 -DC钻孔 1 -DC钻孔 3 -DC钻孔 4煤层发育剖面图

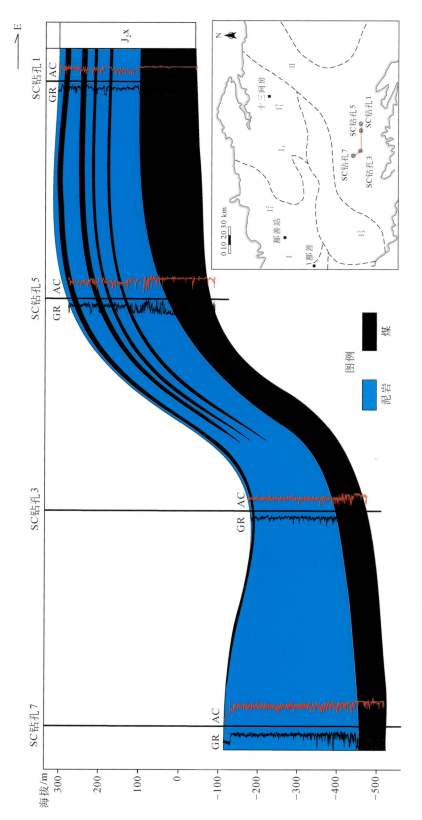

图 6.15　吐哈盆地沙尔湖矿区 SC 钻孔 7 -SC 钻孔 3 -SC 钻孔 5 -SC 钻孔 1 煤层发育剖面图

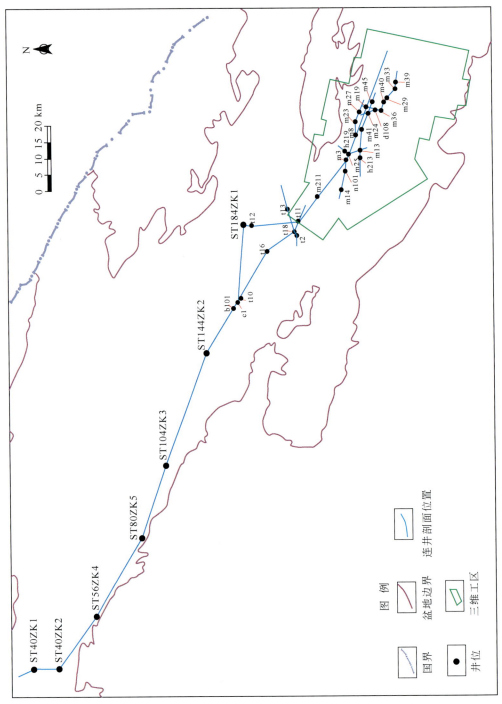

图 6.16　三塘湖盆地地侏罗系煤层剖面位置图

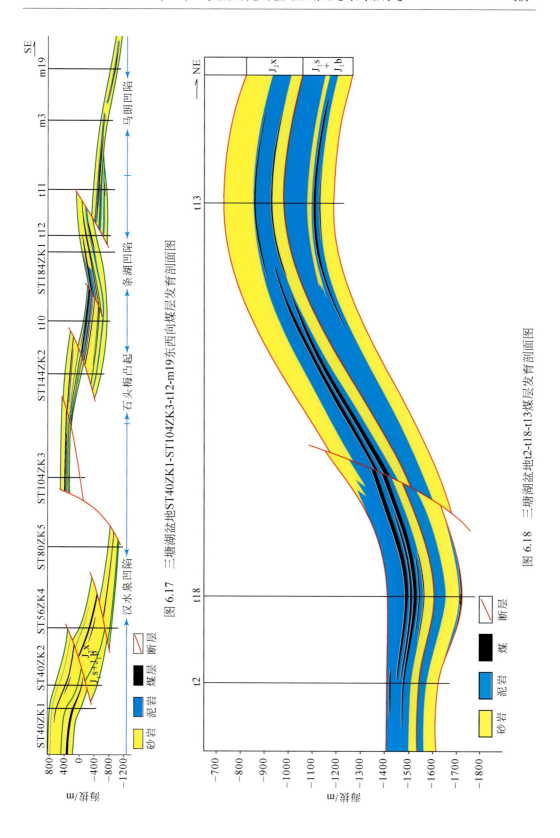

图 6.17 三塘湖盆地ST40ZK1-ST104ZK3-t12-m19东西向煤层发育剖面图

图 6.18 三塘湖盆地t2-t18-t13煤层发育剖面图

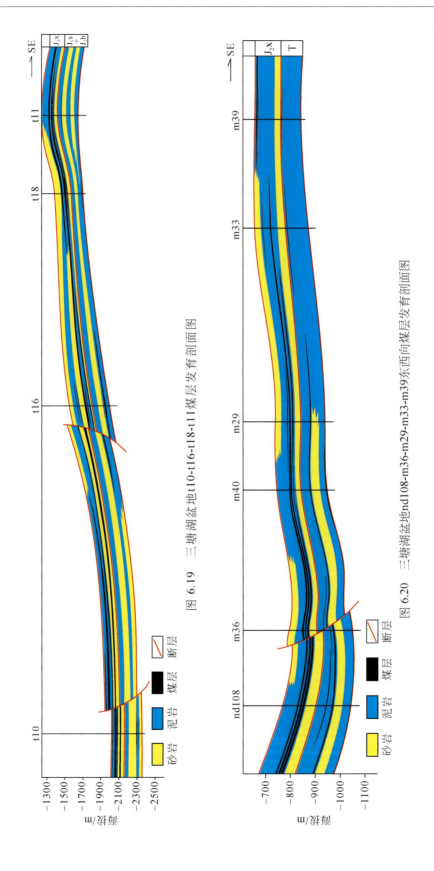

图 6.19　三塘湖盆地 t10-t16-t18-t11 煤层发育剖面图

图 6.20　三塘湖盆地 nd108-m36-m29-m33-m39 东西向煤层发育剖面图

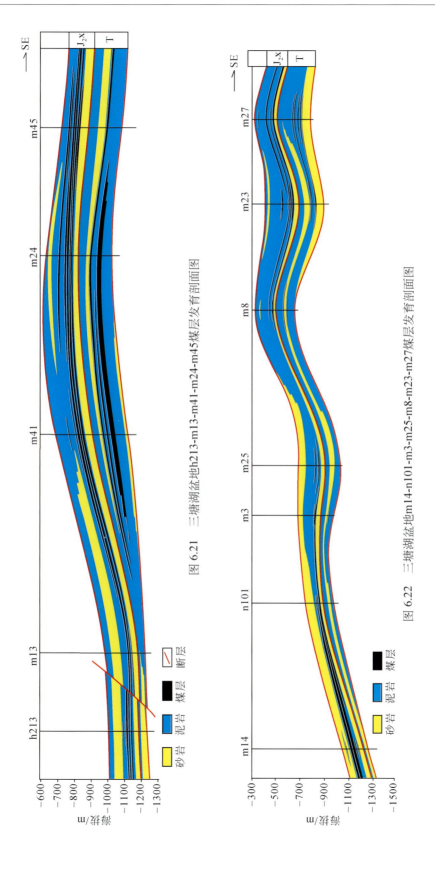

图 6.21 三塘湖盆地 h213-m13-m41-m24-m45 煤层发育剖面图

图 6.22 三塘湖盆地 m14-n101-m3-m25-m8-m23-m27 煤层发育剖面图

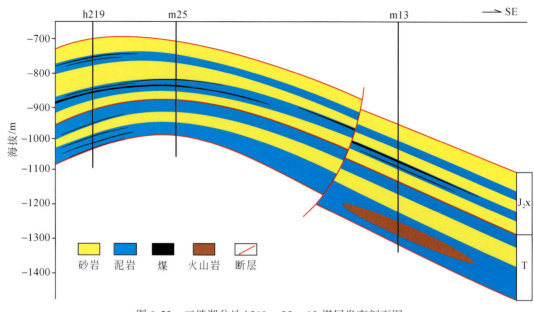

图 6.23　三塘湖盆地 h219-m25-m13 煤层发育剖面图

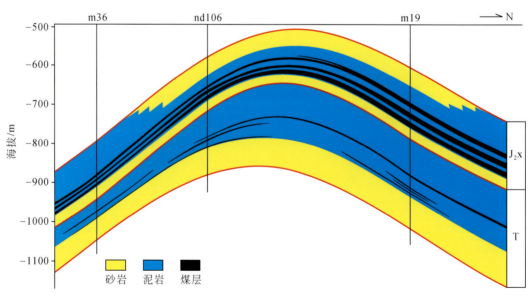

图 6.24　三塘湖盆地 m36-nd106-m19 煤层发育剖面图

（三）同沉积型赋煤构造样式

同沉积构造样式主要由发育于沉积盆地边缘的同沉积断层控制，在沉积盆地形成过程中，在盆地边缘断层的控制下盆地不断下降，沉积不断进行，而盆地外侧则不断隆起。同沉积断层一般为走向正断层，剖面常呈上陡下缓的凹面向上的勺状，上盘地层明显增厚（图6.7a）。

（四）剪切赋煤构造样式

剪切构造样式主要包括为正-平移和逆-平移断裂构造、走滑型控煤构造。当正断层具有走滑性质和平移分量，则为正-平移断裂（图6.7b）；当逆断层具有走滑性质和平移分量，则为逆-平移断裂。走滑型控煤构造主要是大型平移断层，两盘顺直立断层面相对水平滑动，在研究区内多为北西向左行平移断层。

二、主要煤田的构造形态

目前对新疆东部主要含煤盆地侏罗系煤田构造的研究程度较低，目前还难以准确描述主要煤田的构造形态，本研究仅对资料较多的三塘湖盆地的三塘湖煤田和淖毛湖煤田、巴里坤煤田、吐哈盆地的吐鲁番煤田、鄯善煤田、托克逊煤田、大南湖-梧桐窝子煤田、艾维尔沟煤田、哈密煤田、野马泉煤田等侏罗纪煤田的构造形态进行简要描述。

三塘湖盆地的煤层主要赋存在中央拗陷带内的各个次级凹陷和凸起中，受东北逆冲推覆带和西南逆冲推覆带两个构造带的挟持，赋煤构造样式主要表现为冲起构造、堑垒构造、掀斜构造和箕状构造等。目前，在三塘湖盆地开发的主要煤田为三塘湖煤田和淖毛湖煤田。三塘湖煤田的地形东低西高，构造形态呈东西向展布，由两排向北倾斜的复式向斜构成，可进一步划分为北部凹陷、中央隆起、南部凹陷；受断裂影响，南部凹陷较深，南缘断裂为煤田的主控构造。淖毛湖煤田地形周边高中间低，构造形态为近东西向展布、向北倾斜的不对称开阔型向斜构造；南北两翼均为断裂所控，尤其是煤田的东北边缘被断层所切割，构造复杂；地层倾角北缘陡立，南缘平缓，北缘断裂影响甚大。

巴里坤煤田：该煤田呈北西西向展布于巴里坤北山山脉西部的山间拗陷，南北两侧均为断裂控制。巴里坤煤田由若干个含煤小盆地组成；在东部有官炭窑断陷盆地，煤田受南部的克拉美丽深断裂的控制形成了北西西向紧密复式向斜构造，其南翼因断层破坏缺失地层，北翼受断层影响形成了推覆构造；在西部有呈北西西向展布的普迪苏断陷盆地，其西端翘起，其北缘受恰乌卡尔-结尔得嘎拉深断裂影响形成了北倾的复式向斜构造，向斜北翼为向南的推覆构造带并被深断裂切割。

托克逊煤田：该煤田呈北东东向展布于吐哈盆地西北缘，地形北高南低；煤田由斜列的箱式向斜构成，煤田的南北缘均为断层所控。

吐鲁番煤田：该煤田呈东西向展布于吐哈盆地的西部，由多个小凹陷组成；地形南高北低，以向北倾斜的单斜构造为主，局部见有北西西向的挠曲。

鄯善煤田：该煤田呈东西向展布于吐哈盆地中部火焰山一带，为低山、丘陵区；该煤田整体形态在东部为扇形构造，在西部为线形紧密褶曲构造。煤田构造受火焰山背斜、中央断裂控制和影响，中央断裂以南为北倾的单斜构造，西端见有略向北西的挠曲构造。

哈密煤田：该煤田位于吐哈盆地东部，并以三道岭矿区为核心，其地貌为南倾的冲积扇型戈壁平原。煤田构造形态为南西—东西向展布的并列式向斜、背斜，断裂控制明显。

艾维尔沟煤田：该煤田呈北西西向展布于吐哈盆地西端艾维尔沟断陷中，地形西高东低，构造形态为向斜，向斜南翼被断层破坏并形成推覆构造。

大南湖-梧桐窝子煤田：该煤田呈东西—北东东向展布于吐哈盆地南部隆起带上，地形东高西低；煤田构造形态为斜列式复式向斜，北翼被断层破坏；东部为紧闭向斜；大南湖区为开阔式褶皱。

野马泉煤田：该煤田呈北东东向展布于吐哈盆地南部隆起带的东南端，地形为丘陵、戈壁。构造形态为并列式地堑、地垒断褶构造，并伴有北西向的平推断层；地堑式构造中的向斜对赋煤有利，但地层角度大。

总之，各煤田的构造形态及其展布特征均与大地构造背景、主要的大构造有关，各煤田都分布在自古生代发育的深断裂周围，煤田展布方向与深断裂的方向基本保持一致，深断裂所派生的次级断层构成了各煤田的边界断层。

第七章　东疆主要含煤盆地侏罗系煤的煤岩煤质

第一节　东疆主要含煤盆地侏罗系煤的煤岩特征

本研究在对采集的吐哈盆地侏罗系煤样品的煤岩特征研究的基础上，结合其他资料，对吐哈盆地、三塘湖盆地以及巴里坤盆地侏罗系煤的煤岩特征进行了研究和总结。

一、侏罗系煤的成因类型和宏观煤岩类型

就煤的成因类型而言，东疆盆地侏罗系煤绝大多数是腐植煤，极少数为腐泥煤。腐泥煤包括烛煤和藻烛煤，其中烛煤在三道岭 4 号煤层中上部可见，呈黑色，弱油脂光泽，显微镜下统计孢子体占 24.8%，藻类体占 1.0%，碎屑壳质体占 3.3%，镜质体占 11.3%，惰质组占 14.1%，由微粒体和镜质组组成的基质占 45.5%。藻烛煤在柯柯亚南大槽和北大槽下部可见，宏观上为暗淡煤，显微镜下可见藻类体（皮拉藻）占 5.4%，孢子体占 11.7%，碎屑壳质体 6.7%，惰质组 10.2%，半镜质体 4.4%，粒状基质镜质体 58.8%，其他镜质体 6.3%（吐哈石油勘探开发会战指挥部、中国矿业大学北京研究生部，1997）。

就宏观煤岩类型而言，东疆盆地侏罗系煤的宏观煤岩类型可划分为光亮煤、半亮煤、半暗煤和暗淡煤四种类型。三塘湖盆地的三塘湖一带、方方梁凸起以北白石湖、英格库勒勘查区整体上以亮煤为主，暗煤次之，丝炭少量；暗煤多呈条带状分布，丝炭多呈线理透镜状分布；宏观煤岩类型多为半亮型煤。淖毛湖一带以暗煤为主，夹薄层的亮煤条带；宏观煤岩类型多为半暗型煤。巴里坤盆地东段的东区各煤层的宏观煤岩组分以亮煤为主，暗煤次之，丝炭少量，宏观煤岩类型为光亮-半亮型煤；中区、西区煤层的宏观煤岩组分以暗煤为主，亮煤次之，镜煤少量，宏观煤岩类型为半暗-半亮型煤。

吐哈盆地光亮煤的镜煤、亮煤含量一般大于 80%。以镜煤为主的光亮煤，其镜煤呈黑色，结构均一，贝壳状断口，或眼球状断口；镜煤条带厚度常大于 10 cm，在艾维尔沟和克尔碱地区，镜煤条带厚达 0.5 m。以亮煤为主的光亮煤，其镜煤条带厚度小于 5 cm，镜煤和亮煤总含量大于 80%。以纯亮煤为主的光亮煤，内生裂隙发育，条带状结构，贝壳状断口，如红星煤矿红灰槽煤中部。半亮煤是吐鲁番拗陷侏罗系煤中分布较广的煤岩类型之一，由镜煤、亮煤和暗煤组成，薄层镜煤和亮煤总含量大于 40%，条带结构明显，内生裂隙较发育，棱角状断口或阶梯状断口。半暗煤也是吐哈盆地侏罗系煤中分布较广的煤岩类型之一，主要由暗煤及亮煤组成，薄层镜煤和亮煤总含量

小于40%，细条带或线理结构，光泽较暗淡，断口较粗糙或阶梯状断口。吐哈盆地的暗淡煤主要由暗煤和丝炭组成，镜煤线理极少，块状构造，断口粗糙，内生裂隙不发育，坚硬而具有韧性，粒状结构或碎屑结构；在三道岭和大南湖4号煤层中可见厚度大于5 cm呈丝绢光泽的丝炭层。

吐哈盆地的艾维尔沟、克尔碱、大河沿、红星煤矿、地湖、柯柯亚、三道岭和大南湖地区侏罗系煤的宏观煤岩类型特征如下。

艾维尔沟煤的宏观煤岩类型简单，多为光亮煤，煤层大多由1~5 cm厚的方解石矿化煤与5~20 cm甚至40 cm厚的镜煤、亮煤互层组成，灰分多低于10%。克尔碱煤大多为光亮煤、半亮煤，沥青光泽，均一结构、块状构造，质轻，韧性大，煤灰分低；镜煤厚度往往很大，贝壳状、眼球状断口尤为明显，眼球状断口较大（5~10 cm，甚至20 cm）。

大河沿镇附近的大河沿221兵团后山煤矿东大槽煤层以亮煤为主，宏观煤岩特征与地湖煤相似。七泉湖附近的红星煤矿煤以暗亮煤为主；七克台附近的地湖南大槽煤层以亮煤为主，亦有镜煤和暗煤；总之，大河沿221兵团后山煤矿、红星煤矿、地湖地区煤的宏观煤岩剖面特征均是由含碳泥岩–碳质泥岩–暗煤–亮煤–镜煤等组成的演化系列。

柯柯亚的大槽煤层总体的光泽偏暗，向上宏观煤岩光泽逐渐变亮，下部近6 m厚的煤层含有4层各近1 m厚的藻烛煤。煤层剖面从下到上依次为藻烛煤、暗煤、亮暗、暗亮煤，反映沼泽水体由深到浅的变化。

三道岭4号煤层主要以富丝炭碎屑的丝质煤和暗煤为主，次为烛煤，再次为镜煤、暗亮煤和亮暗煤，并有3层独立的丝炭层。三道岭4号煤层许多暗淡型煤呈现腐泥煤特征，质纯且轻，贝壳状断口，均一结构，块状构造，厚度多大于0.50 m。煤层剖面显示丝质煤–镜煤–亮暗煤–暗煤–烛煤的演化序列，暗示沼泽水体由浅至深的演化特征。大南湖地区煤层总体为富丝炭碎屑的丝质煤和暗煤，很少有镜煤。

二、侏罗系煤的显微组分

根据东疆盆地侏罗纪煤显微组成特点，侏罗系煤的显微组分划分方案如表7.1所示。

表7.1　东疆盆地侏罗系煤显微组分分类方案

显微组分组	显微组分	显微亚组分
镜质组	结构镜质体	结构镜质体1，结构镜质体2
	无结构镜质体	均质镜质体，基质镜质体A，基质镜质体B，胶质镜质体，团块镜质体
	碎屑镜质体	
半镜质组	结构半镜质体，无结构半镜质体，碎屑半镜质体	

续表

显微组分组	显微组分	显微亚组分
惰质组	半丝质体，丝质体	
	粗粒体	粗粒体 A，粗粒体 B
	碎屑惰质体	
壳质组（类脂组）	孢子体	大孢子体，小孢子体
	角质体	薄壁角质体，厚壁角质体
	藻类体	结构藻类体，层状藻类体
	木栓质体，沥青质，树脂体	
	碎屑稳定体	
次生组	微粒体，渗出沥青体，油（滴、膜）	

（一）吐 哈 盆 地

吐哈盆地显微组分以镜质组为主，其含量变化较大；惰质组含量较高；壳质组（类脂组）含量较少，但种类丰富（图 7.1）。吐哈盆地侏罗系煤的部分显微组分照片如图 7.2 所示。

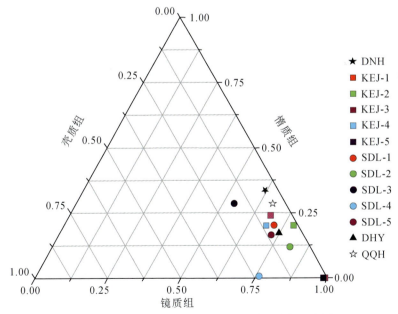

图 7.1 吐哈盆地侏罗系煤的显微组分组成的三角图

KEJ、DHY、QQH、SDL、DNH 分别为克尔碱、大河沿、七泉湖、三道岭、大南湖煤样品

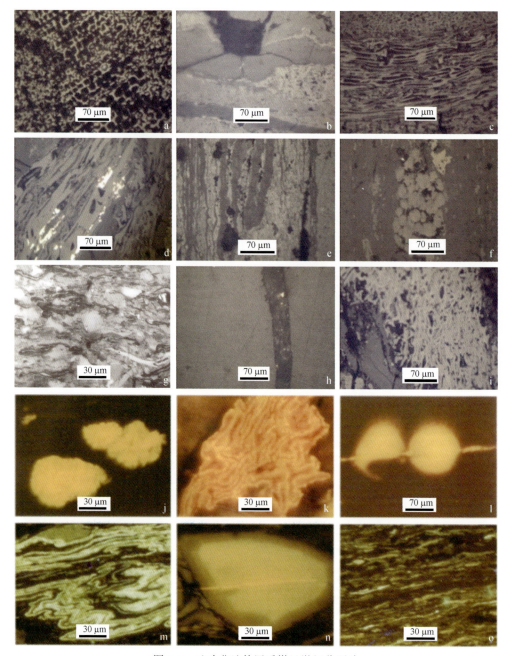

图 7.2　吐哈盆地侏罗系煤显微组分照片

a~i 为油浸反射光照片，其中 a 和 b 分别为克尔碱八道湾组煤的半丝质体和均质镜质体，c 为大南湖西山窑组煤的半丝质体，d 为大河沿八道湾组煤的半丝质体，e 和 f 分别为三道岭西山窑组煤的孢子体和角质体、菌类体，g 为三道岭八道湾组煤的孢子体、粗粒体、丝质体和惰屑体，h 为三道岭西山窑组煤的均质镜质体，i 为七泉湖西山窑组煤的均质镜质体和丝质体。j~l 为蓝光激发的反射荧光照片，其中 j 为柯柯亚八道湾组煤的藻类体，k 为克尔碱八道湾组煤的孢子体，l 为七泉湖八道湾组煤裂缝中油滴。m~o 为紫外光激发的反射荧光照片，其中 m 为七克台西山窑组煤的角质体，n 为七克台西山窑组煤的树脂体，o 为七克台西山窑组煤壳屑体

1. 镜质组

镜质组是吐哈盆地侏罗纪煤中占绝对优势的显微有机组分，包括结构镜质体、无结构镜质体、基质镜质体、碎屑镜质体等显微组分。吐哈盆地煤中常见均质镜质体，其不显荧光或具极弱棕色荧光；吐哈盆地煤中基质镜质体分为基质镜质体 A 和基质镜质体 B，基质镜质体 A 荧光不明显（西山窑组煤），基质镜质体 B 具明显荧光（八道湾组煤）。克尔碱凹陷的 A 煤组的镜质组含量 63.5% ~70.3%，平均 67.6%；C 煤组的镜质组含量 72.6% ~77.4%，平均 74.8%。艾丁湖西区 C 煤组的镜质组含量 73.4% ~92.3%，平均 81.9%；艾丁湖东区 C 煤组的镜质组含量 82.2% ~95.4%，平均 87.3%。沙尔湖凹陷库木塔格一带 C 煤组的镜质组含量 20.8% ~93.4%，平均 49.0%；库木塔格南一带 C 煤组的镜质组含量 65.0% ~86.9%，平均 77.1%；沙尔湖一带 C 煤组的煤镜质组含量 41.4% ~55.8%。大南湖凹陷的大南湖西区 C 煤组的镜质组含量 28.5% ~39.3%，平均 34.1%；大南湖东区 C 煤组的镜质组含量 35.6% ~72.6%，平均 62.4%；大南湖中区 C 煤组的镜质组含量 21.0% ~58.9%，平均 46.3%。哈密凹陷三道岭一带 C 煤组镜质组含量 6.2% ~57.9%，平均 26.4%。

2. 半镜质组

半镜质组可分为结构半镜质体、无结构半镜质体和碎屑半镜质体。吐哈盆地煤中大多数半镜质组为结构半镜质体，结构半镜质体往往具有光学各向异性。团块半镜质体和半镜屑体常存在于烛煤中。

吐哈盆地各赋煤单元的煤中半镜质组含量如下：克尔碱凹陷的 A 煤组的半镜质组含量 0 ~4.4%，平均 1.25%；C 煤组的半镜质组含量 0 ~0.1%，平均 0.06%。艾丁湖西区 C 煤组半镜质组含量 0 ~1.12%，平均 0.55%。沙尔湖凹陷库木塔格一带 C 煤组的半镜质组含量 5.2% ~68.6%，平均 46.5%；库木塔格南一带 C 煤组的半镜质组含量 10.1% ~34.1%，平均 20.1%。大南湖凹陷的大南湖东区 C 煤组的半镜质组含量 1.7% ~5.6%，平均 3.3%。

3. 壳质组

吐哈盆地煤中壳质组主要包括角质体、孢子体、树脂体、藻类体、沥青质体、壳屑体和少量的木栓质体。角质体可分为厚壁角质体和薄壁角质体，基质镜质体中可见极细的角质碎屑；角质体常具有黄绿色、黄色、褐黄色、黄褐色、褐色荧光；角质体残体分析表明吐哈煤中角质体大多为银杏类植物角质层。角质体在地湖、红星、后山煤矿等 C 煤组煤的许多分层中含量高，可达 26.5%，红星煤矿红灰槽煤层以下 8 m 处 1 m 厚的煤层中含 18% 的角质体。

吐哈盆地煤中藻类体包括结构藻类体和层状藻类体，主要分布在柯柯亚北大槽煤层下部及南大槽和三道岭的煤矿中，红星、地湖、后山煤矿也有零星分布。柯柯亚、三道岭煤中藻类体多是结构藻类体，为典型的皮拉藻，具亮黄绿色及橘黄-橙黄色荧光，形态为椭圆形，蜂窝状结构，边缘呈扇形，有的可见梨形。柯柯亚南大槽煤层由下而上，藻类体个体由小（50 μm）变大（100～200 μm）。此外，一些藻类体由于破碎呈碎屑状，但因其强荧光性和内部结构仍可辨认。层状藻类体主要分布在柯柯亚、布尔碱煤中，由非常密集的藻类呈薄层状、线理状产出，具中等强度的黄色、金黄色荧光。

吐哈煤中孢子体可分为小孢子体和大孢子体；呈现黄色、褐黄色荧光；孢腔常充填有富氢镜质体或胶质镜质体。三道岭矿 4 号煤层的烛煤中孢子体可达 26%，它们是裸子植物银杏或松柏类植物孢子。柯柯亚矿的藻烛煤中孢子体含量高达 10%～26%，并以小孢子体为主（11%）；在大孢子体周围伴有分泌树脂体。

吐哈煤中树脂体含量较少，含量最多的分层也仅 5%，如三道岭矿 2 号煤层中某些分层。树脂体具有灰褐色、褐黄色、黄色、绿黄色、黄褐色荧光。既有棱角分明的亮黄绿色树脂体、褐色荧光与亮绿黄荧光交织的树脂体及褐色菌解树脂体，也有圆形萜烯树脂体，但更常见的是充填树脂体，反光下这类树脂体与微粒体呈过渡的现象。吐哈煤中木栓质体含量在克尔碱煤中含量最高，其他地区很少见；在反射光下木栓质体呈灰色、深灰色，在反射蓝光下，呈很弱的荧光，甚至无荧光。吐哈煤中沥青质体呈不定形产出，常与微粒体呈过渡关系；具深灰色反光色，褐色、亮褐色至浅黄色荧光。柯柯亚藻烛煤中的沥青质体多以基质形态出现，在布尔碱地区则以条纹、条带状出现，常与基质镜质体过渡，亦呈小透镜体（5～20 μm）产出。吐哈煤中碎屑壳质体多分布于基质镜质体、沥青质体中，荧光强度不一，颜色多样。

吐哈盆地各赋煤单元的煤中壳质组含量如下：克尔碱凹陷的 A 煤组的壳质组含量 0.40%～1.8%，平均 0.92%；C 煤组的壳质组含量 0.67%～1.0%，平均 0.8%。艾丁湖西区 C 煤组的壳质组含量 0.5%～5.9%，平均 2.3%；艾丁湖东区 C 煤组的壳质组含量 0.7%～1.2%，平均 0.9%。大南湖凹陷的大南湖西区 C 煤组的壳质组含量 0.2%～0.8%，平均 0.6%；大南湖东区 C 煤组的壳质组含量 0.2%～3.5%，平均 2.3%。哈密凹陷三道岭一带 C 煤组壳质组含量 0～1.19%，平均 0.31%。

4. 惰质组

惰质组是吐哈盆地（尤其是东部和南部隆起带）侏罗纪煤中常见显微组分，包括丝质体、半丝质体、粗粒体、惰屑体。丝质体和半丝质体还可分为火焚丝质体和火焚半丝质体、氧化丝质体和氧化半丝质体；按反射率由低到高，粗粒体和惰屑体可划分为 A、B 两种。丝质体、粗粒体 B 和惰屑体 B 多产于丝炭中，在吐哈煤中某些分层最高含量达 30%；粗粒体 A 和惰屑体 A 含量则较少。半丝质体含量也较高，最高可达 40%。与镜屑体、壳屑体一样，吐哈盆地煤中惰屑体含量也较多。

吐哈盆地各赋煤单元的煤中惰质组含量如下：克尔碱凹陷的 A 煤组的惰质组含量 19.2%～35.1%，平均 28.7%；C 煤组的惰质组含量 21.5%～26.3%，平均 24.0%。艾丁湖西区 C 煤组的惰质组含量 1.8%～23.6%，平均 15.2%；艾丁湖东区 C 煤组的惰质组含量 3.8%～16.7%，平均 11.8%。沙尔湖凹陷的库木塔格一带 C 煤组的惰质组含量 0～2.0%，平均 0.4%；库木塔格南一带 C 煤组的惰质组含量 0.2%～1.4%，平均 0.7%；沙尔湖一带 C 煤组的煤惰质组含量 43.4%～57.7%。大南湖凹陷的大南湖西区 C 煤组的惰质组含量 59.1% ~69.6%，平均 64.0%；大南湖东区 C 煤组的惰质组含量 19.8% ~51.3%，平均 30.7%；大南湖中区 C 煤组的惰质组含量 23.9% ~49.1%，平均 37.97%。哈密凹陷三道岭一带 C 煤组惰质组含量 41.6% ~93.1%，平均 73.3%。

5. 次生组

次生组分是煤化过程中热作用的产物，吐哈盆地侏罗纪煤的次生组分包括微粒体、油滴和油膜、渗出沥青质体等。微粒体在吐哈盆地侏罗纪煤中普遍存在，多小于 1 μm，呈圆形颗粒，反光下呈浅灰色、灰白色，无突起；多分布于基质镜质体中，也见于均质镜质体中。吐哈盆地是我国重要的煤成油盆地，在 221 兵团煤矿、柯柯亚、地湖、七克台、三道岭、大南湖等地的煤中出现原生油滴和油膜，特别是在煤层的顶分层、富角质体分层以及基质镜质体 B 发育的分层中分布较多。油滴多分布在裂纹、丝质体、半丝质体胞腔内；反光下呈深灰色、暗灰色，并具有晕环；油浸反光下呈黑色、暗黑色；蓝色激发下呈黄色、灰黄色、米黄色荧光；形态为圆球形、梨形、双球形、串珠形；由数微米至数毫米不等。油膜大多分布于裂缝附近，呈溢出浸染状；反光下呈灰色、深灰色、斑杂色；油浸反光下呈暗黑色、黑色，与黏土不易区分，仅从溢出产状可辨；荧光下呈黄色、绿色、斑杂色。渗出沥青体主要见于克尔碱和底湖等煤中，常以脉状、充填胞腔或节理面的形式出现，荧光以褐色至橘黄色、黄色为多，反光下为灰色至深灰色、暗灰色、灰黑色（吐哈石油勘探开发会战指挥部、中国矿业大学北京研究生部，1997）。

6. 煤中矿物

显微镜下观察以及 X 射线衍射（XRD）分析表明，吐哈盆地侏罗系煤中主要矿物为黏土矿物、碳酸盐矿物（方解石、菱铁矿和白云石）、硫化物矿物（黄铁矿）、硫酸盐矿物（石膏）（表 7.2，表 7.3），其中黏土矿物是煤中主要矿物。碳酸盐矿物主要为呈脉状充填裂隙的后生方解石，艾维尔沟煤中则含有较多的成岩期方解石；菱铁矿多呈结核状产出，结核内部呈放射状，中心常有交代的黄铁矿。硫化物矿物主要为呈细脉状和结核状产出的黄铁矿，以柯柯亚矿南大槽煤层中含量最多，葡北 102 井的 H85 样品和小草 1 井的 H97 样品中黄铁矿含量高达 12% 和 15%，并有黄铁矿化木栓质体和毒粒状黄铁矿出现，这在陆相煤中少见。此外，吐哈煤中裂隙常常充填纤维状石膏，为黄铁矿的后期氧化产物。

吐哈盆地各赋煤单元的煤中无机矿物含量如下：克尔碱凹陷 A 煤组黏土矿物含量 6.5% ~21.6%，平均 12.3%；硫化物含量 0 ~0.47%，平均 0.13%；碳酸盐矿物含量 0 ~0.81%，平均 0.21%。克尔碱凹陷 C 煤组黏土矿物含量 9.2% ~ 10.6%，平均 9.9%；硫化物含量 0 ~ 0.47%，平均 0.23%；碳酸盐矿物含量 0 ~ 0.20%，平均 0.13%。艾丁湖西区 C 煤组黏土矿物含量 3.5% ~11.1%，平均 7.8%；硫化物含量 0 ~ 2.1%，平均 0.8%；碳酸盐矿物含量 0 ~ 0.9%，平均 0.27%；石英含量 0.5% ~ 1.5%，平均 0.9%。艾丁湖东区 C 煤组黏土矿物含量 13.7% ~32.2%，平均 23.4%；硫化物含量 0.2% ~0.8%，平均 0.5%；碳酸盐矿物含量 0.4% ~ 1.4%，平均 0.8%。

表 7.2　　煤样的 XRD 定量分析结果　　　　　单位:%

样品	黏土矿物	石英	方解石	白云石	黄铁矿	菱铁矿	石膏
KEJ-1	16.5	4.6	19.3	47.3	12.3	—	—
KEJ-3	—	14.5	9.4	9.7	—	66.5	—
KEJ-4			60.5	24.9		14.6	—
KEJ-5		12.6	55.3	12.4	3.3	16.4	
DHY	—	—	1.5	92.1	6.4	—	
QQH	80	19.6	—				0.4
SDL-3	63.4	23.8	6.5			6.3	
SDL-4	—	3.2	1.6			95.2	—

表 7.3　　煤样的低温灰化灰 XRD 定量分析结果　　　　　单位:%

样品	黏土矿物	石英	方解石	硬石膏
KEJ-2	58.1	36.3	5.6	—
SDL-5	49.8	39	—	11.2

注：KEJ-2 煤样的低温灰化灰产率为 10.3%；SDL-5 煤样的低温灰化灰产率为 6.0%。

　　沙尔湖浅凹陷的沙尔湖一带 C 煤组黏土矿物含量 15.3% ~17.1%。大南湖浅凹陷的大南湖西区 C 煤组黏土矿物含量 0.2% ~1.3%，平均 0.8%；硫化物含量 0.2%；碳酸盐矿物含量 0.20% ~1.3%，平均 0.6%。大南湖东区 C 煤组黏土矿物含量 0.20% ~11.9%，平均 4.1%；硫化物含量 0.2% ~12.6%，平均 1.0%；碳酸盐矿物含量 0.2% ~1.9%，平均 0.5%。大南湖中区 C 煤组的黏土矿物含量 9.0% ~15.3%，平均 11.7%；硫化物含量 0.1% ~0.90%，平均 0.29%；碳酸盐矿物含量 0.1% ~0.7%，平均 0.3%。

7. 显微煤岩类型

　　显微镜下统计分析表明，吐哈盆地各赋煤单元的煤的显微煤岩类型具有如下特征：克尔碱凹陷 A 煤组和 C 煤组、艾丁湖斜坡带的艾丁湖西区 C 煤组显微煤岩类型主要为微镜惰煤；艾丁湖东区 C 煤组、沙尔湖凹陷的库木塔格一带和库木塔格南一带 C 煤组的显微煤岩类型主要是微泥质煤。沙尔湖凹陷的沙尔湖一带的 C 煤组、大南湖凹陷的大南湖西区、中区、东区的 C 煤组、哈密凹陷三道岭一带 C 煤组的显微煤岩类型主要为微镜惰煤。

（二）三塘湖盆地

　　三塘湖盆地侏罗系煤显微组分主要有镜质组、惰质组和壳质组。镜质组占有机显微组分的 89.9%，主要以基质镜质体和碎屑镜质体为主，可见基质半镜质体。惰质组占有机显微组分的 8.9%，并以氧化丝质体为主。壳质组占总有机显微组分的 1.2%，主要为呈蠕虫状分布的小孢子体。煤中无机组分含量较低，主要为浸染状、薄层状分布的黏土矿物，平均6.9%，碳酸盐矿物含量甚微。显微煤岩类型为微镜煤和微镜惰煤。三塘湖盆地各赋煤单元煤的显微组分含量和显微煤岩类型如下。

三塘湖一带 A 煤组的镜质组含量89.9%，惰质组为8.9%，壳质组为1.2%；A 煤组中黏土矿物含量6.9%，硫化物含量2.1%，碳酸盐矿物含量0.9%；A 煤组的显微煤岩类型为微镜惰煤、微镜煤。C 煤组的镜质组含量9.3%~96.9%，平均53.6%，惰质组含量2.0%~90.6%，平均45.8%；壳质组含量0~1.8%，平均0.58%；C 煤组中黏土矿物含量3.6%~16.5%，平均11.2%，硫化物含量0.2%~1.0%，平均0.53%，碳酸盐矿物含量0~1.4%，平均0.60%；C 煤组的显微煤岩类型为微镜煤、微镜惰煤和微泥质煤。

淖毛湖一带的淖毛湖预查区 C 煤组的镜质组含量40.9%~81%，平均63.9%；惰质组含量12.7%~59.1%，平均36.0%；壳质组含量0~0.8%，平均0.28%。C 煤组中黏土矿物含量0~9.5%，平均2.23%，硫化物含量0~2.3%，平均0.38%，碳酸盐矿物含量0~0.2%，平均0.02%。C 煤组的显微煤岩类型为微镜惰煤。

淖毛湖一带的白石湖勘查区 C 煤组的镜质组含量59.8%~98.4%，平均85.8%；惰质组含量0~39.3%，平均12.4%；壳质组含量0.8%~3.6%，平均1.86%。C 煤组中黏土矿物含量3.9%~32.4%，平均10.6%，碳酸盐矿物含量0.4%~0.6%，平均0.5%。C 煤组的显微煤岩类型为微镜煤、微镜惰煤和微泥质煤。

淖毛湖一带的英格库勒勘查区 C 煤组的镜质组含量71.2%~97.5%，平均89%；惰质组含量1.9%~27.6%，平均9.9%；壳质组含量0.6%~2.0%，平均1.15%。C 煤组中黏土矿物含量3.9%~37.2%，平均12.6%，硫化物含量0.4%，碳酸盐矿物含量0.2%。C 煤组的显微煤岩类型为微镜煤和微镜惰煤。

（三）巴里坤盆地

巴里坤盆地东段主要发育 A 煤组，其中东段的东区 A 煤组可进一步划分为 A_1 煤组、A_2 煤组和 A_3 煤组；中区和西区主要是 A_1 煤组。

东区 A 煤组的镜质组以基质镜质体和碎屑镜质体为主，惰质组以氧化丝质体为主，半镜质组主要为基质半镜质体，壳质组主要为蠕虫状分布的小孢子体；矿物质含量较多，多为呈颗粒状、半棱角状的石英。东区 A 煤组的显微煤岩类型为微镜惰煤-微泥质煤。

东区各煤组的显微组分含量如下：A_1 煤组无机质含量高达52.6%，有机显微组分含量47.4%。有机显微组分中镜质组含量60%，惰质组含量38.3%，半镜质组和壳质组含量均为0.8%。A_2 煤组的无机质含量为14.5%~41.6%，平均33.6%；有机显微组分含量为58.4%~85.5%，，平均66.4%。有机显微组分中镜质组含量6.4%~71.2%，平均66.0%；惰质组含量27.70%~34.3%，平均32.4%；半镜质组含量0.4%~1.0%，平均0.84%；壳质组含量为0.7%。A_3 煤组的无机质含量为0.76%~18.4%，平均13.4%；有机显微组分含量81.4%~99.5%，平均86.6%。有机显微组分中镜质组含量35.5%~

89.4%，平均56.6%；惰质组含量8.6%～83.7%，平均47.5%；半镜质组含量0～0.55%，平均0.48%；壳质组含量0.43%～16.3%，平均3.9%。

中区 A_1 煤组的无机质含量15.7%～21.8%，平均19.4%；有机显微组分含量78.4%～82.4%，平均80.6%。有机显微组分中惰质组68.1%～77.5%，平均73.3%，并以丝质体和半丝质体为主，可见碎屑惰质体。镜质组含量21.2%～31.4%，平均25.5%，并以基质镜质体和碎屑镜质体为主，可见碎屑镜质体。壳质组含量0.5%～1.5%，平均1.2%，并以蠕虫状分布的小孢子体为主。矿物主要为呈浸染状或薄层状分布的黏土矿物、脉状产出的方解石。显微煤岩类型为微镜惰煤–微泥质煤。

西区 A_1 煤组的无机质含量3.9%～13.7%，平均7.9%；有机显微组分含量86.3%～96.1%，平均92.1%。有机显微组分中镜质组含量9.0%～63.3%，平均37.5%，并以基质镜质体和碎屑镜质体为主。惰质组含量36.7%～90.1%，平均62.4%，并以氧化丝质体为主，可见呈棱角状或不规则状分布的碎屑惰质体。壳质组含量0.2%～1.2%，平均0.65%，并以呈线条状、蠕虫状分布的小孢子体为主。无机组分以呈浸染状或薄层状分布的黏土矿物为主，含量3.5%～12.9%，平均7.72%；碳酸盐矿物0.4%～1.2%，平均0.68%，主要为方解石脉。显微煤岩类型为微镜惰煤。

总之，从东区到西区，巴里坤盆地侏罗系 A 煤组中镜质组含量明显减少，惰质组含量显著增加；反映从东区到西区，本区成煤沼泽水体逐渐变浅、还原环境逐渐减弱的特点。

三、侏罗系煤的煤化程度

吐哈盆地侏罗纪煤的变质程度较低，主要处于长焰煤和褐煤变质阶段，并以长焰煤变质阶段为主，镜质组油浸随机反射率（$R_{o,ran}$）为0.38%～1.4%，大多为0.4%～0.7%。大南湖煤矿4号煤的镜质组反射率最小（0.38%），艾维尔沟煤的变质程度较高，有气煤、肥煤、焦煤和瘦煤。总体而言，镜质组反射率在盆地内表现为北高南低的特点（图7.3），反映了吐哈盆地北部地层较南部地层经历了较大的埋深，南部埋藏较浅，处于隆升面貌。如，盆地北部的哈密三道岭（C 煤组4号煤层镜质组 $R_{o,ran}$ 为0.53%）、七克台附近的地湖矿（C 煤组南大槽煤层镜质组 $R_{o,ran}$ 为0.59%）、红星矿（A 煤组红灰槽煤层 $R_{o,ran}$ 为0.73%）、布尔碱（A 煤组3号煤层 $R_{o,ran}$ 为0.56%）、柯柯

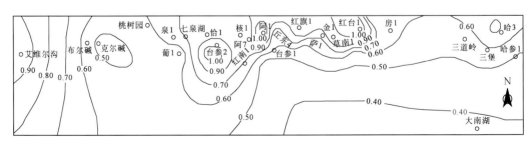

图7.3　吐哈盆地侏罗系西山窑组煤镜质组反射率等值线图（%）

亚（A 煤组南大槽煤层 $R_{o,ran}$ 为 0.63%）等地的煤镜质组反射率相对较高；而南部的大南湖（C 煤组 4 号煤层 $R_{o,ran}$ 为 0.38%）、沙尔湖（C 煤组 $R_{o,ran}$ 为 0.52%）等地的煤镜质组反射率值低。

吐哈盆地各赋煤单元的煤镜质组反射率如下：克尔碱凹陷 A 煤组的 $R_{o,ran}$ 为 0.41% ~ 0.57%，平均 0.47%；C 煤组的 $R_{o,ran}$ 为 0.37% ~ 0.41%，平均 0.39%。艾丁湖西区 C 煤组的 $R_{o,ran}$ 为 0.24% ~ 0.41%，平均 0.44%；艾丁湖东区 C 煤组的 $R_{o,ran}$ 为 0.39% ~ 0.51%，平均 0.45%。沙尔湖浅凹陷的库木塔格一带 C 煤组的 $R_{o,ran}$ 为 0.27% ~ 0.38%；库木塔格南一带 C 煤组的 $R_{o,ran}$ 为 0.36% ~ 0.44%；沙尔湖一带 C 煤组的 $R_{o,ran}$ 为 0.31% ~ 0.64%，平均 0.52%。大南湖浅凹陷的大南湖西区 C 煤组的 $R_{o,ran}$ 为 0.32% ~ 0.39%，平均 0.37%；大南湖东区 C 煤组的 $R_{o,ran}$ 为 0.34% ~ 0.49%，平均 0.43%；大南湖中区 C 煤组的 $R_{o,ran}$ 为 0.29% ~ 0.37%，平均 0.34%。哈密凹陷三道岭一带 C 煤组的 $R_{o,ran}$ 为 0.34% ~ 0.81%，平均 0.69%。

三塘湖一带 A 煤组的 $R_{o,ran}$ 为 0.55%，C 煤组为 0.42% ~ 0.73%，平均 0.58%；淖毛湖一带的白石湖勘查区 C 煤组的 $R_{o,ran}$ 为 0.24% ~ 0.36%，平均 0.30%；英格库勒勘查区 C 煤组的 $R_{o,ran}$ 为 0.21% ~ 0.39%，平均 0.31%。因此，三塘湖盆地侏罗系煤变质程度低，而且西部高于东部，主要处于长焰煤变质阶段。

巴里坤盆地侏罗系煤的变质程度较吐哈盆地和三塘湖盆地煤高，变化也较大。巴里坤盆地东区煤的镜质组最大反射率（$R_{o,max}$）为 0.70% ~ 0.86%，平均 0.78%，主要有长焰煤、气煤、弱黏煤和焦煤，其中东区石炭窑凹陷南翼以气煤为主，局部含少量 1/3 焦煤。巴里坤盆地中区煤的镜质组最大反射率为 0.48% ~ 0.57%，平均 0.53%，煤类以气煤为主；巴里坤盆地西区煤的镜质组最大反射率为 0.42% ~ 0.58%，平均 0.49%，煤类以长焰煤主，夹有气煤和弱黏煤。

第二节 东疆主要含煤盆地侏罗系煤的煤质特征

本研究总结了吐哈盆地、三塘湖盆地和巴里坤盆地侏罗系煤的物理性质、化学组成、工艺性质、煤灰成分和煤类等煤质特征。

一、煤的物理性质

吐哈盆地各煤组物理性质基本相似，煤层多为沥青光泽，颜色为黑色、灰黑色，条痕色为黑褐色，性脆易碎，质轻易碎。A 煤组煤视相对密度 1.29 ~ 1.33 t/m³；C 煤组煤视相对密度 1.26 ~ 1.44 t/m³。三塘湖盆地 A 煤组煤层为沥青-玻璃光泽，颜色多呈黑色，条痕色为黑褐色，半坚硬，性脆，视相对密度为 1.32 t/m³；C 煤组煤层为弱沥青-弱玻璃光泽，颜色多呈黑色，黑褐色条痕，半坚硬，性脆；视相对密度为 1.28 ~ 1.34 t/m³。巴里坤盆地 A 煤组煤为沥青光泽，颜色均呈黑-黑褐色，条痕色为棕黑色；盆地东区 A 煤组煤的视相对密度为 1.29 ~ 1.34 t/m³，中区煤的视相对密度为 1.39 t/m³；西区煤的视相对密度为 1.31 t/m³。

二、煤的化学组成

（一）水　　分

吐哈盆地 A 煤组原煤水分（M_{ad}）一般为 3.7%，属低水分煤；C 煤组 M_{ad} 为 2.7% ~ 21.3%，以中水分煤为主。在大南湖东区、骆驼圈子、三道岭一带原煤 M_{ad} 均值小于 5.0%，为低水分煤。三塘湖盆地 A 煤组原煤 M_{ad} 为 2.2% ~ 4.9%，平均 3.6%，属低水分煤；C 煤组原煤 M_{ad} 为 4.4% ~ 8.3%，平均 6.4%，属低水分-中水分煤，其中三塘湖一带和淖毛湖预查区煤属低水分煤；淖毛湖一带方方梁凸起北部白石湖勘查区和英格库勒勘查区属中水分煤。

巴里坤盆地东区 A_1 煤组原煤 M_{ad} 为 0.62% ~ 1.5%，平均 1.0%；浮煤 M_{ad} 为 0.54% ~ 1.05%，平均 0.86%，属低水分煤层。A_2 煤组 M_{ad} 为 0.56% ~ 0.98%，平均 0.82%；浮煤 M_{ad} 为 0.86% ~ 0.95%，平均 0.91%，属低水分煤层。A_3 煤组原煤 M_{ad} 为 0.49% ~ 1.08%，平均 0.80%；浮煤 M_{ad} 为 0.77% ~ 1.13%，平均 0.90%，属低水分煤层。中区 A_1 煤组原煤 M_{ad} 为 0.73% ~ 7.69%，平均 1.98%；浮煤 M_{ad} 为 0.92% ~ 7.84%，平均 1.98%，属低水分煤层。西区 A_1 煤组原煤 M_{ad} 为 1.81% ~ 3.86%，平均 2.60%；浮煤 M_{ad} 为 2.24% ~ 3.14%，平均 2.55%，属低水分煤层。

（二）灰　　分

吐哈盆地 A 煤组原煤灰分 A_d 为 7.4% ~ 14.9%，为低灰煤，在克尔碱一带南北两侧灰分相对较低，向中部、中东部相对较高。C 煤组原煤 A_d 为 8.7% ~ 29.0%，其中在沙尔湖浅凹陷库木塔格一带为特低灰分煤；在大南湖中区、大南湖东区、骆驼圈子、梧桐窝子、三道岭一带为低灰煤；在吐鲁番拗陷的伊拉湖西区、艾丁湖中区和东区、南部隆起带的库木塔格南、沙尔湖一带、大南湖西区等为中灰煤（A_d 均值 16.0% ~ 29.0%）。吐哈盆地煤灰分变化规律明显，盆地东西两侧灰分相对较高，盆地中部灰分相对较低。

三塘湖盆地 A 煤组原煤灰分 A_d 为 6.9% ~ 25.5%，平均 13.8%，以低-中灰煤为主，由北向东西两侧及南部逐渐增大；浮煤 A_d 为 4.1% ~ 10.6%，平均 6.9%。C 煤组原煤 A_d 为 11.9% ~ 15.2%，平均 13.2%，以特低-低灰煤为主；在汉水泉凹陷中部为中-高灰煤，向东西两侧逐渐减小，由北向南逐渐减小；浮煤 A_d 为 6.2% ~ 7.9%，平均为 6.9%。

巴里坤盆地东段各煤组煤层灰分总体呈东区高中西区低、各区浅部高深部低、厚煤层低薄煤层高的特点；原煤灰分虽然略高，但洗选后灰分均降低为特低灰煤，有利于炼焦使用，具体如下。东区 A_1 煤组原煤 A_d 为 17.9% ~ 34.6%，平均 25.9%，属中灰分煤层；浮煤 A_d 为 5.4% ~ 20.2%，平均 10.5%。A_2 煤组原煤 A_d 为 17.5% ~ 22.6%，平均 19.4%，属低灰分煤层；浮煤 A_d 为 4.7% ~ 9.1%，平均 6.9%。A_3 煤组原煤 A_d 为 16.6% ~ 21.9%，平均 18.7%，属低灰分煤；浮煤 A_d 为 5.4% ~ 8.1%，平均 6.4%。中区 A_1 煤组原煤 A_d 为 8.4% ~ 35.9%，平均 21.5%，属中灰分煤层；浮煤 A_d 为 4.2% ~ 12.9%，平均 8.9%。西区 A_1 煤组原煤 A_d 为 5.4% ~ 13.8%，平均 8.7%，属特低灰分煤层；浮煤 A_d 为 2.6% ~ 3.9%，平均 3.4%。

（三）挥　发　分

吐哈盆地 A 煤组原煤挥发分 V_{daf} 为 38.8% ~ 42.2%，属高挥发分煤。C 煤组原煤 V_{daf} 为 30.0% ~ 52.7%，属中高–高挥发分煤；其中在哈密坳陷三道岭一带 V_{daf} 均值为 28% ~ 37%，属中高挥发分煤，在吐鲁番坳陷、南部隆起带均属高挥发分煤。

三塘湖盆地 A 煤组原煤 V_{daf} 为 36.5% ~ 51.2%，平均 46.5%，属于高挥发分煤。C 煤组原煤 V_{daf} 为 42.0% ~ 50.8%，属高–特高挥发分煤；其中三塘湖一带和淖毛湖预查区煤属高挥发分煤，在淖毛湖一带的方方梁凸起以北白石湖和英格库勒勘查区属于特高挥发分煤。

巴里坤盆地东区 A_1 煤组原煤 V_{daf} 为 31.6% ~ 46.0%，平均 42.40%，属高挥发分煤。A_2 煤组原煤 V_{daf} 为 31.2% ~ 43.0%，平均 39.0%，属高挥发分煤。A_3 煤组原煤 V_{daf} 为 31.2% ~ 39.3%，平均 38.2%，属高挥发分煤。中区 A_1 煤组原煤 V_{daf} 为 29.4% ~ 43.2%，平均 37.9%，属高挥发分煤。西区 A_1 煤组原煤 V_{daf} 为 35.9% ~ 39.9%，平均 38.8%，属中高挥发分煤。

（四）有机元素（C、H、O、N）

吐哈盆地 A 煤组的碳含量（C_{daf}）为 79.8% ~ 81.7%，氧和硫含量（$O_{daf}+S_{daf}$）为 11.4% ~ 13.5%，氢含量（H_{daf}）为 5.1% ~ 5.3%，氮含量（N_{daf}）为 1.3% ~ 1.6%。C 煤组 C_{daf} 为 71.8% ~ 82.5%，氧和硫含量（$O_{daf}+S_{daf}$）为 11.4% ~ 21.6%，H_{daf} 为 4.1% ~ 5.5%，N_{daf} 为 0.71% ~ 1.4%。

三塘湖盆地 A 煤组 C_{daf} 为 76.9% ~ 79.3%，平均 77.7%；氧和硫含量（$O_{daf}+S_{daf}$）为 13.2% ~ 16.0%，平均 15.3%；H_{daf} 为 4.9% ~ 6.2%，平均 5.7%；N_{daf} 为 1.1% ~ 2.1%，平均 1.4%。C 煤组 C_{daf} 为 74.1% ~ 77.5%，平均 75.8%；氧和硫含量（$O_{daf}+S_{daf}$）为 15.7% ~ 74.7%，平均 32.0%；H_{daf} 含量为 4.9% ~ 5.5%，平均 5.3%；N_{daf} 为 0.82% ~ 1.5%，平均 1.2%。

巴里坤盆地东段东区 A_1 煤组原煤 C_{daf} 为 74.1% ~ 85.7%，平均 82.2%；氧和硫含量（$O_{daf}+S_{daf}$）为 6.5% ~ 10.0%，平均 8.2%；H_{daf} 为 4.0% ~ 6.2%，平均 5.7%；N_{daf} 为 1.5% ~ 2.4%，平均 2.0%。东区 A_2 煤组原煤 C_{daf} 为 75.4% ~ 86.3%，平均 83.6%；氧和硫含量（$O_{daf}+S_{daf}$）为 2.0% ~ 18.3%，平均 7.8%；H_{daf} 为 4.3% ~ 5.8%，平均 5.5%；N_{daf} 为 1.5% ~ 2.2%，平均 1.9%。东区 A_3 煤组原煤 C_{daf} 为 81.2% ~ 86.9%，平均 3.9%；氧和硫含量（$O_{daf}+S_{daf}$）为 2.1% ~ 19.8%，平均 8.5%；H_{daf} 为 3.9% ~

6.1%，平均5.2%；N_{daf}为1.3%～2.5%，平均2.3%。巴里坤盆地东段中区 A_1 煤组原煤 C_{daf} 为81.4%～85.9%，平均83.9%；氧和硫含量（$O_{daf}+S_{daf}$）为7.4%～11.8%，平均9.6%；H_{daf} 为4.9%～5.5%，平均5.2%；N_{daf} 为1.4%～1.9%，平均1.5%。巴里坤盆地东段西区 A_1 煤组原煤 C_{daf} 为81.0%～91.2%，平均82.5%；氧和硫含量（$O_{daf}+S_{daf}$）为5.6%～13.4%，平均11.6%；H_{daf} 为2.3%～5.3%，平均4.8%；N_{daf} 为0.74%～4.5%，平均1.4%。

（五）有害元素（S、P、Cl、F、As）

对东疆盆地侏罗系原煤和浮煤中硫、磷、氯、氟、砷等有害元素含量的分析表明，东疆盆地侏罗系煤中上述有害元素含量较低，仅吐哈盆地局部地区煤中上述个别有害元素的含量较高，应予以重视。

1. 硫

吐哈盆地 A 煤组原煤以特低-低硫煤为主，干基全硫（$S_{t,d}$）含量一般0.31%～0.74%，但在克尔碱凹陷的中部、中东部分布有中硫、中高硫和高硫煤（图7.4）。吐哈盆地 C 煤组原煤 $S_{t,d}$ 为0.27%～1.9%；其中在库木塔格一带、大南湖东区，哈密拗陷中三道岭一带属于特低硫煤；沙尔湖一带、骆驼圈子一带、吐鲁番拗陷的七泉湖一带属于低硫煤区；艾丁湖中区属于中低硫煤区；伊拉湖西区属中硫煤区；克尔碱一带、艾丁湖东区、库木塔格南等地属中高硫煤区。吐哈盆地南缘靠近西侧一带硫含量相对较高，其余地段硫含量变化较小。各煤组原煤 $S_{t,d}$ 均以有机硫（$S_{o,d}$）为主，其次为硫化物硫（$S_{p,d}$），硫酸盐硫（$S_{s,d}$）很少。吐哈盆地各赋煤单元原煤干基全硫及形态硫的含量如下。

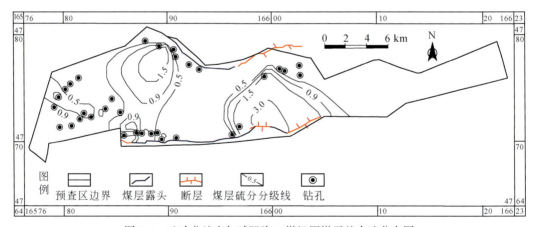

图7.4　吐哈盆地克尔碱凹陷 A 煤组原煤干基全硫分布图

克尔碱凹陷 A 煤组煤 $S_{t,d}$ 含量一般为0.31%～0.74%；其中有机硫0.27%～0.40%，平均0.32%；硫化物硫0.08%～0.30%，平均0.19%；硫酸盐硫0～0.01%。C 煤组煤 $S_{t,d}$ 含量为0.75%～1.75%，平均1.39%；硫化物硫0.50%～0.88%；硫酸盐

硫 0.01% ~0.02%。

艾丁湖中区 C 煤组煤 $S_{t,d}$ 含量 0.62% ~1.85%，平均 1.16%；艾丁湖东区 C 煤组煤 $S_{t,d}$ 含量 0.60% ~2.36%，平均 1.55%。伊拉湖西区 C 煤组的 $S_{t,d}$ 含量 0.79% ~1.44%，平均 1.12%。

沙尔湖浅凹陷库木塔格一带 C 煤组煤 $S_{t,d}$ 含量 0.11% ~1.57%，平均 0.33%；其中有机硫 0.02% ~1.20%，平均 0.74%；硫化物硫 0.29% ~0.94%，平均 0.53%；硫酸盐硫 0 ~0.04%，平均 0.03%。沙尔湖浅凹陷的库木塔格南一带 C 煤组煤 $S_{t,d}$ 含量 0.42% ~2.98%，平均 1.68%；其中有机硫 0.41% ~1.00%，平均 0.75%；硫化物硫 0.43% ~1.57%，平均 0.95%；硫酸盐硫 0.04% ~0.14%，平均 0.08%。沙尔湖浅凹陷的沙尔湖一带 C 煤组煤 $S_{t,d}$ 含量为 0.30% ~0.80%，平均 0.57%；其中有机硫 0 ~1.3%，平均 0.53%；硫化物硫 0 ~4.4%，平均 0.40%；硫酸盐硫 0 ~0.74%，平均 0.23%。

大南湖浅凹陷的大南湖西区 C 煤组煤 $S_{t,d}$ 含量 0.19% ~2.17%，平均 0.27%；其中有机硫 0.04% ~0.32%，平均 0.15%；硫化物硫 0.01% ~0.09%，平均 0.03%；硫酸盐硫 0 ~0.03%，平均 0.02%。大南湖东区 C 煤组煤 $S_{t,d}$ 含量为 0.04% ~1.74%，平均 0.38%；其中有机硫 0.01% ~0.55%，平均 0.21%；硫化物硫 0.01% ~0.73%，平均 0.17%；硫酸盐硫 0.01% ~1.66%，平均 0.16%。

骆驼圈子浅凹陷 C 煤组煤 $S_{t,d}$ 含量为 0.43% ~0.65%，平均 0.49%。哈密拗陷三道岭一带 C 煤组煤 $S_{t,d}$ 含量为 0.06% ~1.86%，平均 0.35%；其中有机硫 0 ~0.26%，平均 0.02%；硫化物硫 0.02% ~0.23%，平均 0.17%；硫酸盐硫 0 ~0.28%，平均 0.11%。

三塘湖盆地 A 煤组原煤为低硫煤，$S_{t,d}$ 平均为 0.54%，但在汉水泉凹陷北部和西部分布有中硫煤（图 7.5）。三塘湖盆地 C 煤组原煤以特低硫煤为主，$S_{t,d}$ 一般为 0.32% ~0.42%，平均 0.36%，但在马朗凹陷东北部、方方梁凸起中部分布中硫及中高硫煤（图 7.6）。三塘湖盆地各赋煤单元的 C 煤组煤中 $S_{t,d}$ 含量具体如下：三塘湖一带为 0.12% ~1.31%，平均 0.42%；淖毛湖一带的淖毛湖预查区为 0.10% ~1.5%，平均 0.33%；淖毛湖一带的白石湖勘查区为 0.27% ~0.41%，平均 0.32%；淖毛湖一带的英格库勒勘查区为 0.33% ~0.39%，平均 0.36%。

巴里坤盆地东段 A 煤组原煤硫含量总体为东区高，中区和西区低；东区煤属中硫煤，中区和西区为低硫煤区；原煤硫分中硫化物硫占 50%，有机硫占 47.7%，硫酸盐硫很少。巴里坤盆地东段各赋煤区原煤的干基全硫和形态硫含量具体如下：巴里坤盆地东段东区 A_1 煤组原煤 $S_{t,d}$ 为 0.63% ~1.26%，平均 1.12%；其中有机硫 0.59% ~0.58%，平均 0.54%；硫化物硫 0.34% ~0.44%，平均 0.38%。东区 A_2 煤组原煤 $S_{t,d}$ 为 0.56% ~2.86%，平均 1.17%；有机硫 0.35% ~1.09%，平均 0.77%。东区 A_3 煤组原煤 $S_{t,d}$ 为 0.42% ~2.86%，平均 1.0%；其中有机硫 0.16% ~0.37%，平均 0.27%；硫化物硫 0.04% ~0.75%，平均 0.22%。中区 A_1 煤组原煤 $S_{t,d}$ 为 0.22% ~1.55%，平均 0.75%；有机硫 0.21% ~0.48%，平均 0.32%；硫化物硫 0.06% ~1.16%，平均 0.43%。西区 A_1 煤组原煤 $S_{t,d}$ 为 0.29% ~0.76%，平均 0.47%；有机硫 0.16% ~0.37%，平均 0.21%；硫化物硫 0.08% ~0.36%，平均 0.22%。

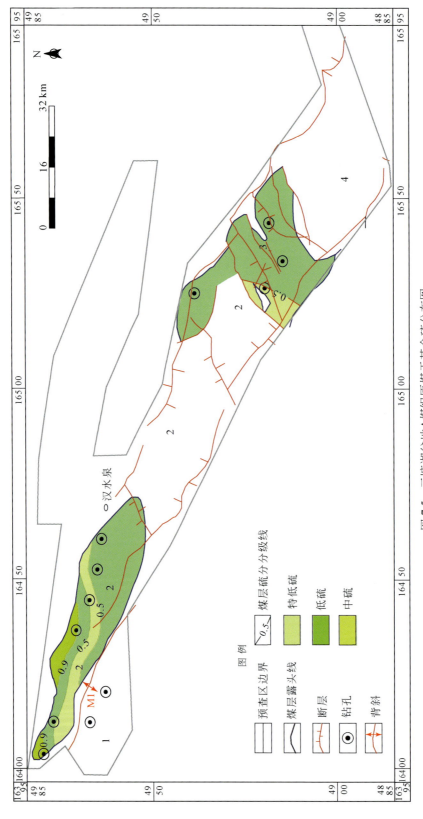

图7.5　三塘湖盆地A煤组原煤干基全硫分布图

1.库木苏背斜；2.汉水泉凹陷；3.石头梅凸起；4.条湖凹陷

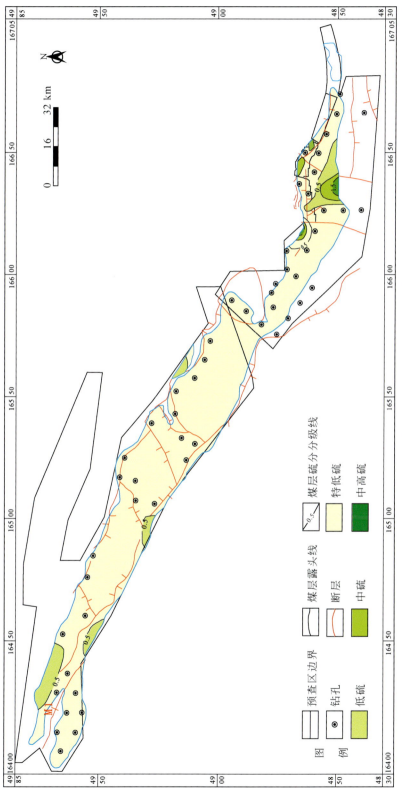

图 7.6 三塘湖盆地 C 煤组原煤干基全硫分布图

2. 磷

吐哈盆地侏罗系煤主要为特低–低磷煤，仅在库木塔格南分布有中磷煤；其中 A 煤组原煤中磷含量（P_d）为 0.005% ~ 0.029%，C 煤组原煤 P_d 含量为 0.003% ~ 0.088%。吐哈盆地各赋煤单元的 C 煤组原煤 P_d 含量如下：艾丁湖中区为 0 ~ 0.02%，平均 0.006%；艾丁湖东区为 0 ~ 0.039%，平均 0.009%；伊拉湖西区为 0.012% ~ 0.019%，平均 0.016%；沙尔湖浅凹陷的库木塔格一带为 0 ~ 0.121%，平均 0.018%；沙尔湖浅凹陷的库木塔格南一带为 0.026% ~ 0.255%，平均 0.088%；沙尔湖浅凹陷的沙尔湖一带为 0 ~ 0.104%，平均 0.007%；大南湖浅凹陷的大南湖西区为 0.001% ~ 0.008%，平均 0.01%；大南湖东区为 0.001% ~ 0.222%，平均 0.02%；骆驼圈子浅凹陷为 0.001% ~ 0.006%，平均 0.003%；哈密凹陷三道岭一带为 0.001% ~ 0.01%，平均 0.009%。

三塘湖盆地 A 煤组原煤 P_d 平均含量 0.06%，属中磷煤；C 煤组原煤 P_d 含量 0.02% ~ 0.04%，平均 0.03%，属低磷煤。各赋煤单元的 C 煤组煤中 P_d 含量具体如下：三塘湖一带为 0.01% ~ 0.04%，平均 0.03%；淖毛湖一带的淖毛湖预查区为 0.01% ~ 0.12%，平均 0.04%；淖毛湖一带的白石湖勘查区为 0 ~ 0.32%，平均 0.02%；淖毛湖一带的英格库勒勘查区为 0.023% ~ 0.028%，平均 0.03%。

巴里坤盆地 A 煤组煤为特低磷煤，具体如下：东段东区 A_1 煤组原煤 P_d 含量为 0.016% ~ 0.064%，平均 0.036%；A_2 煤组原煤 P_d 含量为 0 ~ 0.42%，平均 0.03%；A_3 煤组原煤 P_d 含量为 0.008% ~ 0.114%，平均 0.019%。东段中区 A_1 煤组原煤 P_d 含量为 0.012% ~ 0.253%，平均 0.074%。东段西区 A_1 煤组原煤 P_d 含量为 0.008% ~ 0.026%，平均 0.015%。

3. 氯和氟

吐哈盆地 A 煤组原煤干基氯（Cl_d）含量为 0.024% ~ 0.037%，属特低氯煤。C 煤组原煤 Cl_d 含量为 0.022% ~ 0.643%；其中在克尔碱一带、艾丁湖中区、大南湖东区、骆驼圈子一带、三道岭一带为特低氯煤；在大南湖西区为低氯煤；在艾丁湖东区为中氯煤；在伊拉湖西区、库木塔格一带、库木塔格南、沙尔湖一带为高氯煤。吐哈盆地各赋煤单元的 C 煤组原煤 Cl_d 含量具体如下：艾丁湖中区为 0.01% ~ 0.07%，平均 0.043%；艾丁湖东区为 0.089% ~ 0.765%，平均 0.27%；伊拉湖西区为 0.414% ~ 0.871%，平均 0.643%；沙尔湖浅凹陷的库木塔格一带为 0.194% ~ 1.023%，平均 0.508%；沙尔湖浅凹陷的库木塔格南一带为 0.323% ~ 0.547%，平均 0.446%；沙尔湖浅凹陷的沙尔湖一带为 0.191% ~ 1.066%，平均 0.52%；大南湖浅凹陷的大南湖西区为 0.024% ~ 0.091%，平均 0.10%；大南湖东区为 0.012% ~ 0.108%，平均 0.03%；骆驼圈子浅凹陷为 0.023% ~ 0.039%，平均 0.031%；哈密凹陷三道岭为 0 ~ 0.16%，平均 0.043%。

吐哈盆地克尔碱凹陷 A 煤组煤中空气干燥基氟（F_{ad}）含量为 42 ~ 776 $\mu g/g$；C 煤组原煤 F_{ad} 含量为 59 ~ 176 $\mu g/g$，平均 111 $\mu g/g$。吐哈盆地各赋煤单元的 C 煤组原煤

F_{ad} 含量如下：艾丁湖斜坡带的艾丁湖中区为 33.6 ~ 114 $\mu g/g$，平均 58.7 $\mu g/g$；艾丁湖东区为 31 ~ 79 $\mu g/g$，平均 57 $\mu g/g$；伊拉湖西区为 44 ~ 71 $\mu g/g$，平均 58 $\mu g/g$；沙尔湖浅凹陷的库木塔格为 33 ~ 272 $\mu g/g$，平均 101 $\mu g/g$；沙尔湖浅凹陷的库木塔格南为 110 ~ 316 $\mu g/g$，平均 163 $\mu g/g$；沙尔湖浅凹陷沙尔湖为 21 ~ 204 $\mu g/g$，平均 86 $\mu g/g$；哈密凹陷三道岭为 8 ~ 125 $\mu g/g$，平均 46 $\mu g/g$。

三塘湖盆地 A 煤组原煤 Cl_d 平均含量为 0.047%，F_{ad} 平均含量为 83 $\mu g/g$。C 煤组原煤 Cl_d 含量 0.02% ~ 0.05%，平均 0.04%；F_{ad} 平均含量为 46.5 ~ 69.3 $\mu g/g$，平均 60.3 $\mu g/g$。因此，三塘湖盆地 A 煤组和 C 煤组均属特低氯煤、低氟煤。三塘湖盆地各赋煤单元 C 煤组 Cl_d 和 F_{ad} 含量如下：三塘湖一带 Cl_d 含量为 0.046% ~ 0.058%，平均 0.05%；F_{ad} 含量为 59 ~ 83 $\mu g/g$，平均 69.3 $\mu g/g$。淖毛湖一带的淖毛湖预查区 Cl_d 含量为 0.01% ~ 0.04%，平均 0.02%。淖毛湖一带的白石湖勘查区 Cl_d 含量为 0.01% ~ 0.12%，平均 0.05%；F_{ad} 含量为 21 ~ 142 $\mu g/g$，平均 51 $\mu g/g$。淖毛湖一带的英格库勒勘查区 Cl_d 含量为 0.047% ~ 0.096%，平均 0.05%；F_{ad} 含量为 44 ~ 49 $\mu g/g$，平均 47 $\mu g/g$。

巴里坤盆地 A 煤组煤为特低–低氯煤和低氟煤，具体如下。东区 A_1 煤组原煤 Cl_d 含量 0.004% ~ 0.074%，平均 0.037%；F_{ad} 含量为 54 ~ 75 $\mu g/g$，平均 58 $\mu g/g$。东区 A_3 煤组原煤 Cl_d 含量 0.004% ~ 0.009%，平均 0.067%；F_{ad} 含量为 41 ~ 147 $\mu g/g$，平均 64 $\mu g/g$。中区 A_1 煤组原煤 Cl_d 含量 0.019% ~ 0.085%，平均 0.040%；F_{ad} 含量为 24 ~ 188 $\mu g/g$，平均 86 $\mu g/g$。西区 A_1 煤组原煤 Cl_d 含量 0.004% ~ 0.080%，平均 0.052%。

4. 砷

吐哈盆地 A 煤组原煤干基砷（As_d）含量为 2 ~ 6 $\mu g/g$，属一级含砷煤，主要分布于克尔碱一带。C 煤组原煤 As_d 含量 1.95 ~ 31 $\mu g/g$，其中艾丁湖中区、艾丁湖东区、库木塔格、沙尔湖、大南湖西区和东区、骆驼圈子和三道岭为一、二级含砷煤分布区；克尔碱、伊拉湖西区和库木塔格南为 As_d 含量相对较高地区，一般为 12 ~ 31 $\mu g/g$，属于三、四级含砷煤。吐哈盆地各赋煤单元 C 煤组原煤 As_d 含量如下：克尔碱为 9 ~ 21 $\mu g/g$，平均 13 $\mu g/g$。艾丁湖中区为 2 ~ 6.4 $\mu g/g$，平均 4.56 $\mu g/g$；艾丁湖东区为 1 ~ 8 $\mu g/g$，平均 3 $\mu g/g$。伊拉湖西区为 4 ~ 19 $\mu g/g$，平均 12 $\mu g/g$。沙尔湖浅凹陷的库木塔格为 1 ~ 60 $\mu g/g$，平均 4 $\mu g/g$；沙尔湖浅凹陷的库木塔格南为 2 ~ 70 $\mu g/g$，平均 31 $\mu g/g$；沙尔湖浅凹陷的沙尔湖为 0 ~ 34 $\mu g/g$，平均 2 $\mu g/g$。大南湖浅凹陷的大南湖西区为 2 ~ 5 $\mu g/g$，平均 3.37 $\mu g/g$；大南湖东区为 1 ~ 9 $\mu g/g$，平均 3.06 $\mu g/g$。骆驼圈子浅凹陷为 2 ~ 3 $\mu g/g$，平均 2.25 $\mu g/g$。哈密凹陷三道岭为 0 ~ 12.0 $\mu g/g$，平均 1.95 $\mu g/g$。

三塘湖盆地 A 煤组原煤 As_d 平均含量 3 $\mu g/g$；C 煤组原煤 As_d 含量 2.42 ~ 4.67 $\mu g/g$，平均 3.36%，均属一级含砷煤。三塘湖盆地各赋煤单元的 C 煤组 As_d 含量具体如下：三塘湖一带为 2.0 ~ 7 $\mu g/g$，平均 4.67 $\mu g/g$。淖毛湖预查区为 1 ~ 3.69 $\mu g/g$，平均 2.42 $\mu g/g$；白石湖勘查区为 1.0 ~ 23 $\mu g/g$，平均 3 $\mu g/g$；英格库勒勘查区的平均含量为 3 $\mu g/g$。

巴里坤盆地东段东区 A_1 煤组原煤 As_d 含量 4 ~ 34 $\mu g/g$，平均 11 $\mu g/g$，属三级含砷

煤；A_3 煤组原煤 As_d 含量 1～34 μg/g，平均 5 μg/g，属二级含砷煤。东段中区 A_1 煤组中原煤 As_d 含量 1～98 μg/g，平均 13.6 μg/g，属三级含砷煤。东段西区 A_1 煤组中原煤 As_d 含量 1～5 μg/g，平均 2.8 μg/g，属一级含砷煤。

5. 其他无机元素的含量

本研究测定了吐哈盆地部分侏罗系煤样品的常量元素及微量元素含量，这些元素包括 Si（硅）、Al（铝）、Fe（铁）、Mg（镁）、Ca（钙）、Na（钠）、K（钾）、Mn（锰）、Ti（钛）、P（磷）、Li（锂）、Be（铍）、Sc（钪）、V（钒）、Cr（铬）、Co（钴）、Ni（镍）、Cu（铜）、Zn（锌）、Ga（镓）、Rb（铷）、Sr（锶）、Y（钇）、Nb（铌）、Mo（钼）、Cd（镉）、In（铟）、Sb（锑）、Cs（铯）、Ba（钡）、Ta（钽）、W（钨）、Re（铼）、Tl（铊）、Pb（铅）、Bi（铋）、U（铀）、Th（钍）、Zr（锆）、Hf（铪）以及稀土元素（REE）La（镧）、Ce（铈）、Pr（镨）、Nd（钕）、Sm（钐）、Eu（铕）、Gd（钆）、Tb（铽）、Dy（镝）、Ho（钬）、Er（铒）、Tm（铥）、Yb（镱）、Lu（镥）等，同时也对这些煤样进行了工业分析和元素分析（表7.4，表7.5）。

表7.4　吐哈盆地若干侏罗系煤样的煤质特征　　　　　　　单位：%

样品号	层位	工业分析			固定碳	全硫	形态硫			元素分析			
		M_{ad}	A_d	V_{daf}	FC_d	$S_{t,d}$	$S_{p,d}$	$S_{s,d}$	$S_{o,d}$	C_d	H_d	N_d	O_d
KEJ-2		10.5	8.7	41.7	53.3	0.15	0.02	0.01	0.12	62.0	2.4	1.2	25.7
KEJ-3	八道湾组	4.3	6.3	35.7	60.2	0.26	0.08	0	0.18	73.4	4.1	1.0	14.9
KEJ-4		3.6	18.4	51.5	39.6	1.16	0.35	0.01	0.80	58.9	3.6	0.9	17.0
KEJ-1	西山窑组	4.5	11.4	44.4	49.3	1.59	0.63	0.01	0.95	68.0	4.6	0.9	13.6
KEJ-5		3.7	26.2	51.8	35.6	1.29	0.71	0.01	0.57	52.6	3.1	0.5	16.4
DHY	八道湾组	4.1	9.8	40.6	53.6	0.92	0.54	0	0.38	68.9	4.1	0.8	15.4
QQH		4.2	33.1	40.5	39.8	0.38	0.09	0	0.29	49.7	3.5	0.8	12.6
DNH		9.0	7.6	38.6	56.7	0.26	0.02	0	0.24	67.5	3.7	0.8	20.2
SDL-1		4.3	1.7	39.6	59.3	0.24	0	0	0.24	77.6	5.0	0.9	14.5
SDL-2	西山窑组	4.2	2.4	39.4	59.2	0.27	0.03	0	0.24	77.6	5.0	0.9	13.9
SDL-3		3.5	18.4	46.6	43.6	0.31	0.06	0	0.25	64.1	4.6	0.9	11.9
SDL-4		3.7	17.8	49.2	41.7	0.33	0.02	0.02	0.29	61.5	3.8	0.8	15.8
SDL-5		4.5	3.8	34.0	63.5	0.31	0.03	0	0.28	77.8	4.5	0.7	12.9

注：KEJ、DHY、QQH、DNH、SDL 分别为克尔碱、大河沿、七泉湖、大南湖、三道岭的煤样品。

表7.5　吐哈盆地侏罗系煤样元素含量

氧化物/元素	八道湾组	西山窑组	全部样品
	范围（均值）	范围（均值）	范围（均值）
SiO_2	0.31～1.79（0.88）	0.57～20.8（4.79）	0.31～20.8（3.58）
Al_2O_3	0.20～2.35（0.87）	0.28～8.88（1.88）	0.20～8.88（1.56）
Fe_2O_3	1.19～2.87（2.13）	0.55～14.9（3.43）	0.55～14.9（3.03）

氧化物/元素	八道湾组	西山窑组	全部样品
	范围（均值）	范围（均值）	范围（均值）
MgO	0.15~1.75（0.72）	0.06~0.75（0.35）	0.06~1.75（0.46）
CaO	0.85~11.8（4.50）	0.34~9.21（2.33）	0.34~11.8（3.00）
Na$_2$O	0.05~0.21（0.10）	0.05~0.58（0.14）	0.05~0.58（0.13）
K$_2$O	0.01~0.09（0.04）	0.01~0.37（0.12）	0.01~0.37（0.09）
MnO	0.05~0.87（0.46）	0.01~0.48（0.12）	0.01~0.87（0.22）
TiO$_2$	0.01~0.13（0.07）	0.02~0.65（0.15）	0.01~0.65（0.13）
P$_2$O$_5$	0.01~0.22（0.07）	0.01~0.31（0.07）	0.01~0.31（0.07）
Li	0.84~3.13（2.00）	0.33~33.5（7.43）	0.33~33.5（5.76）
Be	0.14~12.7（3.36）	0.14~8.07（2.39）	0.14~12.7（2.68）
Sc	0.23~0.64（0.46）	0.07~11.8（3.16）	0.07~11.8（2.33）
V	12.7~34.3（19.2）	11.4~124（37.0）	11.4~124（31.5）
Cr	11.6~17.7（14.4）	8.05~80.9（29.6）	8.05~80.9（24.9）
Co	0.87~41.4（12.5）	2.62~19.7（9.88）	0.87~19.7（10.7）
Ni	3.93~88.8（28.5）	7.15~18.2（11.2）	3.93~88.8（16.5）
Cu	6.73~27.5（15.5）	3.17~36.8（11.8）	3.17~36.8（12.9）
Zn	1.13~72.0（23.5）	0.98~41.3（13.4）	0.98~72.0（16.5）
Ga	0.53~3.60（1.58）	0.51~11.0（3.31）	0.51~11.0（2.77）
Rb	0.13~0.55（0.31）	0.20~12.8（3.41）	0.13~12.8（2.46）
Sr	56.40~186（127）	53.10~470（140）	53.10~470（136）
Y	0.77~18.8（5.61）	1.48~39.2（15.3）	0.77~39.2（12.3）
Nb	0.06~0.44（0.24）	0.06~3.06（0.88）	0.06~3.06（0.69）
Mo	1.11~3.09（2.19）	0.34~2.96（1.30）	0.34~3.09（1.58）
Cd	0.04~0.82（0.27）	0.03~0.12（0.06）	0.03~0.82（0.13）
In	0.00~0.01（0.01）	0.00~0.04（0.01）	0.00~0.04（0.01）
Sb	0.04~1.70（0.54）	0.04~2.89（0.84）	0.04~2.89（0.75）
Cs	0.02~0.03（0.03）	0.02~2.48（0.62）	0.02~2.48（0.44）
Ba	78~187（133）	16.00~647（128）	16.00~647（130）
La	0.46~6.08（2.54）	1.96~20.5（9.35）	0.46~20.5（7.25）
Ce	0.94~9.45（4.05）	3.53~50.2（19.5）	0.94~50.2（14.8）
Pr	0.12~1.29（0.53）	0.43~6.82（2.50）	0.12~6.82（1.89）
Nd	0.63~5.79（2.34）	1.99~30.8（10.7）	0.63~30.8（8.15）
Sm	0.13~1.21（0.46）	0.33~7.64（2.51）	0.13~7.64（1.88）
Eu	0.04~0.35（0.14）	0.14~1.95（0.62）	0.04~1.95（0.47）
Gd	0.12~1.75（0.57）	0.25~8.26（2.63）	0.12~8.26（2.00）
Tb	0.02~0.32（0.11）	0.04~1.35（0.46）	0.02~1.35（0.35）

氧化物/元素	八道湾组	西山窑组	全部样品
	范围（均值）	范围（均值）	范围（均值）
Dy	0.12~1.94（0.62）	0.23~7.88（2.60）	0.12~7.88（1.99）
Ho	0.02~0.38（0.12）	0.05~1.25（0.49）	0.02~1.25（0.38）
Er	0.08~1.13（0.36）	0.13~4.08（1.45）	0.08~4.08（1.11）
Tm	0.01~0.17（0.05）	0.02~0.62（0.22）	0.01~0.62（0.17）
Yb	0.09~0.89（0.30）	0.12~3.29（1.32）	0.09~3.29（1.00）
Lu	0.02~0.14（0.05）	0.02~0.51（0.21）	0.02~0.51（0.16）
Ta	0.02~0.05（0.04）	0.01~0.41（0.09）	0.01~0.41（0.07）
W	0.38~8.42（2.41）	0.26~33.4（7.55）	0.26~33.4（5.97）
Re	0.00~0.02（0.01）	0.00~0.07（0.02）	0.00~0.07（0.02）
Tl	0.00~0.11（0.07）	0.00~0.09（0.03）	0.00~0.11（0.04）
Pb	2.40~6.11（3.65）	1.26~46.2（9.14）	2.40~46.2（7.45）
Bi	0.03~0.13（0.07）	0.03~0.27（0.09）	0.03~0.27（0.08）
Th	0.16~0.43（0.25）	0.13~4.03（1.38）	0.13~4.03（1.03）
U	0.07~0.21（0.14）	0.09~3.29（0.82）	0.07~3.29（0.61）
Zr	0.75~8.55（6.03）	0.58~64.1（18.4）	0.58~64.1（14.6）
Hf	0.04~0.29（0.20）	0.03~1.85（0.53）	0.03~1.85（0.43）

注：氧化物的单位为%，元素的单位为 μg/g。

测试结果表明，与中国煤中元素含量相比，吐哈盆地侏罗系煤中上述元素含量总体较低，微量元素中仅 W、Be、Cr、Co、Ni 的含量均值高于全国均值，其含量分别为 5.97 μg/g、2.68 μg/g、24.9 μg/g、10.7 μg/g 和 16.5 μg/g。就八道湾组煤与西山窑组煤而言，西山窑组煤中大多数元素的含量高于八道湾组煤；八道湾组煤中微量元素 W、Be、Co、Ni 含量均值高于全国均值，分别为 2.41 μg/g、3.36 μg/g、12.5 μg/g 和 28.5 μg/g；西山窑组煤中 W、Be、Cr、Co、V 含量均值高于全国均值，分别为 7.55 μg/g、2.39 μg/g、29.6 μg/g、9.88 μg/g 和 37 μg/g。中国煤中元素含量参见《煤的微量元素地球化学》（任德贻等，2006）和《中国煤中微量元素》（唐修义、黄文辉，2004）。

三、煤的工艺性质

（一）发　热　量

吐哈盆地 A 煤组属高热值煤，原煤干燥基高位发热量（$Q_{gr,d}$）为 27.4 MJ/kg，在克尔碱一带的中西部 $Q_{gr,d}$ 明显较高，在北部则相对较小。C 煤组原煤的 $Q_{gr,d}$ 为 21.9~29.8 MJ/kg，在盆地南缘的两侧发热量相对较高，中部则相对较低；其中在克尔碱一带、库木塔格一带、库木塔格南、大南湖东区、骆驼圈子一带、三道岭一带属高热值煤，$Q_{gr,d}$

均值均大于 25.5 MJ/kg；其余赋煤单元 C 煤组煤属中热值煤，$Q_{gr,d}$ 略低于 25.5 MJ/kg。

三塘湖盆地 A 煤组煤属中－特高热值煤，原煤 $Q_{gr,d}$ 为 23.9 ~ 30.3 MJ/kg，在汉水泉凹陷中西部、石头梅凸起中北部热值相对较高，由北向南逐渐降低。C 煤组属中－高热值煤，并以高热值煤为主，中热值煤次之，原煤 $Q_{gr,d}$ 为 24.0 ~ 26.8 MJ/kg；特高热值煤零星分布在库木苏复式向斜东部、汉水泉凹陷西部及东南部、石头梅凸起、条湖凹陷及查哈泉凸起北部、马梁凹陷中东部等。

巴里坤盆地东段东区 A_1 煤组原煤为高中－高热值煤，原煤 $Q_{gr,d}$ 为 23.9 ~ 26.7 MJ/kg，平均 26.5 MJ/kg；A_2 煤组原煤也为高中－高热值煤层，干燥无灰基弹筒发热量（$Q_{b,daf}$）为 30.8 ~ 35.3 MJ/kg，平均 34.5 MJ/kg；A_3 煤组原煤为高－特高热值煤层，$Q_{gr,d}$ 为 28.3 ~ 30.8 MJ/kg，平均 30.0 MJ/kg。东段中区和西区 A_1 煤组原煤均为高－特高热值煤层，其中中区 A_1 煤组原煤的 $Q_{gr,d}$ 为 16.5 ~ 30.3 MJ/kg，平均 26.2 MJ/kg，西区 A_1 煤组原煤的 $Q_{gr,d}$ 为 28.3 ~ 30.8 MJ/kg，平均 30.0 MJ/kg。

（二）黏结性和结焦性

吐哈盆地 A 煤组和 C 煤组煤均为不黏结煤，属于不膨胀熔融黏结－弱膨胀熔融黏结煤，各煤层黏结性差。A 煤组煤的黏结指数（GRI）一般为 1 ~ 5，C 煤组煤的 GRI 多为 0；A 煤组和 C 煤组煤的焦渣特征指数大多为 1 ~ 3。

三塘湖盆地 A 煤组煤属弱黏结煤，GRI 一般为 0 ~ 43，平均 8；C 煤组煤属不黏结煤，GRI 一般为 0 ~ 1.96，平均 0.49。A 煤组和 C 煤组的焦渣特征指数大多为 2 ~ 7，黏结性差，属于不膨胀熔融黏结－弱膨胀熔融黏结煤。

巴里坤盆地东段的东区、中区、西区 A 煤组煤的黏结性及结焦性较好，其中西区煤层黏结性弱及结焦性差。东区 A 煤组煤的 GRI 为 88 ~ 104，平均 96 ~ 102；胶质层厚度为 4.8 ~ 31.7 mm，平均 18.5 mm；焦渣指数为 3 ~ 8，平均 6 ~ 7。中区 A 煤组煤的 GRI 为 16 ~ 101，平均 57.39；胶质层厚度 9 ~ 13 mm，平均 12.9 mm；焦渣指数 2 ~ 7，平均 6。西区 A 煤组煤的 GRI 为 0 ~ 41，平均 18.7；胶质层厚度 0 ~ 1 mm，平均 5.8 mm；焦渣指数 3 ~ 5，平均 5。

（三）煤的焦油产率

低温干馏试验表明，吐哈盆地 A 煤组煤为富油煤，干燥基焦油产率（T_d）一般为 9.0%；C 煤组煤的 T_d 一般为 2.0% ~ 11.8%。其中克尔碱一带、艾丁湖中区、大南湖中区和东区的 C 煤组煤属于富油煤，艾丁湖东区、骆驼圈子一带、三道岭一带 C 煤组煤为含油煤。三塘湖盆地 C 煤组煤为含油－富油煤，空气干燥基焦油产率（T_{ad}）一般为 1.8% ~ 11.2%，其中在淖毛湖一带属于富油煤；空气干燥基半焦产率（CR_{ad}）一般为 67% ~ 87%。巴里坤盆地 A 煤组煤以富油煤为主，部分煤层为高油煤，T_{ad} 为 7% ~ 12%，CR_{ad} 为 64.0% ~ 93.3%，平均约 77%。

（四）煤灰成分和灰熔性

吐哈盆地 A 煤组煤灰为硅质灰分，煤灰软化温度在克尔碱一带较高。C 煤组煤灰以 SiO_2 含量最高，为 26.4% ~48.9%；其中在艾丁湖中区和东区、伊拉湖西区、库木塔格南、大南湖西区和东区、三道一带为硅质灰分；在库木塔格一带、沙尔湖东区为钙质灰分。C 煤组煤灰软化温度在克尔碱一带、艾丁湖中区、伊拉湖西区、库木塔格南、沙尔湖东、三道岭一带较低；在艾丁湖东区、库木塔格一带、大南湖西区和东区、骆驼圈子一带软化温度为中等。

三塘湖盆地 A 煤组煤灰为硅质灰分，煤灰的 SiO_2 含量 26.0% ~55.6%，Fe_2O_3 含量 3.9% ~31.1%，Al_2O_3 含量 14.4% ~25.8%，CaO 含量 4.0% ~10.7%。C 煤组煤灰为硅质灰分，仅在方方梁凸起以北的白石湖勘查区属钙质灰分；煤灰的 SiO_2 含量 18.4% ~60.5%，Fe_2O_3 含量 2.3% ~26.1%，Al_2O_3 含量 2.2% ~31.9%，CaO 含量 1.3% ~28.1%。A 煤组煤灰的软化温度（ST）为 1110 ~1488℃，平均 1328℃，属中等软化温度灰；煤灰的流动温度（FT）为 1130℃至大于 1503℃，平均 1350℃，属中等流动温度灰。C 煤组煤灰软化温度（ST）为 1160 ~1400℃，平均 1270℃，属中等软化温度灰；煤灰的流动温度为 1230 ~1400℃，平均 1310℃，属低中等流动温度灰，仅在方方梁凸起以北英格库勒勘查区为较低软化温度灰、较低流动温度灰。

巴里坤盆地东段东区 A_1 煤组煤灰 SiO_2 含量 0.89% ~52.5%，平均 40.3%；Fe_2O_3 含量 10.8% ~19.0%，平均 15.1%；Al_2O_3 含量 6.4% ~8.3%，平均 7.7%；CaO 含量 6.4% ~24.9%，平均 17.2%；MgO 含量 4.6% ~9.3%，平均 6.2%；SO_3 含量 3.3% ~6.7%，平均 5.0%；TiO_2 多小于 1%。A_1 煤组煤灰软化温度 1130 ~1230℃，平均 1175℃，属较低软化温度灰；煤灰流动温度为 1160 ~1380℃，平均 1255℃，属较低流动温度灰。A_2 煤组 SiO_2 含量 49.4% ~56.1%，平均 52.8%；Fe_2O_3 含量 20.6% ~22.5%，平均 21.5%；Al_2O_3 含量 6.7% ~14.7%，平均 10.7%；CaO 含量 6.0% ~6.3%，平均 6.1%；MgO 含量 6.0% ~6.3%，平均 6.2%；SO_3 含量 1.8% ~2.6%，平均 2.2%；TiO_2 含量 0.96% ~0.99%，平均 0.98%。A_2 煤组煤灰软化温度 1210 ~1330℃，平均 1290℃，属中等软化温度灰；煤灰流动温度 1300 ~1360℃，平均 1345℃，属中等流动温度灰。A_3 煤组 SiO_2 含量 29.8% ~45.7%，平均 34.6%；Fe_2O_3 含量 10.8% ~13.5%，平均 12.5%。Al_2O_3 含量 6.0% ~9.5%，平均 7.6%；CaO 含量 15.6% ~25.4%，平均 21.3%；MgO 含量 5.8% ~11.2%，平均 10.0%。SO_3 含量 3.5% ~6.9%，平均 4.6%；TiO_2 含量均小于 1.0%。A_3 煤组煤灰软化温度 1140 ~1370℃，平均 1220℃，属较低软化温度灰；煤灰流动温度 1160 ~1340℃，平均 1264℃，属较低流动温度灰。

巴里坤盆地东段中区 A_1 煤组煤灰 SiO_2 含量 32.7% ~57.4%，平均 46.2%；Fe_2O_3 含量 2.4% ~8.6%，平均 4.7%；Al_2O_3 含量 9.80% ~22.3%，平均 17.2%；CaO 含量 9.0% ~27.3%，平均 16.6%；MgO 含量 0.70% ~9.6%，平均 3.4%；SO_3 含量 0.77% ~3.01%，平均 1.6%；TiO_2 含量大多小于 1.0%。A_1 煤组煤灰软化温度 1190 ~1350℃，平

均1258℃，属中等软化温度灰；煤灰流动温度1280～1380℃，平均1326℃，属中等流动温度灰。

巴里坤盆地东段西区 A_1 煤组煤灰 SiO_2 含量16.1%～44.5%，平均34.0%；Fe_2O_3 含量5.8%～10.3%，平均8.5%；Al_2O_3 含量14.7%～19.0%，平均17.4%；CaO 含量12.1%～20.8%，平均16.1%；MgO 含量2.0%～3.9%，平均3.1%。SO_3 含量2.6%～7.1%，平均4.3%；TiO_2 含量大多小于1%。A_1 煤组煤灰软化温度1140～1230℃，平均1175℃，属较低软化温度灰；煤灰流动温度1200～1290℃，平均1238℃，属较低流动温度灰。

（五）浮煤回收率

吐哈盆地 A 煤组煤为洗选回收率较高的优等煤，浮煤回收率达80%。C 煤组煤浮煤回收率为33.3%～72.8%，其中艾丁湖东区、库木塔格南、大南湖中区和西区、七泉湖一带的 C 煤组煤为浮煤回收率较低的低等煤，回收率均值小于40%；伊拉湖区、艾丁湖中区、大南湖东区、三道岭一带的 C 煤组煤为浮煤回收率较高的良等煤，回收率均值为50%～70%；库木塔格一带 C 煤组煤为浮煤回收率中等的中等煤；骆驼圈子一带 C 煤组煤为浮煤回收率较高的优等煤，回收率均值大于70%。

三塘湖盆地 A 煤组和 C 煤组煤均为浮煤回收率较好的良等煤，回收率分别为48.3%～87.5%、60.1%～76.2%。

四、煤类及工业用途

吐哈盆地侏罗系煤的煤类包括长焰煤、不黏煤、褐煤和气煤，并以长焰煤为主。其中不黏煤分布于台北凹陷七泉湖一带局部地区的 A 煤组、哈密拗陷三道岭地区的 C 煤组、大南湖凹陷东区和西区部分地区的 C 煤组。褐煤主要分布于大南湖凹陷的中区 C 煤组、沙尔湖凹陷的库姆塔格和沙尔湖一带的部分地区的 C 煤组、艾丁湖中区和伊拉湖西区的部分地区的 C 煤组。气煤主要分布于梧桐窝子凹陷的 C 煤组。

三塘湖盆地侏罗系煤的煤类包括长焰煤、不黏煤和气煤，并以长焰煤为主。不黏煤仅少量分布于库木苏凹陷、汉水泉凹陷西部及石头梅凸起，以及岔哈泉凸起和马朗凹陷。气煤仅分布于汉水泉凹陷西北部的 A 煤组。

巴里坤盆地东段侏罗系煤的煤类包括长焰煤、气煤、弱黏煤和焦煤。东段东区的煤类主要有长焰煤、气煤、弱黏煤、焦煤，其中石炭窑凹陷南翼以气煤为主，局部含少量1/3焦煤。东段中区煤类以气煤为主，东段西区以长焰煤为主，夹有气煤和弱黏煤。

综上所述，东疆盆地侏罗系煤是优质的动力用煤、化工用煤和炼油用煤，也可做工业锅炉用煤及民用煤，气煤可作为配焦用煤。

第三节 吐哈盆地侏罗系煤的煤相

煤相是煤的原始成因类型，也就是成煤沼泽的类型。煤的宏观煤岩组成及特征、煤的显微组分含量、煤的显微组分结构和构造、煤的显微煤岩类型、成煤植物类型、煤中矿物特征、煤质特征等信息是识别煤相的主要标志。本研究在对吐哈盆地克尔碱、大河沿、七泉湖、三道岭、大南湖等地区侏罗系煤样煤相分析的基础上，并结合前人资料，总结了吐哈盆地侏罗系煤的煤相。

综合分析吐哈盆地煤层的各种煤相标志以及含煤岩系沉积特征，将吐哈盆地早、中侏罗世八道湾组和西山窑组煤层的煤相划分为干燥泥炭沼泽相、森林泥炭沼泽相、活水泥炭沼泽相和开阔水体相四种煤相，这些煤相可归属于河成沼泽体系、河湖混成沼泽体系和湖成沼泽体系三种成煤沼泽体系。吐哈盆地八道湾组煤层和西山窑组煤层煤相分布如图7.7和图7.8所示。

一、吐哈盆地侏罗系煤的煤相类型

（一）干燥泥炭沼泽相

该煤相的煤富含丝炭，显微组分中的丝质体、半丝质体、半镜质体之和大于50%，镜惰比值［镜质组含量与半镜质组和惰质组含量和的比值，$V/(SV+I)$］小于2，凝胶化指数（GI）小于4，反映了沼泽环境不覆水或浅覆水。221兵团桃树园煤矿的西槽煤层、三道岭西山窑组煤层（样品SDL-1和SDL-3）、大南湖煤矿西山窑组4号煤层（样品DNH）、七泉湖西山窑组煤层（样品QQH）、克尔碱八道湾组煤层（样品KEJ-4）属于该煤相。

干燥泥炭沼泽相既可以形成于河成沼泽体系，也可以形成于河湖混成沼泽体系。形成于河成沼泽体系的干燥泥炭沼泽相一般发育于辫状河–辫状河三角洲体系中的河漫滩或废弃三角洲上，是一种覆水较浅或不覆水的沼泽。该沼泽中形成的煤层较薄，矿物含量较高，煤质较差；碎屑组分较高，在洪泛沼泽中以惰屑体为主，在漫滩沼泽中则以壳屑体较多。形成于河湖混成沼泽体系的干燥泥炭沼泽相一般发育于曲流河下三角洲平原的分流间湾上、干燥气候条件下的水下三角洲水下分流间湾。

（二）森林泥炭沼泽相

该煤相的煤以结构镜质体、均质镜质体、基质镜质体富集为标志，GI大于4.0，植物保存系数（TPI）大于0.5，$V/(SV+I)$大于4，反映一种极为潮湿、覆水较深、水流活动性差的森林沼泽。如艾维尔沟5号和6号煤层、克尔碱西山窑组煤层（样品KEJ-1）、布尔碱3号煤层、红星煤矿红灰槽煤层、柯柯亚八道湾组的北大槽煤层。

森林泥炭沼泽相既可以形成于河成沼泽体系，也可以形成于河湖混成沼泽体系。形成于河成沼泽体系的森林泥炭沼泽相一般发育于曲流河上三角洲平原上，是一种覆水较深、水流活动性差的潮湿森林沼泽，形成于该沼泽中的煤的煤质较好。形成于河湖混成沼泽体系的森林泥炭沼泽相一般发育于曲流河下三角洲平原的分流间湾、三角洲间和潮湿气候条件下水下三角洲水下分流间湾。

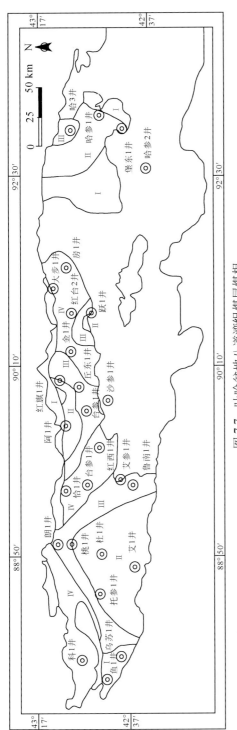

图 7.7　吐哈盆地八道湾组煤层煤相
I.干燥泥炭沼泽相；II.森林泥炭沼泽相；III.开阔水体沼泽相；IV.活水泥炭沼泽相

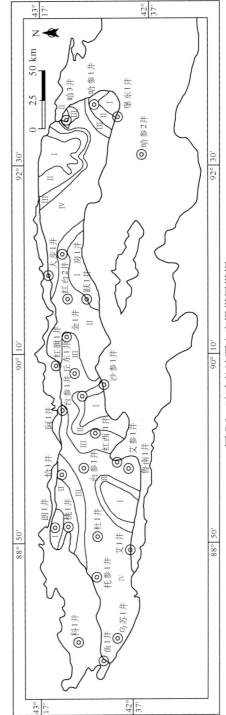

图 7.8　吐哈盆地西山窑组煤层煤相
I.干燥泥炭沼泽相；II.森林泥炭沼泽相；III.开阔水体沼泽相；IV.活水泥炭沼泽相

（三）活水泥炭沼泽相

该煤相是吐哈盆地煤的主要煤相之一，反映一种水流动较强、微生物活动强烈的强覆水沼泽环境。此环境中形成的煤以基质镜质体为主，同时可富集大量的角质体、孢子体、木栓质体等，GI、$V/(SV+I)$ 均大于 4，甚至大于 10，而 TPI 小于 0.5。宏观上为均一或细条带层状或块状构造的亮煤和暗煤，显微煤岩类型为富孢子体富角质体亮煤。如克尔碱八道湾组煤层（样品 KEJ-2）和西山窑组煤层（样品 KEJ-5）、大河沿八道湾组煤层（样品 DHY）、三道岭西山窑组煤层（样品 SDL-2 和 SDL-4）、地湖南大槽煤层，桃树园的东槽煤层。

活水泥炭沼泽相既可以形成于湖成沼泽体系，也可以形成于河湖混成沼泽体系。形成于河湖混成沼泽体系的活水泥炭沼泽一般发育于曲流河下三角洲平原的分流间湾、水下三角洲水下分流间湾以及三角洲间。

（四）开阔水体相

该煤相由富含类脂组的微亮煤、微暗煤和微三合煤等暗淡型腐植煤、腐泥煤和高碳泥岩组成。显微镜下镜质组含量相对较小，且以基质镜质体为主，含团块镜质体，GI 大于 4；孢子体、藻类体、沥青质体和腐泥相对富集；显微结构为碎屑结构。如柯柯亚八道湾组下部南大槽煤层和三道岭 4 号煤层的所谓"沥青煤"（样品 SDL-5）就属于开阔水体相。

开阔水体煤相既可以形成于湖成沼泽体系，也可以形成于河湖混成沼泽体系。湖成沼泽体系的沼泽发育不受河流作用的影响，沼泽主要是由于湖泊淤浅的水体沼泽化作用形成；沼泽发育于湖沼、湖湾地带，主要由藻类和沉水水生植物、水生动物及丰富的细菌物质聚积而成。形成于河湖混合沼泽体系的开阔水体煤相发育于水下三角洲水下分流间湾，整个煤层基质镜质体发育，GI 高。

二、吐哈盆地部分煤样的煤相特征

本研究对吐哈盆地部分煤样的煤相进行了较详细的分析，表 7.6 为吐哈盆地侏罗系部分煤样的煤相参数值，表 7.7 为吐哈盆地侏罗系部分煤样的煤相划分结果。

（一）克尔碱煤样品的煤相

克尔碱地区 5 个侏罗纪煤样品中的 KEJ-1 和 KEJ-5 为西山窑组煤样，KEJ-2、KEJ-3 和 KEJ-4 为八道湾组煤样。克尔碱的西山窑组煤样的镜质组含量较多，并以均质镜质体和基质镜质体为主，结构保存完好，有团状和条带状黄铁矿，其他组分极少。八道湾组煤较西山窑组煤的显微组分类型多、较破碎、裂隙较多、结构也不完整。具体如下。

表 7.6　吐哈盆地侏罗系若干煤样的煤相参数数值

编号	层位	GI	TPI	$V/(SV+I)$	MI	WI	A	B	A/B	Ca/Mg	CaO/Fe$_2$O$_3$	SiO$_2$/Fe$_2$O$_3$	SiO$_2$/Al$_2$O$_3$	Sr	Ba	Sr/Ba	S$_{t,d}$/%	煤相
DHY	八道湾组	6.23	0.41	1.99	0.33	0.38	7.58	0.70	10.83	2.83	2.49	0.19	0.79	81.8	86	0.95	0.92	HS
KEJ-2		4.86	0.16	3.19	0.56	0.09	2.56	4.14	0.62	5.90	0.96	1.50	0.76	56.4	78	0.72	0.15	HS
KEJ-3		2.76	1.29	1.10	0.86	1.09	3.87	1.53	2.53	6.75	0.30	0.35	1.94	182	187	0.97	0.26	GZ
KEJ-4		3.34	0.91	2.12	0.56	1.24	15.33	0.60	25.55	19.29	4.27	0.14	2.00	186	180	1.03	1.16	GZ
KEJ-1		—	0.80	—	0.07	0.80	5.27	2.77	1.90	6.05	2.10	1.25	2.11	114	149	0.77	1.59	SL
KEJ-5		—	1.61	—	0.01	1.61	18.14	4.64	3.91	26.11	1.08	0.50	11.89	176	647	0.27	1.29	HS
QQH	西山窑组	2.50	0.22	2.18	1.11	0.07	1.79	29.63	0.06	1.45	0.29	17.74	2.34	53.1	59.9	0.89	0.38	GZ
DNH		2.10	1.11	1.49	2.61	1.67	4.45	1.40	3.18	4.46	3.16	0.88	1.26	470	108	4.35	0.26	GZ
SDL-1		3.54	0.73	1.80	0.50	0.39	2.235	0.85	2.63	23.16	0.96	0.51	2.04	75.8	16	4.74	0.24	GZ
SDL-2		9.33	0.48	6.05	0.45	0.36	1.526	1.42	1.07	14.43	1.21	1.38	1.78	102	71.5	1.43	0.27	HS
SDL-3		2.58	0.56	1.62	1.44	0.41	3.16	14.73	0.21	5.32	0.88	6.84	2.39	105	54.1	1.94	0.31	GZ
SDL-4		70.63	0.13	22.88	0.29	0.12	16.46	1.49	11.05	2.12	0.07	0.08	3.52	59.4	24.4	2.43	0.33	HS
SDL-5		6.97	0.18	3.28	1.77	0.10	1.93	3.03	0.64	13.74	2.31	4.29	3.52	101	22.8	4.43	0.31	KK

注：GI. 凝胶化指数；TPI. 植物保存指数；$V/(SV+I)$. 镜惰比；MI. 流动指数；WI. 森林指数；A. Fe$_2$O$_3$+CaO+MgO；B. SiO$_2$+Al$_2$O$_3$；KEJ. 克尔碱；DHY. 大河沿；QQH. 七泉湖；DNH. 大南湖；SDL. 三道岭；HS. 活水泥炭沼泽相；SL. 森林泥炭沼泽相；GZ. 干燥泥炭沼泽相；KK. 开阔水体沼泽相。

表 7.7　吐哈盆地侏罗系若干煤样的煤相划分结果

煤相 标志	干燥泥炭沼泽相		森林泥炭沼泽相	活水泥炭沼泽相		开阔水体相
	高位泥炭沼泽亚相	过渡泥炭沼泽亚相	森林泥炭沼泽亚相	边缘泥炭沼泽亚相	流水泥炭沼泽亚相	开阔水体亚相
宏观煤岩	丝炭	富丝炭暗煤	镜煤、亮亮煤	亮煤	亮煤、亮暗煤	暗淡煤、半暗煤
宏观结构	纤维结构	碎屑结构 细条带状结构	均一结构，眼球状断口 内生裂隙发育	线理结构 贝壳状断口	层状构造 阶梯状断口	块状构造 贝壳状断口
显微组分组成	丝质体、半丝质体	基质镜质体、半镜质体、粗粒体	结构镜质体、均值镜质体	基质镜质体、碎屑体	基质镜质体和角质体含量>5%，孢子体含量>10%	碎屑镜质体、孢子体 碎屑惰质体、藻类体
显微组分参数	$GI=1\sim4$ $V/(SV+I)=1\sim4$ $TPI>1$	$GI=1\sim4$ $V/(SV+I)=1\sim4$ $TPI<1$	$GI>4$ $WI>0.5$ $V/(SV+I)>4$	$GI>4$ $V/(SV+I)=1\sim4$ $WI<0.1$	$GI>4$ $V/(SV+I)=1\sim4$ $WI=0.1\sim0.5$	$GI>4$ $MI>1$
显微煤岩类型	微镜惰煤		微镜煤	微亮煤、微镜煤	微亮煤	微三合煤
植物类别	高等植物为主		高等植物为主	高等植物为主		高等植物、水生植物
水动力条件	潜水面以上或水下氧化环境		潜水面以下，静水	生物活动强烈水下沉积	潜水面以下，流水沉积	流水水下沉积
沉积体系	曲流河—上三角洲		水下三角洲	上三角洲，水下三角洲	滨浅湖，水下三角洲	水下三角洲
硫含量	GI 和 TPI 与煤中硫呈正相关，MI 与煤中硫呈负相关（$MI>1.4$ 或 $MI<0.1$ 时，煤中硫含量升高），CaO、MgO 升高后又有所降低，Fe_2O_3 则逐渐升高，Na_2O、TiO_2、MnO、P_2O_5 几乎不变					
常量元素	SiO_2、Al_2O_3含量较高，Fe_2O_3次之	SiO_2、Al_2O_3含量较高，Fe_2O_3次之	CaO含量较高	CaO含量高，Fe_2O_3、SiO_2、Al_2O_3含量次之	CaO、MgO含量高，Fe_2O_3、SiO_2、Al_2O_3含量次之	CaO、Fe_2O_3、SiO_2、Al_2O_3含量低，CaO较高
	随着煤相的依次变化，SiO_2、Al_2O_3 的含量逐渐降低，CaO、Fe_2O_3 的含量逐渐升高					
实例	SDL-3、QQH、DNH	KEJ-4、SDL-1、SDL-3	KEJ-1	KEJ-2、KEJ-5	DHY、SDL-2、SDL-4	SDL-5

八道湾组 KEJ-2 镜质组含量 65.4%，惰质组 17.6%，半镜质组 2.93%，壳质组含量 1.17%。矿物含量 12.9%；显微煤岩类型为微镜惰煤；全硫（$S_{t,d}$）含量小于 0.5%。KEJ-2 煤样品低温灰化灰中黏土矿物含量 58.1%，石英 36.3%，方解石 5.6%。该样品煤相为活水泥炭沼泽相。

八道湾组 KEJ-3 样品镜质组含量 43.27%，惰质组 21.47%，半镜质组 17.95%，壳质组 6.41%；矿物含量 10.9%，其中菱铁矿占全部矿物含量的 66.5%，石英 14.5%，白云石 9.7%，方解石 9.4%；显微煤岩类型为微镜惰煤；全硫（$S_{t,d}$）含量小于 0.5%。该样品的煤相为干燥泥炭沼泽相。

八道湾组 KEJ-4 样品镜质组含量 46.2%，惰质组 15.4%，壳质组 8.1%，半镜质组 6.4%。该煤样矿物含量 23.8%，其中方解石占矿物含量的 60.5%，白云石 24.9%，菱铁矿 14.6%；显微煤岩类型为微镜惰煤；全硫（$S_{t,d}$）含量 1.2%。该样品的煤相为干燥泥炭沼泽相。

西山窑组 KEJ-1 和 KEJ-5 煤样品的显微组分类型比较单一，大多为均质镜质体和基质镜质体，惰质组和壳质组少，见团块状均质镜质体，粗粒体，小孢子体等。KEJ-1 样品镜质组含量 86.2%，壳质组含量 0.31%；矿物含量 13.5%，其中白云石占全部矿物含量的 47.1%，方解石为 19.3%，黏土矿物为 16.9%，黄铁矿 12.3%，石英为 4.6%；显微煤岩类型为微镜煤；全硫（$S_{t,d}$）含量 1.6%。该样品的煤相为森林泥炭沼泽相。KEJ-5 样品镜质组含量 70.9%，壳质组含量 0.65%；矿物含量 28.4%，其中方解石占全部矿物含量的 55.3%，菱铁矿 16.4%，石英 12.6%，白云石 12.4%，黄铁矿 3.3%；显微煤岩类型为微镜煤；全硫（$S_{t,d}$）含量 1.3%。该样品的煤相为活水泥炭沼泽相。

（二）大河沿煤样品的煤相

大河沿煤样品 DHY 为八道湾组煤样，镜质组含量 54.2%，并以基质镜质体为主，惰质组 15.4%，壳质组 6.7%，半镜质组 11.9%，并以均质半镜质体为主；矿物含量 11.9%，其中白云石占矿物含量的 92.1%，黄铁矿 6.4%，方解石 1.5%；显微组分中裂隙发育，有明显的破碎现象；显微煤岩类型为微镜惰煤；煤样全硫（$S_{t,d}$）含量小于 0.5%。该煤样品的煤相为活水泥炭沼泽相。

（三）七泉湖煤样品的煤相

七泉湖煤样品 QQH 为西山窑组煤样，镜质组含量 45.7%，惰质组 20.0%，壳质组 2.9%，半镜质组 0.95%；矿物含量 30.5%，其中黏土矿物占矿物含量的 80.0%，石英 19.6%，石膏 0.40%。样品中壳质组和黏土含量较多，壳质组均较破碎并与黏土混杂共生；惰质组以半丝质体为主；镜质体多为碎屑镜质体；显微组分破碎较为严重；显微煤岩类型为微镜惰煤；煤样全硫（$S_{t,d}$）含量小于 0.5%。该煤样品的煤相为干燥泥炭沼泽相。

（四）大南湖煤样品的煤相

大南湖样品 DNH 为西山窑组煤样，镜质组含量 44.4%，惰质组 26.1%，壳质组 3.3%，半镜质组 3.7%，矿物含量 22.5%，且以碳酸盐矿物和黏土矿物为主，黄铁矿和石膏含量较低。惰质组主要是丝质体和半丝质体，镜质组主要是结构镜质体好团块镜质体，壳质组主要是孢子体；显微煤岩类型为微镜惰煤；煤样全硫（$S_{t,d}$）含量小于 0.5%。该煤样品的煤相为干燥泥炭沼泽相。

（五）三道岭煤样品的煤相

三道岭地区的 5 个煤样品均为西山窑组煤样，全硫（$S_{t,d}$）含量均小于 0.5%。样品 SDL-1 镜质组含量 53.5%，惰质组 18.3%，壳质组 7.2%，半镜质组 11.4%，矿物含量 9.6%；镜质组中以基质镜质体为主，次为均质镜质体；惰质组主要是丝质体和半丝质体；显微煤岩类型为微镜惰煤；该煤样品的煤相为干燥泥炭沼泽相。样品 SDL-2 镜质组含量 76.0%，惰质组 11.4%，壳质组 6.3%，半镜质组 1.1%，矿物含量 5.1%；该煤样品的煤相为活水泥炭沼泽相。样品 SDL-3 镜质组含量 47.2%，惰质组 26.6%，壳质组 16.1%，半镜质组 2.6%；矿物含量 7.5%，其中黏土矿物占矿物总量的 63.4%，石英 23.8%，方解石 6.5%，菱铁矿 6.3%；显微煤岩类型为微镜惰煤；该煤样品的煤相为干燥泥炭沼泽相。样品 SDL-4 镜质组含量 60.4%，惰质组 0.66%，壳质组 18.5%，半镜质组 2.0%；矿物含量 18.5%，其中菱铁矿占矿物总量的 95.2%，石英 3.2%，方解石 1.6%；显微组分破碎严重；显微煤岩类型为微亮煤；该煤样品的煤相为活水泥炭沼泽相。样品 SDL-5 镜质组含量 62.9%，惰质组 15.2%，壳质组 9.9%，半镜质组 4.0%；矿物含量 8.0%，该样品低温灰化灰中黏土矿物占 49.8%，石英 39%，硬石膏 11.2%；显微煤岩类型为微镜惰煤；该煤样的煤相为开阔水体相。

参 考 文 献

蔡土赐.1999.新疆维吾尔自治区岩石地层.武汉:中国地质大学出版社.1~308

曹代勇,王佟,琚宜文,等.2008.中国煤田构造研究现状与展望.中国煤炭地质,20(10):1~6

代瑜,林明强,徐涛,等.2009.吐鲁番拗陷走滑断层特征探讨.特种油气,16(5):20~24

邓振球.2002.东天山航空磁异常特征及地质解释.新疆地质,20(4):320~325

葛肖虹,王锡魁,昝淑芹,等.1995.吐鲁番-哈密背驮式盆地的特征.地学前缘,2(3-4):241~244

黄嫔.2001.新疆三塘湖盆地塘浅3井早侏罗世孢粉组合.微体古生物学报,18(1):76~88

黄嫔.2002.新疆三塘湖盆地塘浅3井中侏罗世孢粉组合.微体古生物学报,19(2):178~192

黄嫔.2003.新疆三塘湖盆地奎苏煤矿中侏罗世西山窑组孢粉组合.微体古生物学报,20(4):425~434

黄嫔,徐晓山.2004.新疆三塘湖盆地塘参1井晚侏罗世齐古组孢粉组合.古生物学报,43(2):262~280

金小凤.1993.吐哈盆地三叠纪孢粉研究.石油勘探与开发,22(3):58~63

刘学锋,彭德堂,刘绍平,等.1996.塔北隆起构造格架及其成因.江汉石油学院学报,18(4):26~30

秦长文,李宏伟,蒋兵.2004.吐哈盆地侏罗系层序地层格架的建立.新疆石油地质,25(1):33~36

全国地层委员会.2001.中国地层指南及中国地层指南说明书.北京:地质出版社.1~59

全国地层委员会.2002.中国区域年代地层(地质年代)表指南.北京:地质出版社.1~72

任德贻,赵峰华,代世峰,等.2006.煤的微量元素地球化学.北京:科学出版社.1~554

邵磊,Stategger K,李文厚,等.1999a.吐鲁番盆地沉降特点及其构造意义.自然科学进展,9(3):259~264

邵磊,李文厚,袁明生.1999b.吐鲁番-哈密盆地陆源碎屑沉积环境及物源分析.沉积学报,17(3):433~441

沈传波,梅廉夫,刘麟.2006.新疆博格达山中新生代隆升-热历史的裂变径迹记录.海洋地质与第四纪地质,26(3):87~92

孙峰.1989.新疆吐鲁番七泉湖煤田早、中侏罗世孢粉组合.植物学报,31(8):638~646

孙国智,柳益群.2009.新疆博格达山隆升时间初步分析.沉积学报,27(3):487~493

陶明信.1994.吐哈盆地大地构造环境分析——兼论大陆板内盆地与造山带的成因关系.沉积学报,12(4):40~50

唐修义,黄文辉.2004.中国煤中微量元素.北京:商务印书馆.1~390

陶明信.2010.论新疆吐哈盆地的两种构造单元体系.地质通报,29(2-3):297~304

吐哈石油勘探开发会战指挥部,中国矿业大学北京研究生部.1997.吐哈盆地含煤沉积与煤成油.北京:煤炭工业出版社.1~269

王宜昌.1997.试论航磁异常与北疆裂谷系.新疆石油地质,20(4):295~302

汪振文.1986.天山东部及北山区域磁场特征与深部地质构造之初步分析.新疆地质,4(3):107~114

吴涛,张世焕,王武和.1996a.吐哈盆地构造演化与煤成烃富集规律.地质论评,42(S1):31~36

吴涛,张世焕,王武和.1996b.吐鲁番-哈密成煤盆地构造特征与油气聚集.石油学报,17(3):12~18

《新疆通志·地质矿产志》编纂委员会.2002.新疆通志·地质矿产志.乌鲁木齐:新疆人民出版社.1~1158

《新疆维吾尔自治区区域地层表》编写组.1981.西北地区区域地层表——新疆维吾尔自治区分册.北京:地质出版社.1~499

薛良清,李文厚,宋立珩.2000.西北地区侏罗纪原始沉积区恢复.沉积学报,18(4):539~543

杨殿忠,于漫.2006.吐哈盆地铀有机地球化学研究与侏罗系划分.北京:地质出版社.1~128

张朝文.1994.东疆与邻区的板块构造及其演化.成都理工学院学报,21(4):1~10

张德润，郑广如 . 1987. 吐鲁番–哈密盆地磁场构造特征及找油方向 . 新疆地质，5 （1）：92 ~ 98

张明山，张进学，于拥军，等 . 2002. 吐哈盆地地质结构和油气聚集规律的新认识 . 新疆石油地质，
 23 （3）：189 ~ 192

《中国地层典》编委会 . 2000. 中国地层典 （侏罗系）. 北京：地质出版社 . 1 ~ 154

中国地质调查局地层古生物研究中心 . 2005. 中国各地质时代地层划分与对比 . 北京：地质出版社 . 1 ~ 596

朱文斌，马瑞士，郭继春，等 . 2002. 吐哈盆地及邻区早二叠世沉积特征与构造发育的耦合关系 . 高
 校地质学报，8：160 ~ 168

免责和版权声明

本出版物中的所有数据、信息和影像受版权保护。如引用需注明出处为中国地质调查出版物，且不得进行有悖原意的引用、删节和修改。

本出版物所包含的信息仅仅为了阐明问题，中国地质调查局及其他关联机构和个人不承担由于材料的任何错误或不精确等所带来的责任。